JN068292

コンクリート構造

－知の体系化への挑戦－

A challenge to systematize the knowledge

二羽 淳一郎　監修

水田 真紀
河野 克哉
三木 朋広
渡辺 健
松本 浩嗣
中村 拓郎
大窪 一正
柳田 龍平

lattice model

まえがき

平成10年（1998年）4月に42歳で東工大に赴任し，令和3年（2021年）3月で，丸23年間となる．男性の平均寿命は現在81歳を超えているが，単純に考えて人生の1/4以上をここで過ごしたことになる．私は東工大の卒業生ではなく，在学期間は含まれていない．23年間とは，随分と長い間在職したものだと感じている．

東工大は，本当に素晴らしい大学である．優秀な学生，大学院生，ならびに留学生諸君と，自由に研究を行っていくことができた．高望みすればきりがないが，研究設備や研究資金も，研究を行っていくために必要な程度は何とか確保することができた．設備については，先任の先生方の努力に負うところが大きく，本当にありがたく思っている．さらに都内にあるという立地的な利点もあり，最新の情報や知見が，自然に入ってくることも多かった．学科や専攻内も，あまり他の研究室には干渉しない，良き伝統があり，自由に自分の希望する研究を行うことができた．

このように恵まれた環境のもとで23年間を過ごし，この間，博士課程，修士課程，学士課程の卒業・修了生を送り出してきた．その研究テーマのほとんどが，コンクリート構造に関するものである．今般私の退職にあたって，研究室OBの有志の皆さんから，当研究室で行ってきた研究の成果を要領よく取りまとめ，提示していくことができれば，コンクリート構造に対する考え方や要点をわかりやすく理解できる参考書が書けるのではないかとの示唆を受けた．また同時に，私が直接執筆する必要はなく，執筆は自分たちで行うので，全体を監修してほしいとの申し出もいただいた．それならば比較的簡単だと思い，この企画を引き受けた次第である．

つまり，私の東工大着任から退職までの23年間の研究成果を取りまとめることにより，コンクリート構造分野における「知の体系化」を目指した参考書を出版しようというのが本書の企画である．

特に，鉄筋コンクリートならびにプレストレストコンクリートを用いた構造部材のせん断に関する研究，コンクリートの破壊力学，非線形解析，コンクリート工学分野における新材料や新構造形式の開発や適用，構造物の維持管理分野における新技術等々，これまで当研究室で行ってきた研究の成果を，要領よく提示していこうというものである．これらの内容はいずれも既に論文等で公表しているものであるが，コンクリート構造分野における知の体系化という目的のもと，様々な研究論文を分かりやすく解説し，まとめておくことで，先端研究のアーカイブとすることを目指している．

1章は三木朋広氏（元助教，現在：神戸大学）によるものであるが，コンクリート部材のせん断破壊に関する研究をまとめている．ここでは，内外での研究の歴史，有限要素法による斜めひび割れの進展解析，格子モデルによるRC部材の解析，PC部材に対する簡易トラスモデル，ならびにトラス機構とアーチ機構に分離した最近のせん断耐荷機構に関する研究が紹介されている．

2章は渡辺　健氏（元助教，現在：鉄道総合技術研究所），水田真紀氏（元助手，現在：理化学研究所）が担当し，コンクリートの圧縮破壊と破壊力学をまとめている．破壊を捉える技術，破壊域の同定，コンクリートの圧縮破壊特性を主たるテーマに，引張ではなく圧縮破壊に特化した内容で，研究成果を紹介している．

3章は河野克哉氏（元助手，現在：太平洋セメント（株）），柳田龍平氏（元JSPS特別研究員，現在：金沢大学）が担当した．新しいコンクリート材料の力学特性とそれを使用した構造部材の性能を取りまとめている．具体的には，使用材料の種類や配合がコンクリートの破壊力学特性に与える影響，繊維補強コンクリートを使用した構造部材の特性，高強度軽量骨材コンクリートの特性と構造物への適用，超高強度繊維補強コンクリート（UFC）の特性と構造物への適用，さらには無孔性コンクリート（PFC）の特性と構造物への適用等を紹介している．

4章は松本浩嗣氏（元助教，現在：北海道大学）と中村拓郎氏（元助教，現在：寒地土木研究所）が担当し，特殊構造や新構造の研究開発についてまとめている．矩形断面あるいは定断面の部材だけでなく，特殊な形状や変断面の部材の耐荷力，また機械式継手，プレキャスト部材，UFCを活用した構造，外ケーブル方式のPCはり部材の構造，RC床版の拡幅等々，かなり幅広い内容を対象としている．

5章は大窪一正氏（元受託研究員、現在：鹿島建設（株））が中心となり，1章担当の三木氏，4章担当の松本氏，中村氏も協力し，維持管理のための技術についてまとめている．光ファイバを用いた調査技術，劣化したコンクリート構造物の性能評価，劣化したコンクリート構造部材の補修・補強工法，耐震補強工法等々，様々な研究成果をとりまとめ，紹介している．

なお，各章の最初の部分は，コンクリート構造の初学者にとっても，基礎知識や研究の導入として理解できる内容としている．さらに，本書の中にはコラム欄を設け，各執筆者が自由に，その思うところを述べている．コラムの執筆者には，上に紹介した各執筆者に加えて，村田裕志氏（元博士課程学生，現在：大成建設（株））も加わっている．ここには，様々な視点が示されていて興味深いものとなっているので，是非，一読されたい．

さて，「知の体系化への挑戦」などと，おこがましい副題を付けており汗顔の至りであるが，これを目指して今後も研究を進めていきたいという，各執筆者の強い願いが込められているので，この点も何卒ご容赦いただければと思う次第である．

二羽　淳一郎

目　次　CONTENTS

1章
コンクリート部材の
せん断破壊に関する研究

1.1 はじめに

当研究室では，鉄筋コンクリート（RC）構造やプレストレストコンクリート（PC）構造などのコンクリート部材の「せん断（Shear)」をキーワードに様々な研究が行われてきた．コンクリート部材のせん断に関する問題のうち，本章では「部材破壊」についてみていく．

コンクリート部材のせん断破壊は，部材が破壊という限界に達した直後に，それ以上大きな外力に抵抗することができなくなるという非常にぜい性的な性状を示す．そのため，実際の構造物でこのせん断破壊が生じると，構造物の安全性が確保できないだけではなく，その使用者や周辺の人々に甚大な影響を与えてしまうため，構造物の設計上避けるべき状態として考えられている．

このような最悪の状態とならないようにするためには，例えば，構造部材が最大限に持つことのできる抵抗力（これを耐力とよぶ）が，部材に作用する力に比べて余裕をもって大きくなるように設定しておくとよい．このとき，部材に作用する力とともに，部材の最大抵抗力（この場合はせん断耐力）を知る必要がある．この最大抵抗力を予測しようとすることが，このテーマの研究のモチベーションである．

コンクリート部材のせん断破壊が研究テーマとして扱われる理由として，せん断破壊が構造力学で考える曲げ理論によって直接説明することができず，部材耐力の計算に断面解析を用いることができない点も挙げられる．そのため，現在の設計では，実験データを分析した結果に基づく経験的な評価手法が部材耐力の計算に用いられている．これまでの実験によって，例えば，コンクリートの強度，部材の寸法，補強材量などのコンクリート部材の条件や，荷重条件，部材の設置状態や境界条件などが，部材のせん断耐力に影響することがわかっている．しかし，構造物を設計する条件は非常に多岐にわたり様々な条件を考える必要があるため，考慮すべき条件も多くなり，部材のせん断破壊に与える影響要因も多く複雑な関係となるため，容易にせん断耐力を予測することができないという課題が生じる．

本章では，このような課題を解決しようとする研究を紹介する．まず**1.2節**で国内外の研究の歴史を概説する．次に，当研究室で実施された解析的なアプローチとして，**1.3節**ではRCはりの斜めひび割れの進展のモデル化に埋込要素を用いた研究を紹介する．**1.4節**では，簡易トラスモデルの一つである格子モデルを用いてRC部材のせん断抵抗を説明した研究を紹介する．**1.5節**では，PC部材を対象とした簡易モデルの開発について紹介する．最後に，最近の研究として，**1.6節**ではRC部材やPC部材におけるせん断抵抗をビーム機構とアーチ機構に分離した検討結果を紹介する．なお，格子モデル，ならびに簡易モデルの適用において検証対象としたRCディープビームやPCはりの実験研究は，**2.2.2(3)**，**2.2.3(4)**，**2.2.5(3)**，**2.3.2**や**4.5節**などに詳細があり，併せて参照されたい．

1.2　スレンダーなコンクリート棒部材のせん断に関する国内外の研究

本節では，コンクリート部材のせん断，特にスレンダーなRC棒部材のせん断強度の寸法効果に関する研究について，限られた文献の調査ではあるが，この分野の研究をこれから学ぶ際に参考となる既往文献をいくつか挙げながら，国内外の研究の概要を紹介する．

わが国の土木分野におけるコンクリート部材のせん断設計の重要な転機として，1986年（昭和61年）に制定された土木学会コンクリート標準示方書[1.2.1)]の発刊が挙げられる．この示方書により，コンクリート構造物の設計手法が，許容応力度設計法から限界状態設計法の体系に転換された．限界状態設計法では，構造物の様々な限界状態を設定し，照査するが，例えば終局状態の部材設計では部材耐力の評価が必要となるため，棒部材のせん断耐力の算定式が新たに採用された．この算定式は，軽微な修正は蓄積されたものの，今日適用されている2017年制定コンクリート標準示方書（設計編）[1.2.2)]においても基本的には変っておらず，約30年経った現在でも使用され続けている．このせん断耐力算定式の提案に至る経緯は，岡村，檜貝両博士による算定式の導入，その後の二羽博士らによる算定式の修正として参考文献[1.2.3)]に詳しく紹介されている．

この限界状態設計法は，欧州のCEB-FIP（現在のfib）モデルコードを参考にしながら，国内における当時の研究成果や理念を大いに取り入れたものである．その試案作成のため，若手の研究者や技術者を中心に，海外の関連基準や研究の調査が行われた．特に，米国，カナダ，西ドイツおよびソビエト連邦におけるせん断研究が調査報告書[1.2.4)]にまとめられており，非常に参考になる．なお，青柳征夫博士はロシア語が堪能であったため，ソ連における研究も含まれていることもこの調査の特徴である．

過去のコンクリート標準示方書におけるせん断耐力式の変遷については，2012年の土木学会コンクリート委員会のせん断に関する研究小委員会報告書[1.2.5)]にまとめられている．この報告書には，調査当時に適用されていた道路橋示方書，鉄道構造物等設計標準の他，国内の港湾，原子力，建築分野の指針類とともに，海外の基準のせん断設計手法がまとめられており，こちらも参考になる．

さらに歴史を遡ってみる．米国における1900年代初頭から1960年までのこの分野の研究動向について，米国コンクリート工学会（ACI）と米国土木学会（ASCE）の共同研究委員会ACI-ASCE 326委員会（後の426委員会）の報告書[1.2.6)]によって知ることができる．ここで，土木分野では古くからコンクリート構造に関する研究がなされてきたが，非常に古い文献においても今日まで通ずる考えが既に示されていることがある．RC部材のせん断破壊についてもその通りであり，100年以上前の1909年にはTalbot[1.2.7)]により，部材のせん断強度に影響を及ぼす要因として①コンクリートの圧縮強度，②主鉄筋比，③せん断補強鉄筋比，④せん断スパンと有効高さ比の4点がすでに提示されている．ただし，その時点では，設計で使用できるような各要因を考慮した実験式の提案には至っていない．

RC部材のせん断強度の寸法効果については，1950年以前の研究においても，実験室における部材と実際の構造物では部材寸法が大きく異なるため，せん断強度が異なることが実験で認識されていたが，設計において考慮されるには至っていなかった．1955年オハイオ州，続いて1956年ジョージア州で起きた米空軍基地の倉庫天井のはりのせん断破壊による構造崩壊が，大きな転機となる．これらは同様の基準で設計された構造であり，スパンが約20m（67フィート），断面高さが約900mm（3フィート）のRCはり部材においてせん断破壊が生じ，天井が崩落した．事故後の調査により，この部材で用いられたせん断補強鉄筋は極めて少なく，コンクリートのせん断抵抗力を過大に期待した設計であったことがわかった．部材設計では，一般に，数100mmの断面高さの部材を用いた実験室レベルで検証されたせん断強度に基づき部材耐力が定められるが，その値と比べて実大部材のコンクリートのせん断強度が著しく小さいことがせん断破壊に至った理由であると考えられた．この構造崩壊によって，部材寸法が大きくなるとせん断強度が低下する「せん断強度の寸法効果」が現実の問題となったのである．これを契機に改定された1963年のACI規準（ACI318-63）では，せん断補強鉄筋が極めて少ない部材では，一旦せん断ひび割れが生じると部材はせん断力に抵抗できないことから，せん断補強鉄筋を適切な量，配置しておくことが新たに規定された．しかし，寸法効果を直接表現する設計式が導入されたわけではなかった．

この年代の特徴的な調査研究については，前出の報告書[1.2.6)]やイリノイ大学のHognestad[1.2.8)]による研究レビュー，テキサス大学オースティン校のFerguson[例えば1.2.9)]，トロント大学のKani[例えば1.2.10),1.2.11)]が挙げられる．ここで挙げた大学には，コンクリート構造に関する研究を行っている世界的に著名な研究室が，現在に至るまで存在している．Ferguson[1.2.9)]は，自身で観察した多くの実験に基づき，a/dが比較的大きいスレンダーなはりの破壊は，支点や載荷点付近の局所的な応力の影響が小さく（Unstrained Failure），斜めひび割れの発生や軸方向鉄筋に沿ったひび割れが破壊を支配することを指摘している．また，載荷点位置をいくつか組み合わせた多点載荷における斜めひび割れ発生荷重や，横はりを介して間接的に載荷または支持したRCはりなど，構造力学を駆使した特徴的な影響分析により，せん断強度に与えるa/dの影響や，a/dが小さいRCはりにおける載荷点や支点周辺の局所応力の影響を実験的に明らかにしている．一方，Kani[1.2.10)]は，圧縮強度，軸方向鉄筋比，a/dをパラメータとしたRCはりに関する膨大な量の実験結果を整理し，それぞれの要因が部材のせん断強度に与える影響を明確に示すとともに，有効高さが最大1087mm（42.8インチ）のRCはりを含む結果から，せん断強度の寸法効果を実験的に明示している．

日本においては，前述の通り1986年に限界状態設計法に基づくコンクリート標準示方書が発刊された．そこで適用されたRC棒部材のせん断耐力の算定式は，1980年の岡村，檜貝の研究[1.2.12)]が基礎となる．この研究では，それまでに行われていた実験データの分析にあたり，実験結果のデータベース化を行っている．その際，①a/dが3以上，もしくは破壊モードが斜め引張破壊（Diagonal Tension Failure）の実験，②軸方向鉄筋比，有効高さ，a/d，コンクリートの圧縮強度のうち，2つ以上を実験パラメータとして設定した実験のみを採用している．各実験パラメータの分布も考慮しているが，特に実験条件や境界条件が論文等で明確なものを厳選している．この条件により信頼できるデータとして，1960年から1970年代後半に公表された既発表の288体分の実験データを抽出し，それに基づき算定式における種々パラメータが設定された．

岡村，檜貝の研究で採用された実験データのうち，最大の部材はKaniによって行われた有効高さが約1.1 mのRCはりであった．しかし，一般に，実際の大型構造物ではそれ以上の部材寸法となる．また，巨大な構造物では考慮すべき荷重における死荷重の割合も大きくなるため，自重を想定した分布荷重を受けるRC部材のせん断耐力を把握する必要がある．このような背景から，井畔ら[1.2.13]，塩屋ら[1.2.14]によって，有効高さが3 mといった世界最大のRCはりの載荷実験が実施された．この実験によるデータは，現在に至るまで，検証可能な最大寸法の部材の実験として多くの研究に引用されている．なお，国内の引用では井畔らの研究として，海外では英語論文として公表されたShioya et al.の研究として引用されることが多いようである．

その後，この一連の実験データに大型構造物で見られる軸方向鉄筋比が比較的小さい部材の実験結果を追加して，二羽らによってせん断強度算定式の再評価[1.2.15]が提案された．そして，この中で示された評価法が1986年コンクリート標準示方書に採用されることになる．

1970年代中頃には，RC部材のせん断強度ならびにその寸法効果について，ひび割れの進展や鉄筋とコンクリート間の付着に着目した数値解析が行われ始める．さらに，コンクリートのひび割れにおける引張応力の伝達を力学的に説明する「コンクリートの破壊力学」に関する研究が活発になる．数値解析については，1986年のCollins and VecchioによるRCせん断パネル実験，ならびにその結果をまとめた修正圧縮場理論[1.2.16]がキーとなる研究として挙げられる．RC構造を2次元面内応力状態の集合として捉えるべく，様々な応力下でのRC平板の挙動を実験的に把握し，RC平板としての全体平均挙動とコンクリートのひび割れ周辺における局所的な応力－ひずみ関係等をモデル化し，定式化している．Collins and Vecchioが提案した，ひび割れが生じたコンクリートの圧縮強度に関するシリンダー強度からの低減係数は，それ以後の解析研究に大きな影響を与えた．この年代の研究レビューについては，ACI-ASCE 445委員会による報告書[1.2.17]が詳しい．

さて最近，米国におけるコンクリート構造のせん断設計に関する規準が改定された．このACI318-19[1.2.18]では，実験データベースを活用し，有効高さに関する係数λ_s（式（1.2-1））を破壊力学の観点として導入したせん断強度式が新たに採用された[1.2.19]．

$$\lambda_s=\sqrt{\frac{2}{1+\frac{d}{10}}} \tag{1.2-1}$$

ここで，d：RC部材の有効高さ（インチ）

このせん断強度に関する改定では，採用基準を非常に厳格にしたデータベース[1.2.20), 1.2.21]の活用，公募形式によるせん断強度式の評価とデータベースを用いた徹底比較（最終段階では6つの提案式を比較し，1つを選定）が行われ，設計における簡便さと精度のバランスが考慮されて，合議に基づく採用プロセスがとられた[1.2.19]ことが特徴である．

以上，本節で紹介したRC部材せん断破壊に関する研究の多くは実験に基づく評価方法であるが，マクロモデル，ミクロモデル等の解析検討も近年は行われている．ただし，設計で用いられる評価法は，一般のコンクリートを対象とし，矩形断面のコンクリート部材に関する検討に基づくものである．コンクリート構造物の設計に適用することを考えると，円形断面，T形断面等の矩形断面以外の部材における有効断面の評価，高強度コンクリート，高強度鉄筋，繊維補強コンクリートなどの材料適用，さらに既設構造における劣化，損傷の影響を考慮した評価へ向けた展開など，実際の構造で考えるべき課題は多く残されているのが現状である．本書の多くの部分でそれらの課題解決を目指す研究が紹介されているので，参照されたい．

〔参 考 文 献〕

1.2.1）土木学会：昭和61年制定コンクリート標準示方書（設計編），1986

1.2.2）土木学会：2017年制定コンクリート標準示方書（設計編），2017

1.2.3）斉藤成彦：土木分野におけるせん断耐力算定式－岡村甫博士・檜貝勇博士による導入と二羽淳一郎博士による修正－，コンクリート工学，Vol.51，No.9，pp.737–742，2013.9

1.2.4）土木学会コンクリート委員会：鉄筋コンクリート終局強度理論の参考，コンクリートライブラリー，Vol.34，1972
檜貝勇：鉄筋コンクリート部材の諸性状（その4）せん断一般，pp.22–30
檜貝勇：同（その5）アメリカにおけるせん断研究，pp.31–40
青柳征夫：同（その6）西ドイツおよびソ連におけるせん断の研究，pp.41–59

1.2.5）土木学会コンクリート委員会：コンクリート構造物のせん断力に対する設計法研究小委員会（343委員会）報告書，コンクリート技術シリーズ101，2012

1.2.6）ACI-ASCE Committee 326: Shear and Diagonal Tension, ACI Journal, 1962

1.2.7）Talbot, A.N.: Test of Reinforced Concrete Beams, Resistance to Web Stress, Bulletin No.29, University of Illinois, 1909

1.2.8）Hognestad, E.: What Do We Know About Diagonal Tension and Web Reinforcement in Concrete?, Circular Series No.4, University of Illinois Engineering Experiment Station, 1952

1.2.9）Ferguson, P.M.: Some Implications of Recent Diagonal Tension Tests, ACI Journal, No.53-8, pp.157–172, Aug. 1956

1.2.10）Kani, G.N.J.: Basic Facts Concerning Shear Failure, ACI Journal, No.63-32, pp.675–692, Jun. 1966

1.2.11）Kani, G.N.J.: How Safe Are Our Large Reinforced Concrete Beams?, ACI Journal, No.64-12, pp.128–141, Mar. 1967

1.2.12）Okamura, H. and Higai, T.: Proposed Design Equation for Shear Strength of Reinforced Concrete Beams Without Web Reinforcement, Proceedings of JSCE, No.300, pp.131–141, Aug. 1980

1.2.13）井畔瑞人，塩屋俊幸，野尻陽一，秋山暉：等分布荷重下における大型鉄筋コンクリートはりのせん断強度に関する実験的研究，土木学会論文集，Vol.348/V-1，pp.175–184，1984.8

1.2.14）Shioya, T., Iguro, M. Nojiri, Y., Akiyama, H. and Okada, T.: Shear Strength of Large Reinforced Concrete Beams, SP118-12 Fracture Mechanics, pp.259–279, Jan. 1990

1.2.15）二羽淳一郎，山田一宇，横沢和夫，岡村甫：せん断補強鉄筋を用いないRCはりのせん断強度式の再評価，土木学会論文集，Vol.372/V-5，pp.167–176，1986.8

1.2.16）Vecchio, F. J., and Collins, M. P.: The Modified Compression-Field Theory for Reinforced Concrete Elements Subjected to Shear, ACI Journal, V.83, No.2, pp.219–223, Mar.-Apr. 1986

1.2.17）ACI-ASCE 445: Recent Approaches to Shear Design of Structural Concrete, ACI 445R-99, 1999

1.2.18）American Concrete Institute: Building Code Requirements for Structural Concrete (ACI 318-19), 2019

1.2.19）Kuchima, D.A., Wei, S., Sanders, D.H., Belarbi, A. and Novak, L.C., Development of the One-Way Shear Design Provisions of ACI 318-19 for Reinforced Concrete, ACI Structural Journal, Vol.116, No.4, pp.285–295, Jul. 2019

1.2.20）Reineck, K.H., Bentz, E.C., Fitik, B., Kuchma, D.A. and Bayrak, O.: The ACI-DAFSTB Database of Shear Tests on Slender Reinforced Concrete Beams without Stirrups, ACI Structural Journal, Vol.110, No.5, pp.867–875, Sept.-Oct. 2013

1.2.21）Reineck, K.H., Bentz, E.C., Fitik, B., Kuchma, D.A. and Bayrak, O.: The ACI-DAfStb Databases with Shear Tests on Slender Reinforced Concrete Beams with Stirrups, ACI Structural Journal, Vol.111, No.5, pp.1147–1156, Sept.-Oct. 2014

コロナ禍，デジタルアーカイブ，データベース

三木　朋広

本書の原稿は，新型コロナウィルス（COVID-19）の影響が著しい時期に執筆されている．その影響は世界的に拡がり，様々な状況において以前では考えられない大きな変化が生じている．社会ではテレワークやリモート会議が行われ，大学では遠隔授業など，ウェブを介した仕事や生活のあり方が当たり前となってきている．もちろん，これ以前もウェブの活用は十分に可能であったが，物理的な距離を埋める，時間を短縮するといった目的が主であり，人と直接会うことの代替の手段であった．

さて，研究を始めるにあたっては，既往文献の調査を行うことにより，研究の手段や位置づけなどをより確かで客観的なものとすることができる．コロナ禍では，図書館や研究室において物理的に本や文献を調べることはできるものの様々な制約があり，また移動や滞在を考えると，ウェブ経由で情報収集する方が簡単で現実的でもある．

コンクリート構造に関する研究は，土木分野における他の研究同様，古い論文に学ぶことが多い．それらを参考にしながら新しきを学ぶ，温故知新によって知識を得て，新しい発想につながることで思考が深くなる．私の学生時代では，文献調査は，大学や学科の図書館に行き，予め図書館データで調べていた必要な文献を探し出し，それをコピーする面倒な作業であった．現在では，グーグルなどウェブ検索を使用して，探している文献に直接アプローチすることはもちろん，関連する検索ワードをある程度絞りながら，適当に入力しても様々な文献をPDFファイルなどで閲覧や印刷できるといった便利な時代になっている．購読，著作権等のハードルはもちろんあるが，入手が困難な古い論文を閲覧できる点は，今回の執筆のときも非常に役立った．デジタルアーカイブスの効果である．その容易さのために多くの情報を得ることができるが，一方で，正しい情報かどうかの見極めが非常に重要となる．また，図書館等で目当ての文献を探しているときにめくったページの著者の名前や図表に目がとまり，それを記録することもたびたびあった．このように文献を偶然見つけるセレンディピティはネット検索では希れである．

正しい情報かどうか，実験データの信頼性は，再現実験を行うことで確認することができる．そのため，論文で示した結果を他の研究者自身が得ることができる最低限の情報を示す必要がある．実験結果に基づくモデルの提案では，自身の結果だけではなく，他の実験データとの整合を調べることも重要であるが，その際に使用するデータベースは，単にデータを集めたものではだめで，どのような条件で実験を行ったのかといった実験条件，境界条件を確認することが重要である．これはときに論文で示されている以外の情報が含まれる．誰が行ったのか，どの組織や大学で行った実験かといった経験上のデータフィルタは，一見，主観的な分別に見えるが，これまでの経験や人とのつながりから得た別の観点から精度向上を図ることもある．

コロナ禍の後においては様々な情報に関するデジタルアーカイブのあり方も変るかもしれないが，情報の見極め方は変りそうもない．

1.3 RCはりの斜めひび割れの進展に関する有限要素解析

1.3.1 コンクリートのひび割れのモデル化

コンクリート部材のせん断破壊のうち，典型的な破壊が斜め引張破壊である．これは，集中荷重を受ける単純支持されたRCはりにおいて，せん断スパンにおいて1本の斜めひび割れが発生し，若干の荷重の増加に抵抗した後，ひび割れの開口，ならびに進展が生じて最大荷重に至るといったプロセスを示す．つまり，コンクリート部材の斜め引張破壊では，せん断スパンおいてに生じる斜めひび割れが，破壊の支配的要因となる．このような挙動を有限要素法によって再現するには，コンクリートのひび割れのモデル化が必要となる．

コンクリート要素におけるひび割れの再現方法として，大きく区分すると，離散ひび割れと分布ひび割れによるモデル化がある．ここで，離散ひび割れモデルは，1本のひび割れを直接モデル化し，コンクリート要素間の界面にバネ要素，仮想ひび割れ要素，接触要素など配置してひび割れの挙動を再現する．一方，分布ひび割れモデルでは，要素内に一様にひび割れが生じている状態を仮定し，ひび割れが生じたコンクリートの挙動を再現する．

離散ひび割れモデルは，実験によって観察されたひび割れの進展挙動とひび割れ面において伝達する応力（引張伝達応力）をそのままに近い形で考慮できる点が特長であるが，そのひび割れが発生する位置に要素を予め離散的に設置しておく必要があり，ひび割れの発生位置が特定できない場合に使用することが難しくなる．ひび割れが発生すると最初に設定した要素分割を再度離散化し，ひび割れが進展するたびに離散ひび割れを挿入するRemeshing技術もあるが，計算効率の面で実用的ではない．ひび割れ進展を考慮した構造解析として，要素の寸法や要素境界の方向をランダムに設定できるRBSM（Rigid-Body-Spring Model）を用いた事例もある．

一方，分布ひび割れモデルにはこのように予め場所設定しておく必要はなく，ひび割れ発生後の状態を要素特性の変化で再現するため，ひび割れの発生位置は自由に想定できる．しかし，コンクリートがひび割れ発生後も変形の連続性を保つため，解析結果に与える要素寸法の依存性が大きくなるといった欠点もある．その他の手法として，要素節点に自由度を付加することにより，要素内に生じるひずみの不連続面を表現するX-FEM（Extended Finite Element Method）も提案されているが，コンクリートが非線形な変形特性を有すること，さらに本節で対象とする斜め引張破壊のような大きな変形やひび割れ面でせん断方向にずれを生じる場合には，ひび割れ先端の特異性に関する未知数が多くなりすぎることから，現在も研究段階にある．

以下では，このような離散ひび割れモデルと分布ひび割れモデルの問題点を回避するべく，水田，恩田ら[1.3.1)]によって開発された引張ひずみの局所化現象を考慮した埋込型ひび割れ要素の概要と，それを用いた部材解析への応用事例を紹介する．

1.3.2 要素の定式化

埋込型ひび割れ要素の特徴としては，ひび割れ発生前は要素内の変位は一様に分布するが，ひび割れ発生後は，ひび割れを再現したひずみの局所化を1つの要素内に埋め込んでひび割れ挙動を再現することが挙げられる．要素の定式化について，以下，簡単に説明する．

埋込型ひび割れ要素には，2次元4節点アイソパラメトリック要素を用いた．この要素の一部にひずみを局所化した領域を埋め込む．要素内のある点の最大主応力度がコンクリートの引張強度に達したときをひび割れ発生と定義し，**図1.3-1(a)** に示すように，その発生点を含み最大主応力の直交方向にある一定幅 b を持つ領域を要素内に挿入した．その際，最初に設定した要素の節点（**図1.3-1(a)** 中の点①～④）とは別に，仮想節点（同図中の点（1)～(4)）をコンクリート要素の辺上に位置させた．このとき，ひび割れを模擬した領域をひずみの局所化領域，それ以外を非局所化領域と呼ぶ．

ここで，有限要素では，節点変位と要素内ひずみの関係を形状関数マトリックスから得られるひずみ－変位変換マトリックスで定義するため，このような不連続なひずみ分布を直接用いることができない．そこで，要素内の全ひずみは，ひずみの局所化領域と非局所化領域の重ね合せによると仮定し，仮想仕事の原理を用いて埋込型ひび割れ要素の剛性マトリックスを求めた．これにより，**図1.3-1(b)** に示す領域幅 b 内においてひずみが局所的に大きくなる分布を再現できる．

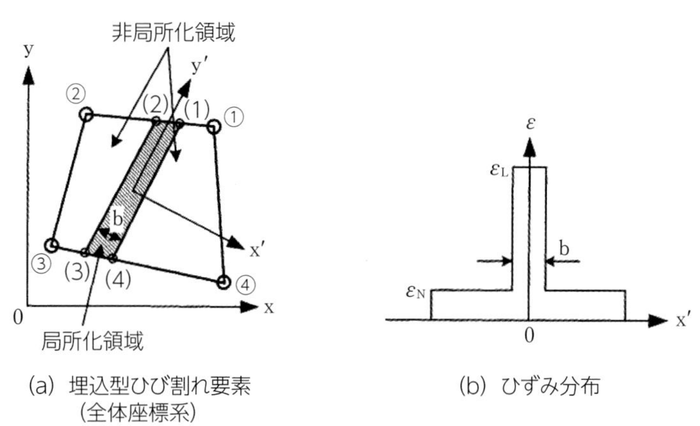

(a) 埋込型ひび割れ要素（全体座標系）　(b) ひずみ分布

図1.3-1　ひずみの局所化を考慮する埋込型ひび割れ要素[1.3.1)]

この要素の定式化を検証するため，無筋コンクリートの一軸引張要素解析を実施した．局所化領域の幅 b を10mmと設定して，**図1.3-2** に例示するように全長300mmの無筋コンクリートの分割数を変化させた結果，要素寸法（分割数）に依存しない荷重－変位関係と同時にひずみの局所化を再現できることが示された．

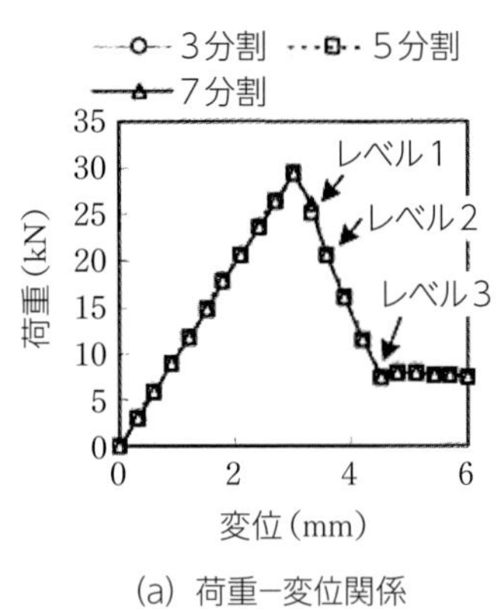

(a) 荷重−変位関係

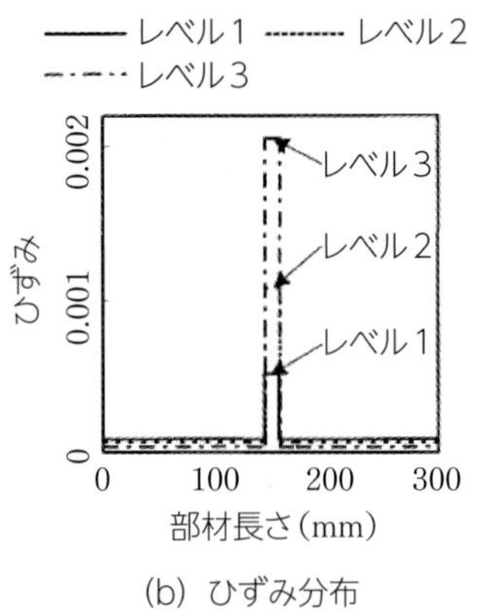

(b) ひずみ分布

図1.3-2　一軸引張要素解析における荷重−変位関係とひずみの局所化の再現[1.3.1)]

1.3.3　RCはりのせん断解析

定式化した埋込型ひび割れ要素を用いて，部材レベルで検証を行った．対象としたRCはりにおける斜めひび割れの進展について，**図1.3-3**に示すように，ひび割れが進展可能な領域は，既に発生したひび割れ進展方向の投影方向にのみとし，隣接した要素にはひび割れが発生しないことでひび割れの局所化を仮定している．

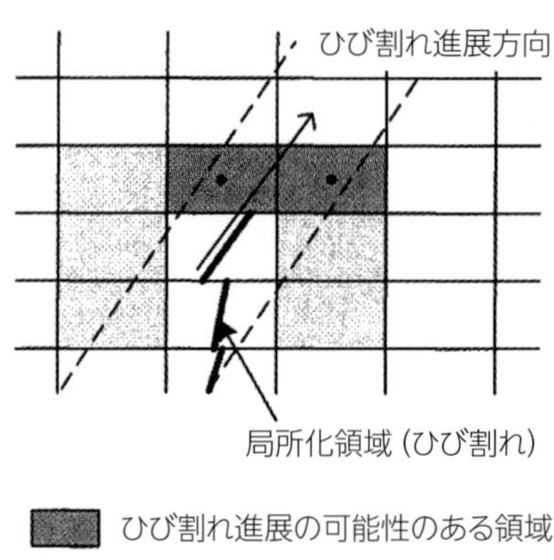

図1.3-3　ひび割れの局所化の方法[1.3.1)]

解析対象は，高性能軽量コンクリートを用いたRCはりの載荷実験とした．この実験のパラメータは，有効高さdとa/dとした．圧縮強度は30 N/mm^{2}程度，引張強度は1.63～1.72 N/mm^{2}であり，破壊エネルギーG_Fと弾性係数EcはCEB-FIPモデルコードを参照して算出した．

要素分割では，**図1.3-4**に示すように，RCはりの引張鉄筋近傍の上下50 mmまたは75 mmの領域をテンションスティフニング要素（完全付着を仮定），それ以外はコンクリート要素とした．なお，局所化領域の幅bは10 mmとした．

図1.3-5にひび割れ状況について，右半分に実験結果，左半分に解析結果を示す．図中，最大荷重の2/3以上の段階で生じたひび割れを太線で強調している．実験と同様に，斜めひび割

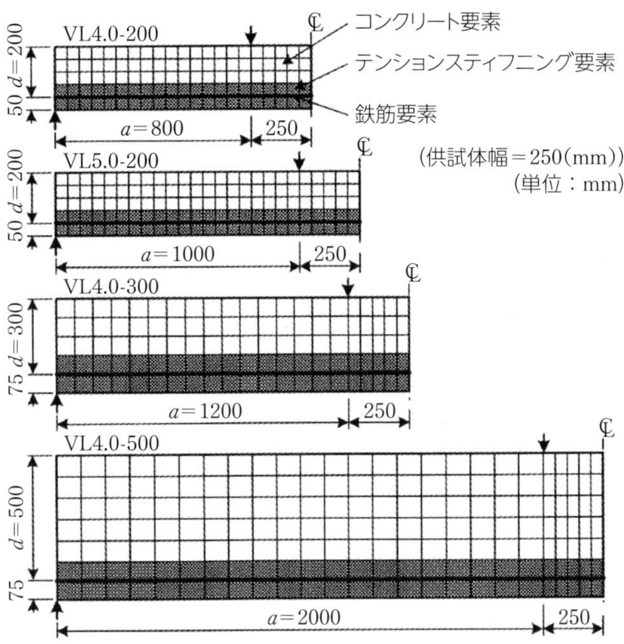

図1.3-4 異なる寸法のRCはりを対象とした解析モデル[1.3.1)]

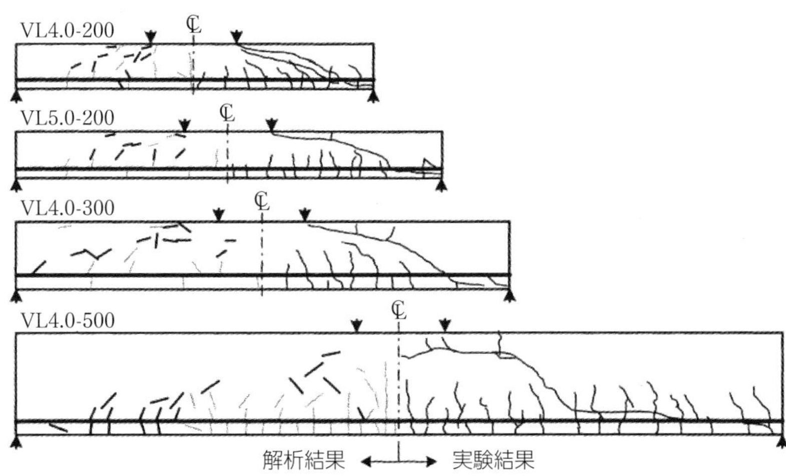

図1.3-5 解析（左半分）と実験（右半分）のひび割れ状況[1.3.1)]

れが卓越して進展する様子が再現できている．提案した埋込型ひび割れ要素を用いた有限要素解析によって，斜め引張破壊を生じるRCはりのひび割れ進展を予測可能であることがわかった．

また，部材寸法の異なるRCはりのせん断強度については，**図1.3-6**に示すように，コンクリート標準示方書，CEB-FIPモデルコードによる算定値とほぼ同様の傾向を示し，有効高さの増加に伴いせん断強度が低下する現象を再現できることがわかった．以上の検討から，提案した埋込型ひび割れ要素は，ひずみの局所化，最大主応力の方向を考慮することができることから，本要素を用いた有限要素解析では，要素の寸法依存性を低減できるとともに，ひび割れの

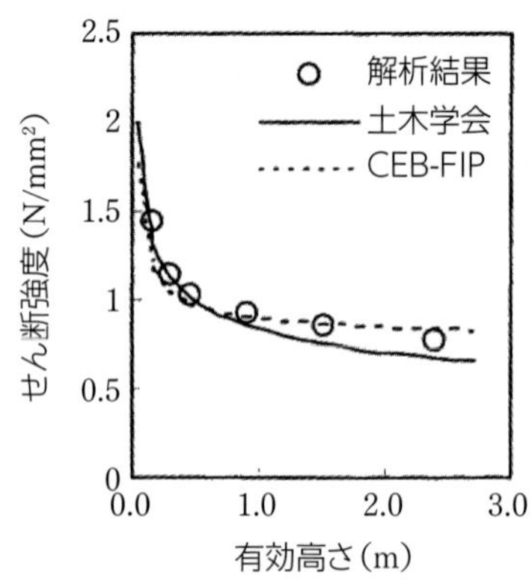

図1.3-6　せん断強度－有効高さ関係（寸法効果）[1.3.1)]

進展経路が不明であっても，離散型ひび割れ要素と同様にひび割れが局所化した発生状況を再現できることが確認されている．

〔参 考 文 献〕

1.3.1)　松尾真紀，恩田雅也，二羽淳一郎：埋め込み型要素を用いたRCはりのひび割れ進展解析，土木学会論文集，No.732/V-59，pp.163-178，2003.5.

東工大コンクリート研究室１年生

水田　真紀

新しい研究室．東工大土木恒例のじゃんけん大会による選抜もなく，すんなり研究室に配属された学生3名．授業を受けたこともない新任の先生の研究室に配属されるのは，さぞ，不安だったのではないでしょうか．おまけに助手も新米．試行錯誤して，たくさんの人の手を借りながら，夢中でみんなで頑張ったお陰で，翌年からはじゃんけんに勝たないと入れない人気研究室となりました．

1.4 RC部材のせん断抵抗に関する格子モデルを用いた非線形解析

1.4.1　RC部材を対象とした非線形解析手法の開発と3次元動的解析への展開

RC部材のせん断抵抗を考えるとき，斜めひび割れに着目することが重要である．せん断スパンに斜めひび割れが生じたRCはりが荷重に抵抗するとき，**図1.4-1**に示すように，はりのウェブにおいてひび割れに沿った方向に圧縮応力が，それと直交方向のひび割れが開く方向に引張応力が作用していると考えることができる．この直交する圧縮と引張の応力をモデル化し，RCはりのウェブコンクリートをトラスの集合体として離散化した解析モデルが，本節で扱う格子モデル[1.4.1)]である．RCはりのせん断抵抗をモデル化したトラスモデルのひとつに分類されるが，他のトラスモデルのようにコンクリートの圧縮斜材だけではなく，それと直交する方向にコンクリートの引張斜材を組み込んでいる点が大きく異なる特徴である．以降，モデル化について説明する．

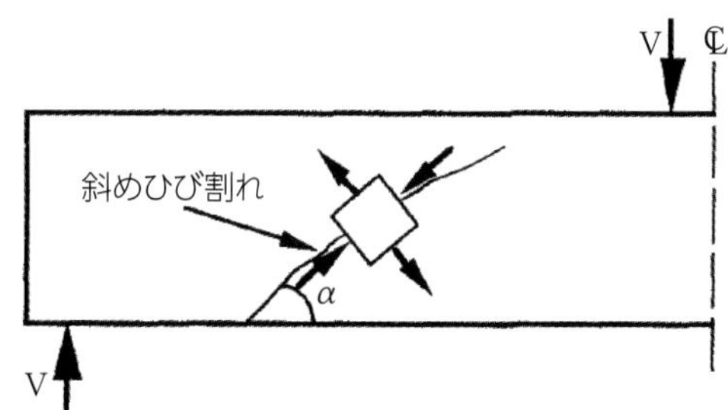

図1.4-1　斜めひび割れが生じたRCはりにおけるひび割れ周辺の応力状態[1.4.1)]

格子モデルでは，**図1.4-2**に示すように，コンクリートは曲げ圧縮部材，曲げ引張部材，斜め圧縮部材，斜め引張部材，端部垂直部材，アーチ部材に離散化される．また，補強筋は水平部材（軸方向鉄筋），垂直部材（スターラップ）にモデル化される[1.4.1)]．このモデルでは，RC部材のせん断抵抗をトラス的耐荷機構とアーチ的耐荷機構の重ね合わせで表現している．トラス的耐荷機構のモデル化には，コンクリートの斜め圧縮部材と斜め引張部材を，軸方向鉄筋に対

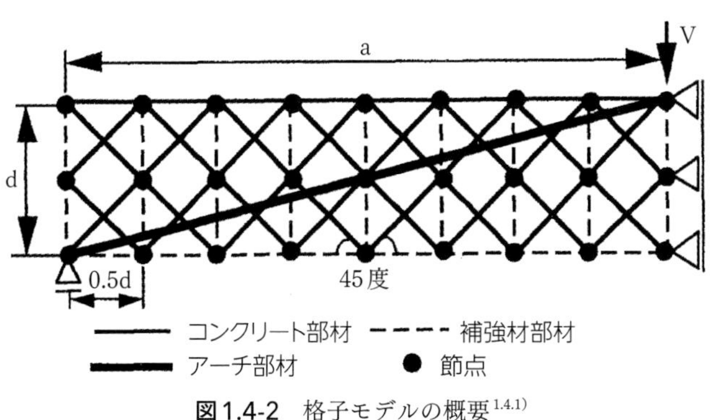

図1.4-2　格子モデルの概要[1.4.1)]

して45度と135度方向に規則的に配置している．一見，トラス部材の角度を固定した固定角トラスモデルに見えるが，格子モデルでは，トラス部材に加えてアーチ的耐荷機構として，端部節点以外で変位が独立な細長い要素であるアーチ部材を組み込むことにより，斜めひび割れ発生後，マクロ的な圧縮力の方向の変化に対応させることができる．

図1.4-3は，格子モデルにおけるRCはり断面の区分の概念図[1.4.1)]である．ウェブコンクリート部分を，トラス部分とアーチ部分に区分する．それぞれの要素の奥行き幅は，アーチ部分はbt，トラス部分は$b(1-t)$（ただし，$0 \leq t \leq 1.0$）となる．このt値は，0〜1.0の範囲で変化させて，RC部材の初期状態における微小な強制変位を与えたときの部材全体のポテンシャルエネルギーが最小となるように定める．

次に，このRC部材の断面区分に従って格子モデルの構成要素の断面積を設定する．また，断面設定した格子モデルについて，不静定トラスの剛性方程式を解くことにより，力のつり合いならびに変形の適合を満たしながらRC部材の変形問題を解くことができる．その際，各要素に材料の応力－ひずみ関係を導入して，材料非線形性を考慮している．非線形解析では，修正Newton-Raphson法等を用いた繰返し計算により解を収束させる．

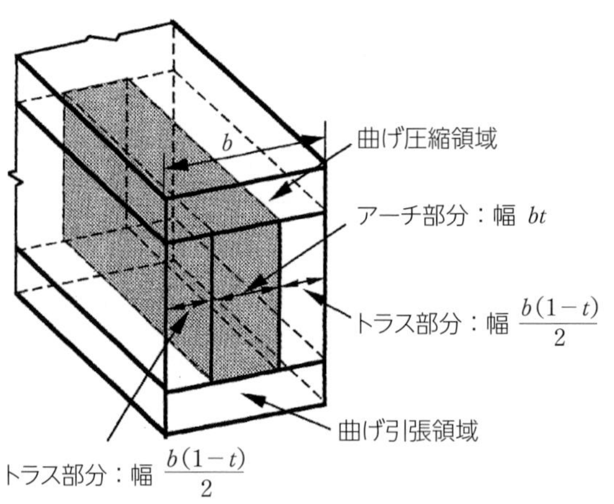

図1.4-3　格子モデルおける対象部材の断面区分[1.4.1)]

前述の通り，格子モデルの特徴の一つにコンクリートの引張斜材を導入している点がある．これにより，**図1.4-4**に示すひび割れが生じたコンクリートの圧縮抵抗力の低下について，材

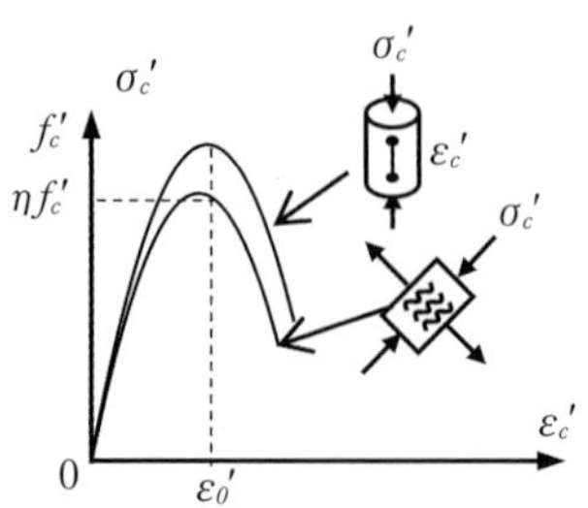

図1.4-4　ひび割れたコンクリートの圧縮抵抗力の低下[1.4.2)]

料構成則として考慮できるようになる．解析プログラムでは，この引張斜材と直交する圧縮斜材を連動させて，引張斜材のひずみ値を用いて圧縮斜材の圧縮応力の低減係数を求めている．汎用の構造解析ソフトでは，一般に，要素間で応力やひずみ等の連動ができないため，この点について考慮できるようプログラムで工夫しておく必要がある．

図1.4-5にはアーチ部材の配置例[1.4.4)]を示す．RC部材のせん断耐荷機構を適切に評価するためには，荷重の作用条件と境界条件によって異なる圧縮力の流れ，つまり格子モデルにおけるアーチ部材の配置を決めることが重要となる．片持ち柱や単純支持されたはりでは，**図1.4-5(a),(c)**のように載荷点と支点を結ぶようにアーチ部材を配置する．一方，両端固定柱では，モーメント分布が両端で最大となり，柱中央でゼロとなることを考慮して，**図1.4-5(b)**のように載荷点と反対側の柱中央の節点を結ぶようにアーチ部材を配置する．部材が正負繰返し荷重を受ける場合（**図1.4-5(a),(b)**），水平力の方向が反転し，形成された圧縮力の流れがそれまでと交差することを考慮して，アーチ部材は互いが交差するように対称的に配置する．

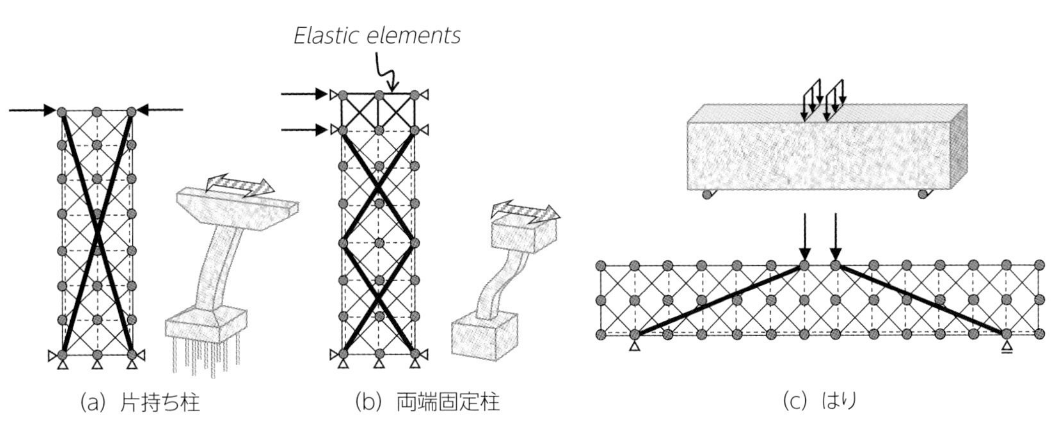

図1.4-5　アーチ部材の配置例[1.4.4)]

構造物のより複雑な幾何形状や載荷条件を取り扱うためには，3次元モデルによる構造物のモデル化が必要となる．三木ら[1.4.5)]によって，2次元格子モデルにおける概念を踏襲し，3次元モデルへの拡張がなされた．2次元格子モデルと3次元格子モデルの比較を**図1.4-6**に示す．2次元格子モデルでは，平面応力の仮定に基づき3次元のRC部材を2次元モデルに置き換えるが，3次元格子モデルでは，**図1.4-7**に示すように4本のアーチ部材をそれぞれ柱の頂部と基部を結び，部材断面の対角方向に向かい，互いに交差するように配置している．部材断面の主軸方向から力が作用した場合の耐荷機構の一部は，2本の交差した1組のアーチ部材によって成り立ち，その剛性は2次元格子モデルにおけるアーチ部材の剛性と等価となるように設定している．

3次元格子モデルにおける部材断面の区分図を**図1.4-8**に示す．断面幅bに対するアーチ部分の占める割合をt_b値，断面高さ（有効高さd）に対してはt_d値として，それぞれの値を0.05から0.95まで変化させたときの全ポテンシャルエネルギーが最小になる値を求めて解析に使用する．

3次元格子モデルでは，RC部材のせん断耐荷機構として，トラス的耐荷機構では3次元応力

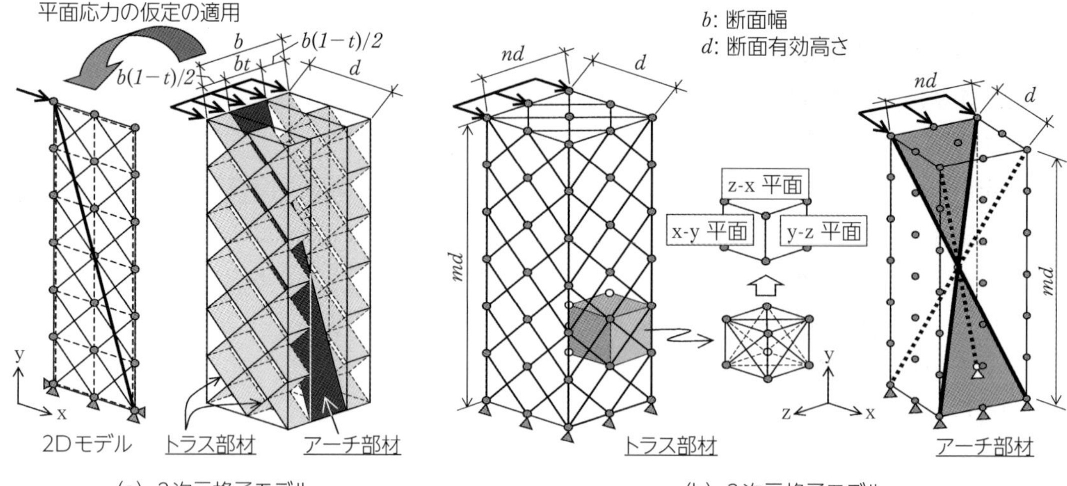

図1.4-6　2次元格子モデルと3次元格子モデルの要素配列の比較[1.4.4), 1.4.5)]

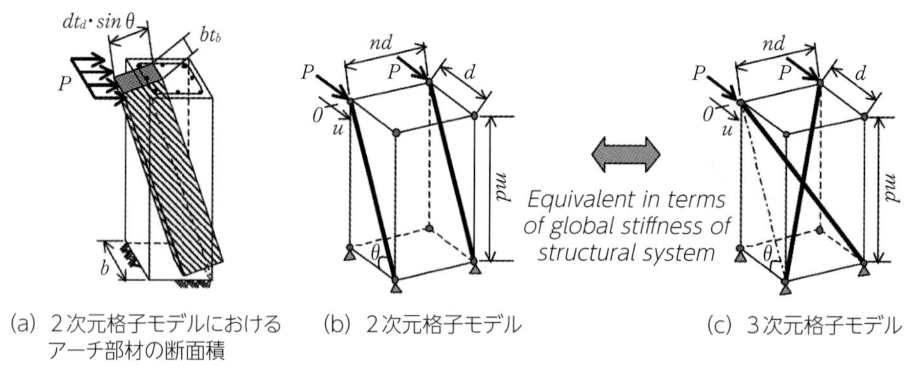

図1.4-7　2次元モデルと3次元モデルにおけるアーチ部材の等価仮定[1.4.4)]

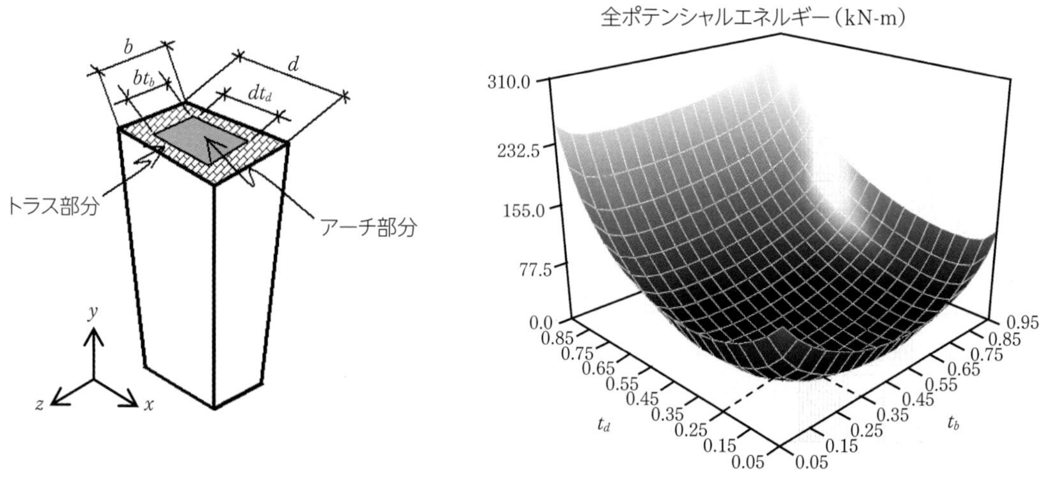

図1.4-8　3次元格子モデルの断面区分とt値を変化させたときの全ポテンシャルエネルギー分布[1.4.5)]

場を3つの直交座標系平面に分解し，3次元的なアーチ的耐荷機構は2次元モデルと剛性を等価にするようにモデル化した．その精度と妥当性を様々な解析検討によって確認している．例えば，**図1.4-9**に例示する単調純ねじりを受けるRCはり[1.4.4), 1.4.5)]のほか，交番ねじりと曲げの複合荷重を受ける中空・中実断面RC橋脚[1.4.5)]，動的解析としては，1方向加振振動大実験[1.4.2)]，鉄筋座屈を考慮した解析による炭素繊維補強効果の検証[1.4.3)]，異なる地震動を用いた3方向実大模型振動台実験におけるRC橋脚の耐震性能評価[1.4.4), 1.4.5)]（**図1.4-10**）などを実施している．

また，RC部材を軸力のみを伝えるトラス要素で離散化しているという特徴から，コンクリート部材中の力の流れを容易に特定することができるといった利点は，材料モデルや鉄筋とコンクリート間の付着モデルを適切に設定することによって，例えば鉄筋腐食したRCはりのせん断耐荷機構の変化を説明することができるようになる．**5.3.2**に詳細があり，参照されたい．

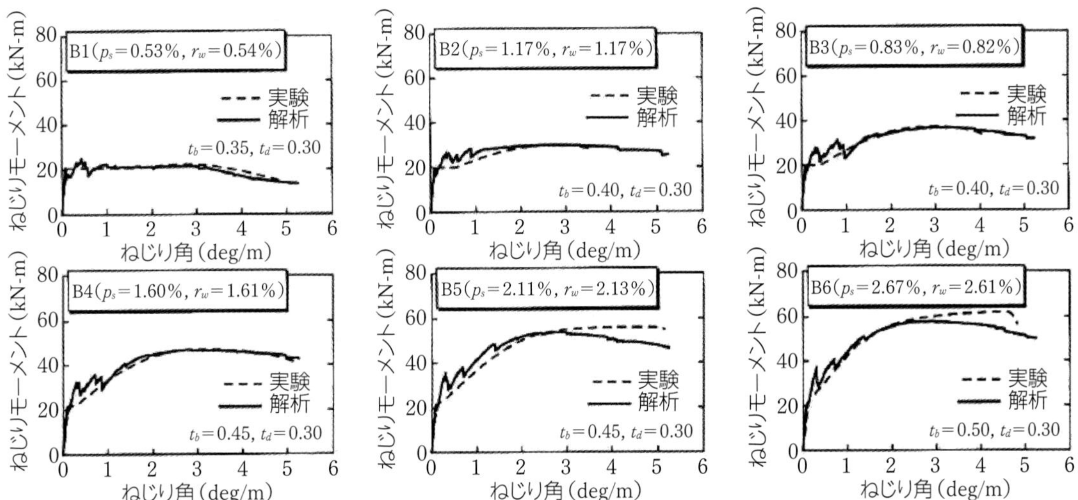

図1.4-9　実験および解析によって得られた単調ねじりを受けるRCはりのねじり挙動比較[1.4.5)]

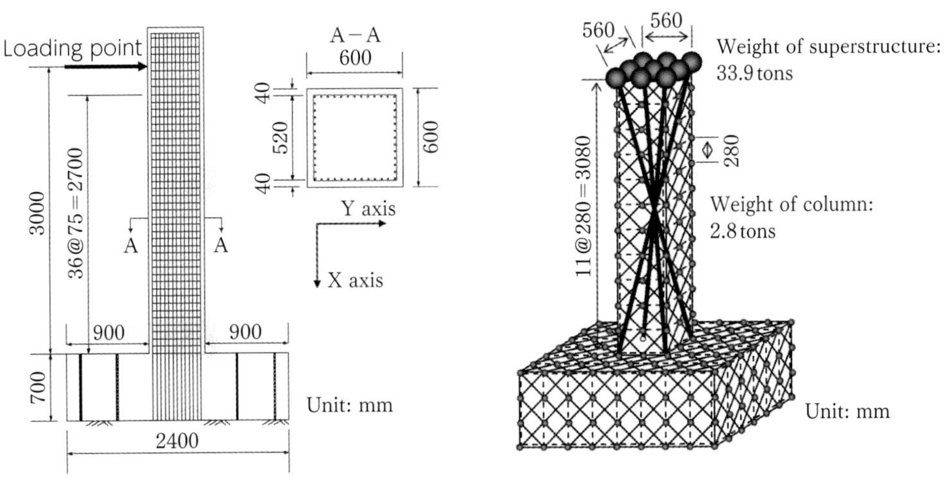

図1.4-10　振動台実験で使用されたRC橋脚とその3次元動的格子モデル[1.4.4), 1.4.5)]

1.4.2　格子モデルを用いたRCディープビームにおける圧縮破壊局所化現象のモデル化

RCディープビームは，a/dが1程度以下の長さが短いコンクリート部材であり，部材破壊時にコンクリートの圧縮破壊を伴う特徴的な性状を示す．これは，集中荷重を受ける位置や支点付近において，コンクリートに生じる力の流れが一様とならずに乱れるため，はりの曲げ理論では説明することができない典型的なせん断挙動の一つである．このような挙動を示す領域をDiscontinuityやDisturbedの頭文字をとりD領域と呼ぶが，RCディープビームは部材全体がD領域と見なすことができる．この問題を解くには，D領域における鉛直方向応力の影響を考慮して，コンクリート内部の圧縮力の流れを考えるのがよいが，格子モデルの特徴の一つである「力の流れ」を直接表現する点がここでも非常に有効となる．

Lertsamattiyakulら[1.4.6)]は，Lertsrisakulratら[1.4.7)]のRCディープビームに関する実験を対象として，格子モデルを用いた解析を行った．その際，RCディープビームのせん断破壊の特徴であるコンクリートの圧縮破壊，特に破壊領域が集中する圧縮破壊の局所化現象を考慮できるようにした点が研究の特徴である．この実験研究については**2.3.2(1)**で紹介されている．

図1.4-11にせん断補強されたRCディープビームの格子モデルを示す．スパン中央の載荷点と支点を結ぶ太線で示されているアーチ部材をトラス部材と独立して設定している．ここで，圧縮破壊が部材で生じるとき，一般に，片方のスパンで圧縮破壊が生じると，もう一方のスパンではそれ以上の荷重を受けることが無くなり，除荷される結果，左右のスパンで異なる挙動を示す．その点を考慮するため，RCディープビーム全体をモデル化している．

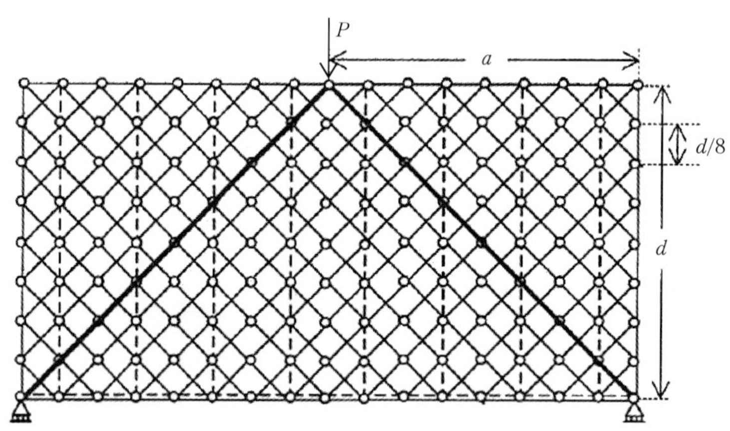

図1.4-11　せん断補強されたRCディープビームの格子モデル化[1.4.6)]

格子モデルにおけるコンクリートの圧縮部材の構成則として，**2.3.1**や**2.3.2(1)**に示される実験によって得られた結果，つまり①無筋コンクリート角柱供試体の圧縮試験に基づく圧縮破壊領域V_p，ならびに②RCディープビームの載荷試験に基づくRC部材における拡大した圧縮破壊領域V_p^dを考慮し，さらに，せん断補強鉄筋の拘束効果によるV_pの体積増加係数K_V（**図1.4-12**），ならびに部材全体で破壊に要したエネルギーに対する圧縮破壊領域で消費したエネルギーの低減係数K_Eを導入して，最大応力度以降において圧縮破壊エネルギーを考慮したコンクリー

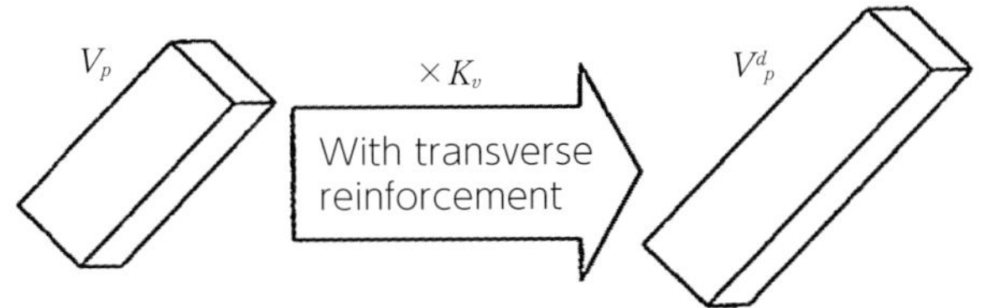

図1.4-12 せん断補強鉄筋を有するRCディープビームの圧縮破壊領域 V_p に関する体積増加係数 K_V [1.4.6)]

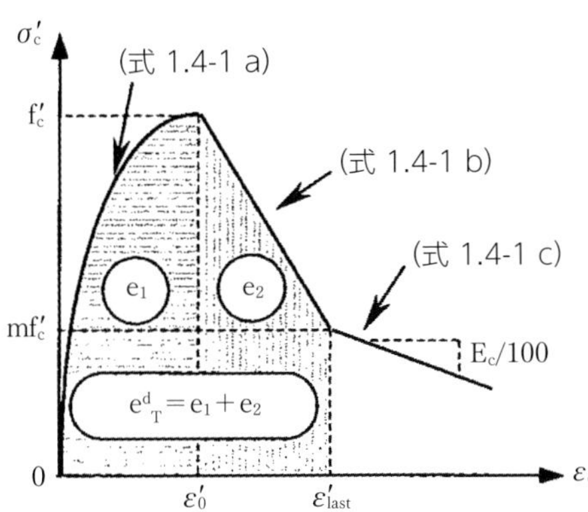

図1.4-13 圧縮破壊エネルギーを考慮したコンクリートの圧縮−応力ひずみ関係[1.4.6)]

トの圧縮−応力ひずみ関係（式（1.4-1），**図1.4-13**）を新たに提案した．

$$\sigma'_c = \eta f'_c\left[2\left(\frac{\varepsilon'_c}{\varepsilon'_0}\right)-\left(\frac{\varepsilon'_c}{\varepsilon'_0}\right)^2\right] \; ; \varepsilon'_c \leq \varepsilon'_0 \tag{1.4-1 a}$$

$$= \eta(A_1\varepsilon'_c + A_2) \qquad ; \varepsilon'_0 < \varepsilon'_c \leq \varepsilon'_{last} \tag{1.4-1 b}$$

$$= \eta(B_1\varepsilon'_c + B_2) \qquad ; \varepsilon'_{last} < \varepsilon'_c \tag{1.4-1 c}$$

ここで，

σ'_c：コンクリートの圧縮応力，ε'_c：コンクリートの圧縮ひずみ，η：Vecchio and Collinsによるひび割れが生じたコンクリートの圧縮強度の低減係数[1.4.8)]（式（1.4-2）），ε'_0：最大応力時のコンクリートの圧縮ひずみ（=0.002），A_1, A_2, B_1, B_2：最大応力以降の圧縮応力−圧縮ひずみ（ポストピーク）を表現した2直線式における係数（式（1.4-3），式（1.4-4）），ε'_{last}：最大応力以降の圧縮応力−圧縮ひずみ（ポストピーク）の2直線式の境界のひずみ，m：実験係数（%）（**図1.4-14**参照）

$$\eta = \frac{1.0}{0.8+0.34(\varepsilon_t/\varepsilon'_0)} \leq 1.0 \tag{1.4-2}$$

$$A_1 = \frac{(m^2-1)f'^2_c}{2e_2}; \; A_2 = f'_c - \frac{(m^2-1)f'^2_c}{2e_2}\varepsilon'_0 \tag{1.4-3}$$

$$B_1 = \frac{E_c}{100}; \; B_2 = mf'_c - \frac{E_c}{100}\varepsilon'_{last} \tag{1.4-4}$$

$$\varepsilon'_{last}=\varepsilon'_0+\frac{2e_2}{(1+m)f'_c} \tag{1.4-5}$$

$$e_1=\frac{2}{3}\varepsilon'_0 f'_c \tag{1.4-6}$$

$$e_2=e_T^d-e_1=\frac{G_{Fc}L_P}{L}\cdot\frac{K_V}{K_E}-\frac{2}{3}\varepsilon'_0 f'_c \tag{1.4-7}$$

$$m=-3\left(\frac{2400}{d}-3\right)r_w^2+13\left(\frac{2400}{d}-3\right)r_w+35 \qquad (\%) \tag{1.4-8}$$

ここで，

e_T^d, e_1, e_2：圧縮応力下のコンクリートの吸収エネルギー密度（N/mm²）（e_T^d：全エネルギー，e_1：ポストピーク，e_2：プレピーク，**図1.4-13**参照），G_{Fc}：圧縮破壊エネルギー[1.4.7]（N/mm²）=0.086 $f_c'^{1/4}$，L_P：圧縮破壊領域長さ[1.4.7]（mm），d：有効高さ（mm），r_w：せん断補強鉄筋比（%）

図1.4-15に解析結果の一例[1.4.6]を示す．せん断補強鉄筋の有無，部材寸法（有効高さ）の異なるRCディープビームにおけるコンクリートの圧縮破壊の局所化現象を考慮した提案式（式(1.4-1)）を用いることによって，せん断耐力ならびに最大荷重以降の挙動の予測精度が向上することを明らかにしている．

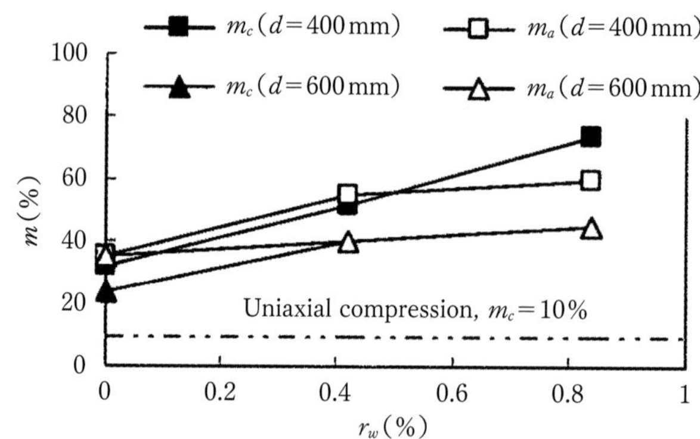

図1.4-14　異なる有効高さdのRCディープビームにおける係数mとせん断補強鉄筋比r_wの関係[1.4.6]

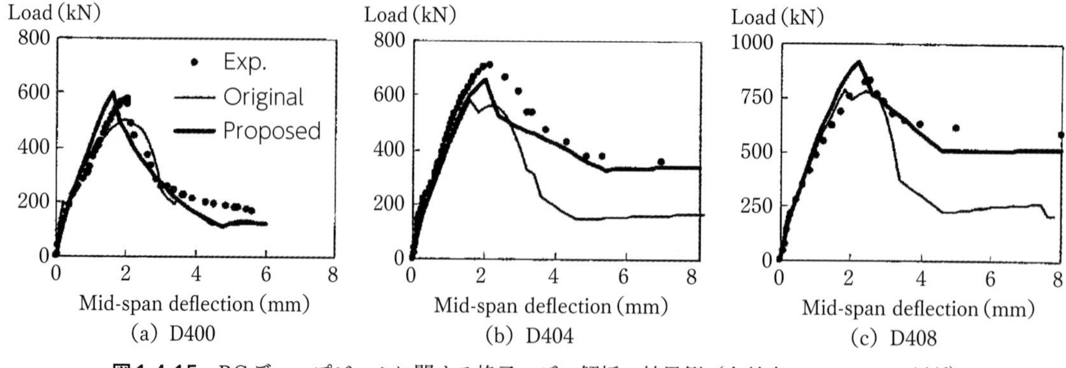

図1.4-15　RCディープビームに関する格子モデル解析の結果例（有効高さd=400 mm）[1.4.6]

〔参 考 文 献〕

1.4.1) 二羽淳一郎，崔 益暢，田邊忠顕：鉄筋コンクリートはりのせん断耐荷機構に関する解析的研究，土木学会論文集，No.508/V-26，pp.79–88，1995.2

1.4.2) 三木朋広，二羽淳一郎，LERTSAMATTIYAKUL Manakan：動的格子モデル解析による鉄筋コンクリート橋脚の耐震性能の評価，土木学会論文集，No.704/V-55，pp.151–161，2002.5

1.4.3) 三木朋広，二羽淳一郎，LERTSAMATTIYAKUL Manakan：鉄筋座屈を考慮した鉄筋コンクリート橋脚の地震時応答解析，土木学会論文集，No.732/V-59，pp.225–239，2003.5

1.4.4) Miki, T. and Niwa, J.: Nonlinear Analysis of RC Structural Members Using 3D Lattice Model, Journal of Advanced Concrete Technology, Vol.2, No.3, pp.343–358, 2004.10

1.4.5) 三木朋広，二羽淳一郎：3次元格子モデルを用いた鉄筋コンクリート部材の非線形解析，土木学会論文集，No.774/V-65，pp.39–58，2004.11

1.4.6) Lertsamattiyakul, M., Niwa, J., Lertsrisakulrat, T. and Miki, T.: Shear Analysis for D-Region in RC Members Considering Localization in Compression, Journal of Materials, Concrete Structures and Pavements, No.725/V-58, pp.333–343, 2003.2

1.4.7) Lertsrisakulrat, T., Niwa, J., Yanagawa, A., and Matsuo, M.: Concepts of localized compressive failure of concrete in RC deep beams, Journal of Materials, Concrete Structures and Pavements, JSCE, No.725/V-58, pp.197–211, 2003.2

1.4.8) Vecchio, F. J., and Collins, M. P.: The Modified Compression-Field Theory for Reinforced Concrete Elements Subjected to Shear, ACI Journal, V.83, No.2, pp.219–223, Mar.-Apr. 1986

格子モデル解析プログラム開発のはじめの頃

三木　朋広

格子モデルは二羽教授が東工大着任前に提案され，論文公表されたが，当研究室においても研究を継続することになった．私がこの研究に着手することになったとき，格子モデル解析プログラムは既に作成されたソースコードを使用できるものと思ったが，当然のことではあるが全て最初から独自に作成することになった．プログラミングの使用言語はFortran．当時でも非常に古いコンピュータ言語であったが，現在であっても土木や建築分野の構造解析において使用されている．それまでに長年蓄積されたソースコードが多く存在することが長く使用され続ける理由であるが，非常に直感的で理解しやすい言語であることもその理由であると思われる．また，近年適用が拡がる画像解析ではC++等を用いてOpenCVに実装したり，AIや機械学習分野ではPythonを使用したりする等，新しいコンピュータ言語も利用されているが，様々な新しい言語も比較的容易に理解できるといった経験から，Fortranに関する基礎的な知識はプログラミング構造を理解するにはほどよい実用性があり，初学者にも推薦できる．

とはいえ，当時を振り返ると，初めてプログラミングに取りかかるといった経験値ゼロの状態では，何から手を付けて良いか分からなかったが，当時助手の水田さんが数値解析の専門家という幸運から，初歩的なコンパイラの設定等を教えてもらいながら，二羽教授にはプリントアウトした解析ソースプログラムを一行ずつ，その都度確認して頂きながらなんとか作業を開始したのであった．

格子モデルに関する解析プログラムは，いわゆる不静定トラスに関するマトリックス構造解析を行うことから，骨格となる計算は非常にシンプルなものである．しかし，トラス部材に材料非線形性を考慮している点に解析としての難しさがある．それ以外にも，格子モデルの特徴の一つである引張斜材の引張ひずみを圧縮斜材の圧縮応力の低減係数の算出に用いるよう，交差する要素間の情報連携を解析プログラムに導入する必要がある．3次元解析への展開ではマトリックスの次元も格段に大きくなり，計算手法の改善も必要であった．

非線形動的解析では，コンクリート，鉄筋の応力－ひずみ関係に繰返し履歴をモデル化するだけではなく，繰返し計算中の応力とひずみを履歴として保存して履歴依存型の挙動に反映する必要がある．特に外力として地震動を作用させる場合は，繰返し計算中，応力とひずみが思いもよらない経路の履歴を計算上たどることがある．力のつり合いと変形の適合を満たしながら，ひび割れ等による非線形挙動によって応力が再分配されることで生じる「仮想の挙動」を想定し，同時にプログラミングのバグ探しも行いながら，開発当時，まだ見ぬ解析結果を地道に追いかけた．ただし，実験での挙動とは異なり，一度コンクリートのひび割れ等の損傷が生じても，解析では計算上，元の状態に戻すことができる．このような非現実的な状況とならないよう，解析を行うときも，実験において材料や構造の特性をよく観察し理解しておくことが重要であることは，かなり後になってようやく理解することとなる．

この格子モデル解析の展開の一例として，鉄筋腐食によるRC部材のせん断抵抗メカニズムの評価と3次元化については，当時修士の鈴木さん，久保君とともに行った．これは，当研究室における劣化部材の構造性能評価に関する研究の始まりでもあった．

1.5 プレストレストコンクリート構造のせん断問題への展開

プレストレストコンクリート（PC）部材のせん断特性を把握するためには，プレストレスによる軸圧縮応力について考慮する必要がある．また，PCはりでは，RCはりではみられない，$a/d=2.5$もしくはそれ以上のスレンダーなはりにおいてもせん断圧縮破壊というコンクリートの圧縮破壊に起因する破壊が生じることが知られている．

このようなせん断破壊を示すPCはりのせん断抵抗をモデル化するため，Lertsamattiyakulらによる簡易モデル[1.5.1)]の開発がなされた．この研究では，まず，様々なプレストレスの断面分布を再現したFEMによる感度解析によって，せん断破壊時に特徴的な圧縮力の流れを特定した．さらに，その応力の流れを簡易モデルに集約していくことで，PCはりのせん断抵抗をモデル化した．なお，この研究における検討対象であるPCはりのせん断破壊に関する実験研究は，**4.5節**で紹介されている．

FEMによる感度解析では，せん断補強鉄筋を有さないPCはりを対象として，プレストレス力の大きさならびに上縁応力σ_uと下縁応力σ_lを変えたプレストレスの分布，a/d，有効高さd，コンクリートの圧縮強度を変化させて，それぞれの影響について調べている．**図1.5-1**に例示する最大荷重の90%時の応力コンターを用いて，有限要素内のガウス積分点における最小主応力（圧縮応力）を抽出し，それらを連ねるようにして「主要な」圧縮応力の流れを見出した．

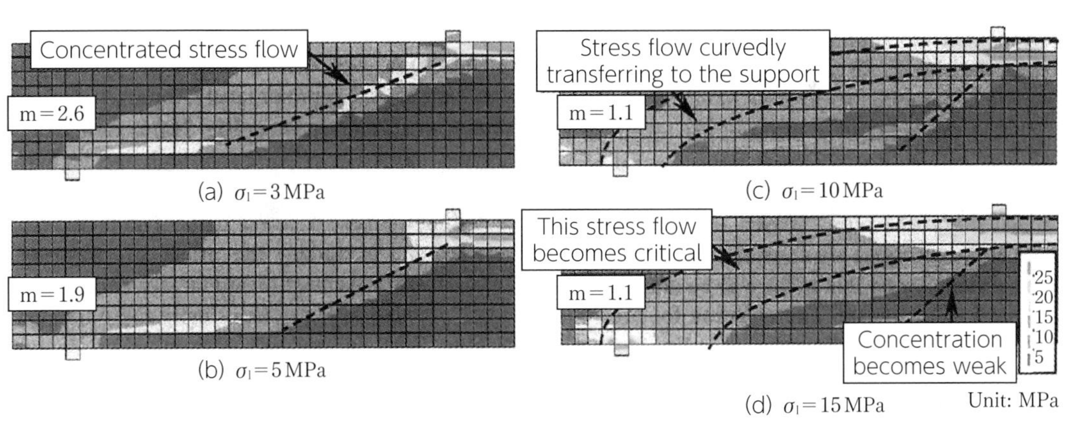

図1.5-1　PCはりを対象とした感度解析[1.5.1)]
（異なる下縁応力σ_lときの応力コンター，上縁応力$\sigma_u=0$ MPa）

この結果に基づいて，**図1.5-2**に示すような引張側に4つ，圧縮側に3つの節点を持ち，各節点をつなぐようにコンクリートの斜材，圧縮部材，鉛直部材，補強材の引張部材で構成されたトラスモデルに離散化している．特に，圧縮ストラットの角度について，節点位置を表わすmd（ただし，dは有効高さ）によって設定した非常にシンプルなモデルと言える．この係数mについては，**図1.5-3**に示すように各パラメータの影響を反映して設定する．このモデルは，従来のストラット・タイモデルと異なり，離散化した各要素に材料非線形性を考慮して，力のつり

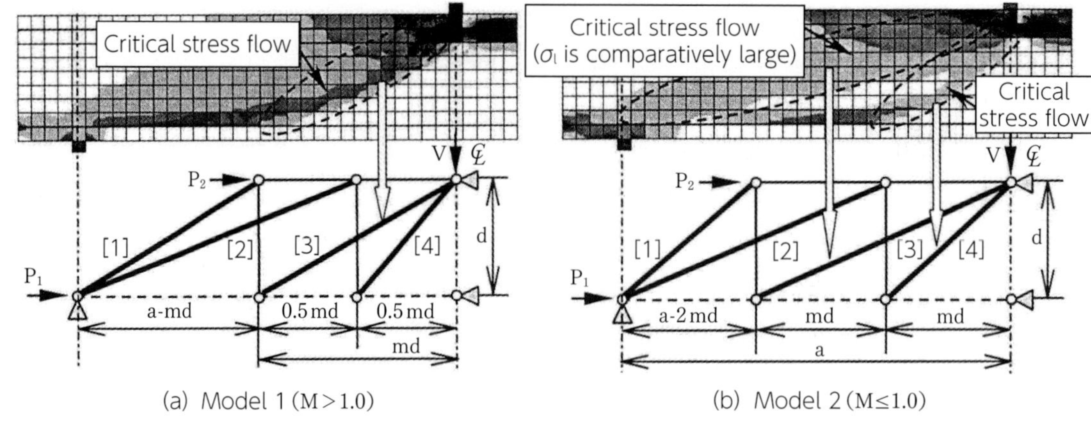

図1.5-2　FEM結果に基づく簡易トラスモデルの構築[1.5.1)]

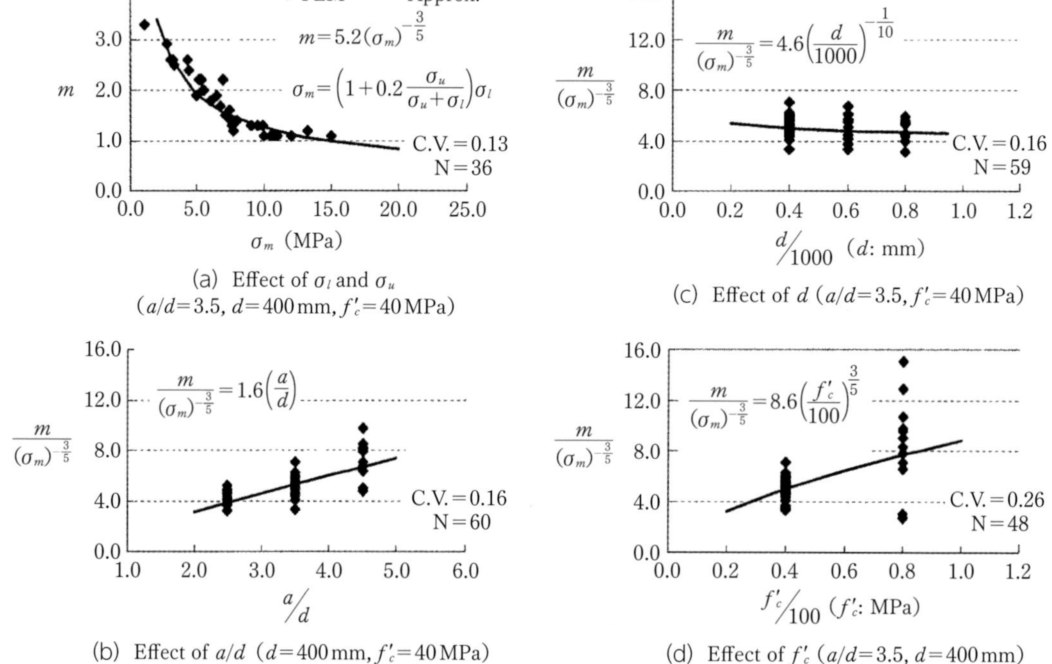

図1.5-3　簡易トラスモデルに用いる係数m[1.5.1)]

合いだけではなく，変形の適合を満たしている点は特筆すべきである．

図1.5-4に簡易トラスモデルによる解析結果の一例を示す．非常に多くの既往の実験結果を対象とした解析を実施し，図中Proposedの結果に見ることができるように，簡易モデルではあるがせん断補強鉄筋を有さないPCスレンダーはりのせん断耐力の高い予測精度を実現できている．この簡易トラスモデルの適用については，外ケーブル補強PCはりやPCセグメント部材に対しても展開しており，その実験結果ならびに解析検証については**4.5節**で紹介されている．

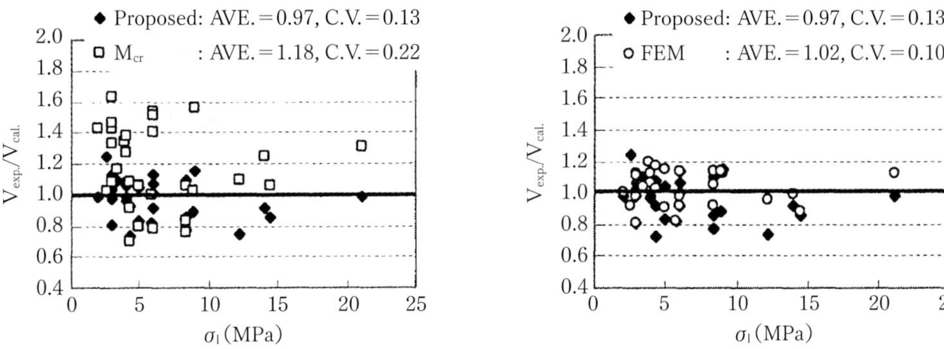

図1.5-4　簡易トラスモデルによる予測精度[1.5-1)]

〔参 考 文 献〕

1.5.1)　Lertsamattiyakul, M, Niwa, J., Tamura, S, Hamada, Y: Simplified Truss Model for Prestressed Concrete Slender Beams, Journal of Materials, Concrete Structures and Pavements, No.767/V-64, pp.313–325, 2004.8

有限要素解析ソフトのbefore after

村田　裕志

私が学部4年生で二羽研究室に配属になったのは2001年4月である．そして所属してすぐに，ある市販の有限要素解析ソフトを渡された．研究室に入って最初のミッションは「このソフトを使えるようになる」であった．しかも，弾性解析などをすっ飛ばして、鉄筋コンクリートの非線形解析を習得しなければいけなかった．ちなみにこのソフトは40歳となった2020年現在でも使用しているので，人生の半分をこのソフトと歩んでいることになる．

研究室で初めて導入したソフトであったので，聞ける先輩もおらず，まさに「右も左も分からない状態」であったのを覚えている．ただ，コンクリートの非線形解析そのものについては，二羽先生，当時助手だった水田さん，先輩の三木さんに聞きながらゆっくりと解析を回せるようになったものである．

その後，卒論テーマでの解析対象が下の左図に示すような「コンクリート部材同士の接合を模擬した二面せん断試験」となった．2次元メッシュを下の右図に示すが，2次要素を用いていて，500節点程度のモデルである．こんなモデルでも，当時はシングルスレッドのPentium IIIの600MHz程度のCPUだったため，7～8時間の解析時間だったように思う．それが今や，8スレッドのCPUを用いれば7～8万節点の3次元モデルが同程度の解析時間である．コンピュータの進歩は凄まじいと感じる．

当時は非線形のパラメータはテキストデータで打ち込まなければならなかったため，内容を理解しなければ実行することはできなかった．しかし，今はGUIで様々な非線形パラメータを選ぶだけで理解していなくとも実行できてしまう．この部分は，これから非線形有限要素解析を触る世代に対して逆に注意を要する部分なのではないかと思う．

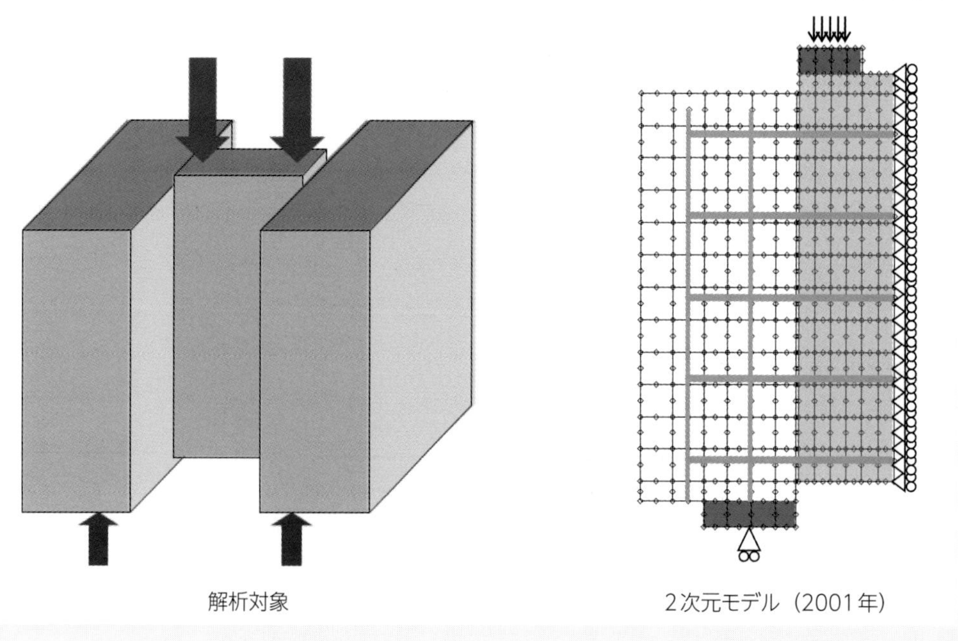

解析対象　　　　2次元モデル（2001年）

1.6　せん断耐荷機構を考慮したRC・PCはりのせん断耐力の推定

1.1節で述べたように，コンクリート部材のせん断耐力は，曲げ耐力のように理論的に直接計算することができないため，多くの実験や解析データを分析した結果に基づく経験的な予測手法が用いられている．土木学会コンクリート標準示方書[1.6.1]では，せん断補強鉄筋を有するRCはりのせん断耐力を，コンクリート抵抗分 V_c とせん断補強鉄筋抵抗分 V_s との和として計算することとしている．前者はせん断補強鉄筋を持たないRCはりのせん断耐力の経験式から求め，後者はトラス理論に基づいて計算される．この考えは修正トラス理論と呼ばれ，コンクリート抵抗分はせん断補強鉄筋の有無によらず一定であり，破壊時においてはせん断補強鉄筋が降伏に至っている，という仮定に基づいている．また，PCはりにおいては，プレストレスの影響によってせん断耐力が増加することが知られているが，コンクリート標準示方書では，修正圧縮場理論に基づいて圧縮ストラットの角度変化を求めることにより，せん断耐力の増加を評価している．

これらの計算手法は，非常に簡易的な計算式で構成されており，コンクリート部材の設計計算を行う上で安全側の評価を容易に行うことができるため，実務上有効な手法となっている．しかし，既往の研究において，RCはりやPCはりの実際のせん断耐力は，修正トラス理論および修正圧縮場理論に基づく計算値を大きく上回る場合があることが報告されている（川原ら[1.6.2]，など）．このため，より合理的な部材設計を行うためには，せん断耐力の計算精度向上が不可欠であり，これまでに多くの研究が行われてきた．本節では，はり部材のせん断耐荷機構に着目し，せん断耐力の推定手法を提案した研究事例について紹介する．

はり部材に作用するせん断力と曲げモーメントの関係，および力の釣り合い式から，せん断力は以下のように表される[1.6.3]．

$$Vx = M = Tjd \qquad (1.6\text{-}1)$$

$$V = \frac{dM}{dx} = \frac{d(Tjd)}{dx} = jd\frac{dT}{dx} + T\frac{d(jd)}{dx} \qquad (1.6\text{-}2)$$

ここで，

V：作用せん断力，x：支点からの距離，M：作用曲げモーメント，T：引張鋼材の合計引張力，jd：モーメントアーム長

式（1.6-2）右辺の第1項はビーム機構が受け持つせん断力と呼ばれ，せん断補強鉄筋抵抗分や，骨材のかみ合わせ作用およびダウエル作用によるせん断抵抗が含まれる．一方第2項は，コンクリートの圧縮ストラットと引張鋼材から形成されるアーチ機構が受け持つせん断力である．ビーム機構が受け持つせん断力は，さらにコンクリート抵抗分とせん断補強鉄筋抵抗分に分離することも可能であり，中村ら[1.6.4]や岩本ら[1.6.5]は，RCはりを対象に，実験や数値解析によって得られた鉄筋およびコンクリートのひずみ分布を用いて，各耐荷機構がそれぞれ受け持つせ

ん断抵抗を定量的に評価できることを示している．

Gunawanら[1.6.6), 1.6.7)]は，RCはりおよびPCはりのせん断抵抗力を，ビーム機構の内のコンクリート抵抗分V_{cbeam}，ビーム機構の内のせん断補強鉄筋抵抗分V_{sbeam}，アーチ機構抵抗分V_{arch}の3つの成分に分離して詳細な検討を行い，以下のような傾向を確認している．V_{cbeam}は，斜めひび割れ発生以前において支配的であるが，斜めひび割れの進展とともに徐々に低下し，ある程度の抵抗力を保った後に破壊に至る．V_{sbeam}は，斜めひび割れ発生後に徐々に増加し，途中からはほぼ横ばいとなる．これは，せん断補強鉄筋のほとんどが降伏していることを示している．V_{arch}は，斜めひび割れ発生後に徐々に増加し，ピーク荷重付近では3つの成分の中で最も大きな寄与率を示す．一例として，$a/d=3.8$，せん断補強鉄筋比0.21％，コンクリート圧縮強度49.8 N/mm^2，断面中央高さにおけるプレストレス量1.16 N/mm^{2}としたPCはりにおける各耐荷機構によるせん断抵抗の推移を，**図1.6-1**に示す．

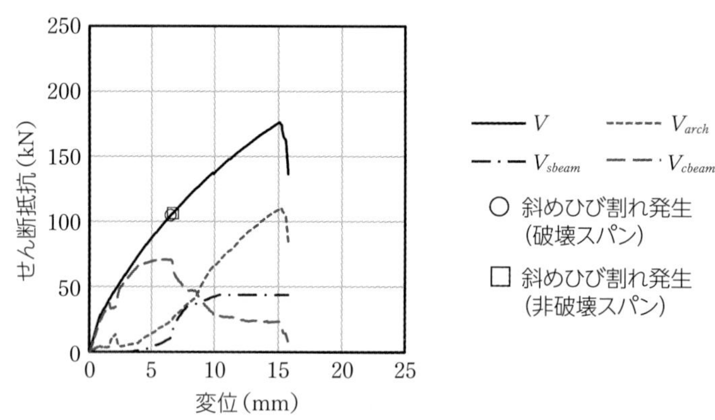

図1.6-1　各耐荷機構によるせん断抵抗の推移[1.6.7)]

これらの考察結果に基づいて，Gunawanらは，せん断破壊時に各耐荷機構が受け持つせん断抵抗分を算出し，その合計としてRCはりおよびPCはりのせん断耐力を推定する手法を提案している[1.6.6), 1.6.7)]．例えばビーム機構の内のコンクリート抵抗分V_{cbeam}は，せん断破壊時においては従来の計算手法におけるコンクリート抵抗分V_cに対してある程度の割合まで低下していたことから，その度合いを表す低減係数αを導入し，せん断補強鉄筋量などのパラメータに対するαの算定式を導出している（**図1.6-2**）．

また，PCはりや，一定程度以上のせん断補強鉄筋を有するRCはりでは，破壊時には載荷点付近のコンクリートの圧縮破壊や剥離が生じていたこと，終局時にはアーチ機構抵抗分V_{arch}が支配的でありV_{arch}の低下とともに荷重が低下していたことから，載荷点付近におけるコンクリートの圧縮破壊によってアーチ機構が維持できなくなり部材の破壊に至っていると仮定した．この仮定に基づき，終局時において載荷点付近のコンクリートに作用する部材軸方向の圧縮力を，コンクリートの圧縮強度を用いて求め，アーチ機構による抵抗分を推定する手法を提案している．

提案されたせん断耐力推定フローを**図1.6-3**に，既往文献も含めた実験・解析結果を用いた

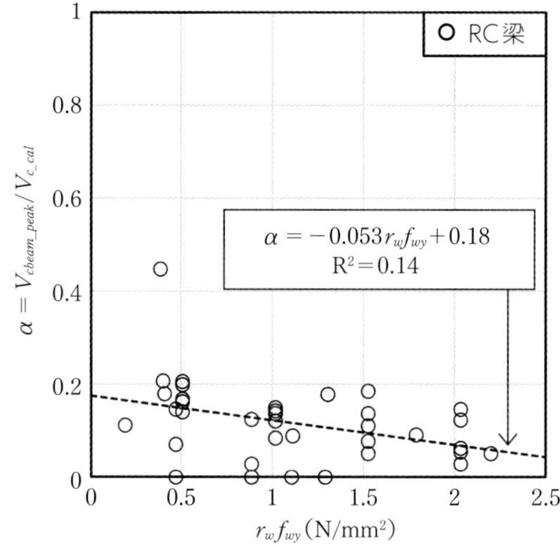

図1.6-2　低減係数αとせん断補強鉄筋量の関係[1.6.7)]
(V_{cbeam_peak}：ピーク荷重時におけるビーム機構内のコンクリート抵抗分，V_{c_cal}：従来手法[1.6.8)]によるコンクリート貢献分の計算値，r_w：せん断補強鉄筋比，f_{wy}：せん断補強鉄筋の降伏強度)

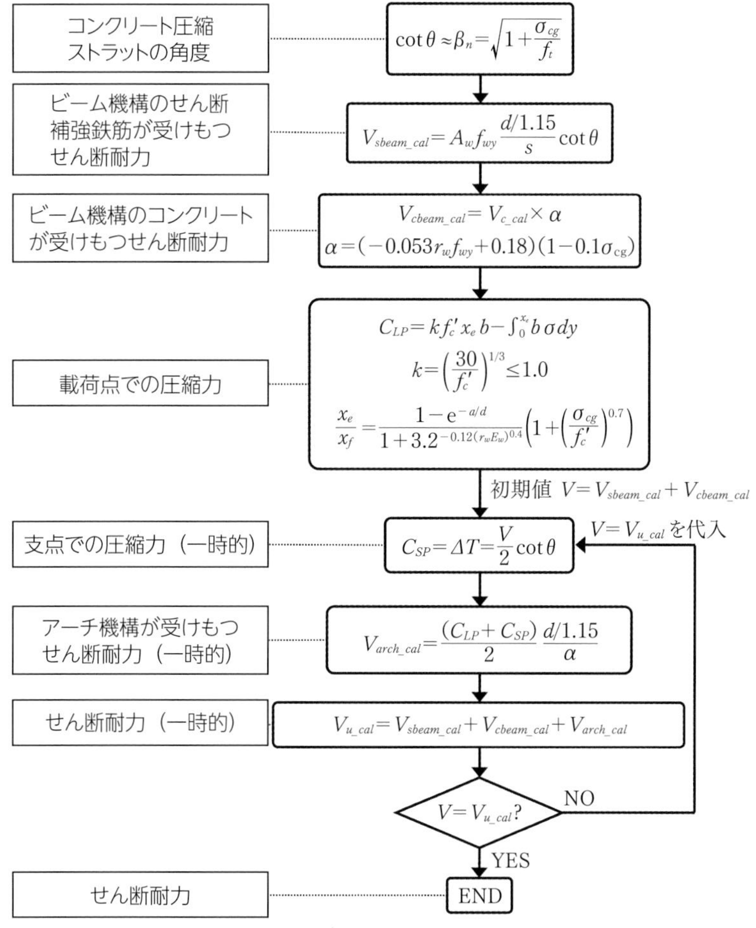

図1.6-3　せん断耐力推定手法のフロー[1.6.7)]

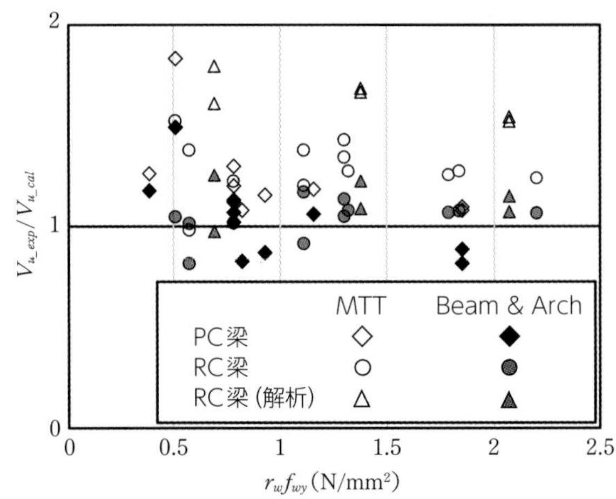

図1.6-4　せん断耐力の推定精度比較[1.6.7)]
（V_{u_exp}：実験や解析で得られたせん断耐力，V_{u_cal}：せん断耐力の計算結果）

推定精度検証の結果を**図1.6-4**に示す．精度検証に用いたデータセットにおけるパラメータ（せん断スパン比，コンクリート圧縮強度，せん断補強鉄筋比など）の範囲内では，従来手法（MTT：修正トラス理論）と比較して，提案手法によってせん断耐力を精度良く推定できることが確認されている．

〔参 考 文 献〕

1.6.1)　土木学会：コンクリート標準示方書（設計編），2017.

1.6.2)　川原崇洋，中村拓郎，二羽淳一郎：PCはりのせん断耐荷挙動に関する実験的検討，コンクリート工学年次論文集，Vol.40，No.2，pp.409–414，2018.7

1.6.3)　Park, R. and Paulay, T.:Reinforced Concrete Structures, John Wiley & Sons, New York, pp.278–287, 1975.7

1.6.4)　中村英佑，渡辺博志：せん断補強鉄筋を有するRCはりのせん断耐荷機構に関する一考察，構造工学論文集A，Vol.54A，pp.731–741，2008.3

1.6.5)　岩本拓也，中村　光，Li Fu，山本佳士，三浦泰人：ビーム・アーチ機構に基づくRCはりのせん断抵抗メカニズムに関する一考察，土木学会論文集E2（材料・コンクリート構造），Vol.73，No.1，pp.70–81，2017

1.6.6)　Gunawan, D., Okubo, K., Nakamura T. and Niwa J.: Shear Capacity of RC Beams Based on Beam and Arch Actions, Journal of Advanced Concrete Technology, Vol.18, pp.241–255, 2020.5

1.6.7)　Devin Gunawan，大窪一正，中村拓郎，二羽淳一郎：ビーム・アーチ機構を考慮したPC梁のせん断耐力，プレストレストコンクリート，Vol.62，No.5，pp.80–91，2020．9–10

1.6.8)　二羽淳一郎，山田一宇，横沢和夫，岡村甫：せん断補強鉄筋を用いないRCはりのせん断強度式の再評価，土木学会論文集，第372号/V-5，pp.167–176，1986.8

2章
コンクリートの
圧縮破壊と破壊力学

2.1 はじめに

コンクリートが構造体として使用される場合，その圧縮強度が高いことを活かして一般に圧縮力を受け持つ材料として利用される．コンクリート構造を取り扱う際，①力の釣合条件，②材料の応力－ひずみ関係，③変形の適合条件を基本的条件とし，「曲げ」を受けるコンクリート構造では鉄筋降伏後に圧縮側コンクリートの破壊により終局を迎える曲げ破壊を初めに学ぶ．これは曲げ破壊を想定して設計されることが一般的であるためであり，圧縮力作用下のコンクリートの破壊特性を解明することは，コンクリートを構造体として使用する場合に破壊形式や終局耐力を左右する重要な課題といえる．

コンクリートが破壊するまでの挙動で「ひび割れ」は大きな意味を持つ．コンクリートに引張力が作用したとき，力の方向に対して直角方向に発生するひび割れは，引張ひずみがある部分に集中し，局所化したものと考えることができる．このような破壊特性に対して，コンクリート構造の分野で破壊力学を取り入れるようになり，材料特性に関する考え方が変化してきた．破壊力学とは，き裂等の欠陥がある物体に力を加えたときの，物体の強度や応力・ひずみ分布を推定する分野である．特に，き裂の有無や形状が大きく破壊に影響する鋼構造の分野では古くから研究されてきた．一方，コンクリート構造の分野では，Hillerborgによる仮想ひび割れモデルの提案によって，加速度的に破壊力学への理解が進み，特に引張力が作用するコンクリートの非線形挙動の解明に貢献した[2.1.1)]．引張応力下にあるコンクリートの材料特性については，破壊エネルギーG_F（単位面積のひび割れ形成に必要なエネルギー）や引張軟化曲線（ひび割れを介して伝達される引張応力－ひび割れ幅の関係）が提案されている（**図2.1-1**）．コンクリートの引張破壊をエネルギーで考えると，外力により3次元的に蓄積されるひずみエネルギーが，ひび割れという2次元的な面で解放されることから，引張強度に寸法効果（寸法の増加に伴い，強度が低下する現象）が存在することを証明できる．

一方，圧縮型破壊を生じる部材の強度にも寸法効果があるという研究成果が報告された[2.1.2),2.1.3)]．圧縮力を受けるコンクリートの応力－ひずみ関係が1つではなく，部位毎に異なる可能性が示唆されたのである[2.1.4),2.1.5)]．これは，冒頭で述べたコンクリート構造の基本的条件を覆すもので

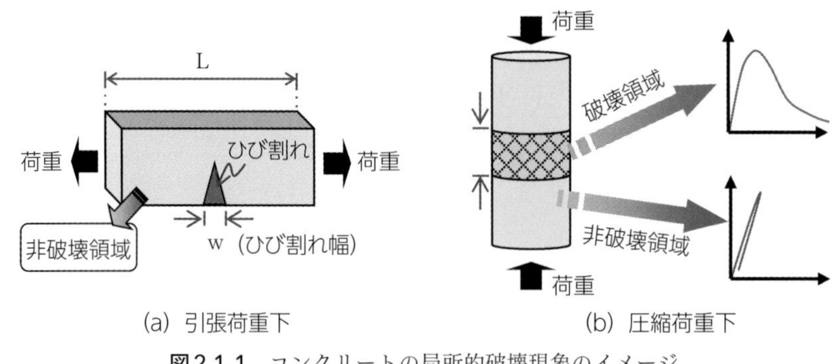

図2.1-1　コンクリートの局所的破壊現象のイメージ

あり，さらに引張強度の10倍もの圧縮強度を持つコンクリートを使う構造物全体の挙動，特に変形能に及ぼす影響は大きい．「圧縮力の作用するコンクリートの応力－ひずみ関係は部位毎に同じか，それとも違うのか」という疑問を出発点とし，研究が始まった．

コンクリートに圧縮力が作用する場合，引張力が作用する場合と同様にひび割れが発生する．しかしそれは非常に微細なひび割れの発生，進展および蓄積であり，まずは圧縮破壊現象を正確に捉える実験を計画した．**2.2**では，いくつかの計測技術を紹介し，それらをコンクリートの圧縮破壊現象とともに，クリープ現象やRC部材の圧縮型破壊まで適用した結果から，部位毎の圧縮応力－ひずみ関係の違いや破壊するまでの挙動を明らかにする．そして**2.3**では，前節の結果を受け，コンクリートの圧縮破壊エネルギーの定義，圧縮応力－ひずみ関係のモデル化を提案する．さらに，圧縮型破壊に至るRC部材を対象として，圧縮力を受けるコンクリートが構造全体の挙動に及ぼす役割について実験的，解析的に検討した結果を示す．

〔参 考 文 献〕

2.1.1） Hillerborg, A., Modeer, M. and Petersson, P.E., (1976). “Analysis of crack formation and crack growth in concrete by means of fracture mechanics and finite elements.” Cement and Concrete Research, 6 (6), 773–782.

2.1.2） Bazant, Z.P., (1989). “Identification of Strain-Softening Constitutive Relation From Uniaxial Tests by Series Coupling Model for Localization.” Cement and Concrete Research, 19 (6), 973–977, 1989.

2.1.3） Walraven, J. C., (1994). “Size Effects: Their Nature and Their Recognition in Building Codes, Size Effect in Concrete Structure.” E&FM SPON.

2.1.4） van Mier J. G. M., (1997). “Fracture processes of concrete: Assessment of material parameters for fracture models.” Florida, U.S.A: CRC Press.

2.1.5） Markeset, G. and Hillerborg, A., (1995). “Softening of concrete in compression localization and size effects.” Cement and Concrete Research, 25 (4), 702–708.

2.2 破壊を捉える技術と破壊域の同定

2.2.1 破壊力学の適用

コンクリートに荷重が作用すると，ひずみエネルギーがコンクリート中に蓄積されるが，破壊において，ひび割れ面の形成に消費されるシステムにおいて，式（2.1-1）が成立する（**図2.2-1**）．

$$\Pi = U - F + W \tag{2.1-1}$$

ここで，Π：全エネルギー，U：弾性ひずみエネルギー，F：外力より与えられた仕事量，W：ひび割れ形成に費やした表面エネルギー，である．ひび割れが形成されてもΠは不変であるとして，式（2.1-1）は，以下の通り表される[2.2.1]．

$$\frac{d\Pi}{dA} = \frac{d}{dA}(U - F + W) = 0 \tag{2.1-2}$$

$$\frac{d}{dA}(F - U) = \frac{dW}{dA} \tag{2.1-3}$$

dAはひび割れ表面積の増分であり，左辺は，単位面積あたりのひび割れ形成に対して放出されたひずみエネルギー（G）に対して，右辺はひび割れ形成に必要なエネルギー（R）となる．この，単位面積当たりのひび割れ形成に必要なエネルギーを，破壊エネルギー（G_F）としている．

$$G_F = \frac{\Sigma \Delta W}{\Sigma \Delta A} \tag{2.1-4}$$

これは，微細なひび割れが多数存在する状態（破壊進行領域）から，徐々に目視できるようなマクロなひび割れへと進展するコンクリートのひび割れを1本あるいは1面のひび割れと仮定することによって成立している．仮想ひび割れにおけるひび割れ幅と伝達応力の関係を示した引張軟化曲線は，RC部材の破壊挙動の評価に貢献している．

この破壊力学の概念を適用して，圧縮下のコンクリートの破壊特性を明らかにするには，破壊域，および破壊に要したエネルギーを把握することが必要となる．これを実験的に把握するためのポイントは，(1) 引張時のような面的な破壊ではなく，多数のひび割れが輻輳する圧縮破壊域を同定すること，および (2) 圧縮強度に達した後の急激な軟化挙動において計測できること，である．

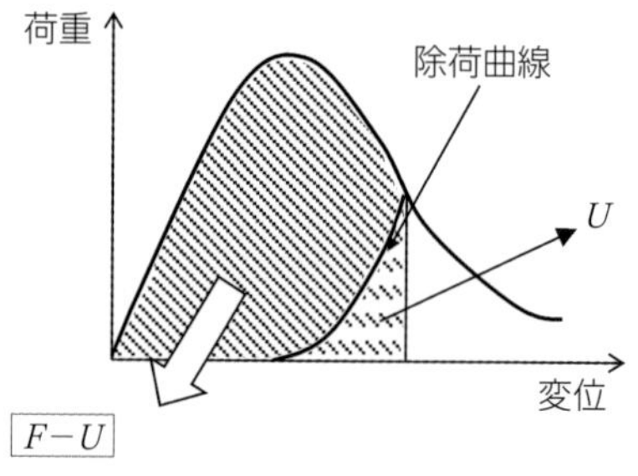

図2.2-1　破壊に要するエネルギーの計算

「破壊って何ですか?」

渡辺　健

初めての研究発表会の場で，コンクリートの圧縮破壊に関する発表をする学生の私に対して，このような質問をされた．アクリル棒でひずみを計測し，エネルギーを計算して破壊を定義した経緯を回答したが，なかなか納得してもらえない．

目に飛び込んでくるひび割れや粉々になる様子，聞こえてくる音，指の感触，舞った粉塵の匂い，人間は実に様々な感覚を研ぎ澄ませてモノが壊れる様子を捉えている．つまり，コンクリートの破壊実験で計測された値は，コンクリートの破壊に至る現象を，ある物差しで診た結果に過ぎない．

近年の実験技術の高度化・多様化は，破壊現象に対する新たな一面のデジタル化を可能とし，これまでにはなかった新しい発想を促している．目を凝らし，耳を傾け，指先を研ぎ澄ましてコンクリートの破壊実験に臨むことは，「考える」ことが益々求められている構造物の設計分野において，将来の構造物のポテンシャルを想像するヒントになっていると思っている．

悩ましい質問だと当時は思ったかもしれないが，多感のきっかけとなった，大切な指摘だったと今は思っている．

2.2.2　ひずみゲージ法

(1) 測定方法／原理

コンクリート供試体内部の局所的な挙動（局所ひずみ）を，顕著なひび割れが生じるポストピーク域まで計測する手法として，アクリル棒を用いる方法を用いた[2.2.2]．**図2.2-2**に，コンクリートの一軸圧縮試験の状況を示す．Lertsrisakulrat ら[2.2.3]は，高さ方向に40 mm間隔でアクリル用3 mmゲージを片面に貼付した10×10 mmのアクリル製角棒を，断面中央に設置した．アクリルは，コンクリートと完全に付着するよう40 mm間隔に溝を設けている．また，キャッピングの際に上面を削ることを考慮して，どの供試体も配置の際に，上下ともに10 mmのスペー

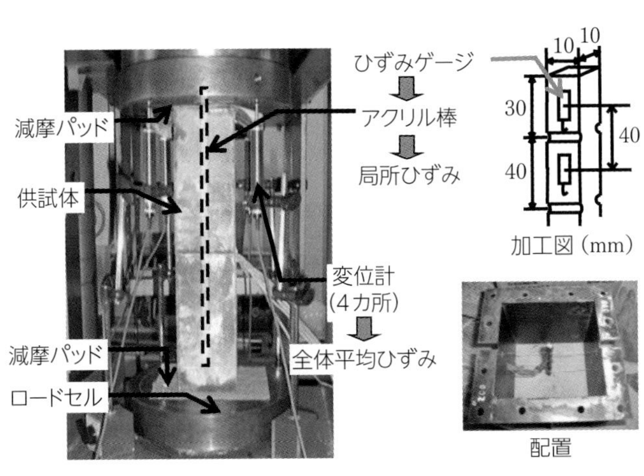

図2.2-2　アクリル棒の製作および配置の状況

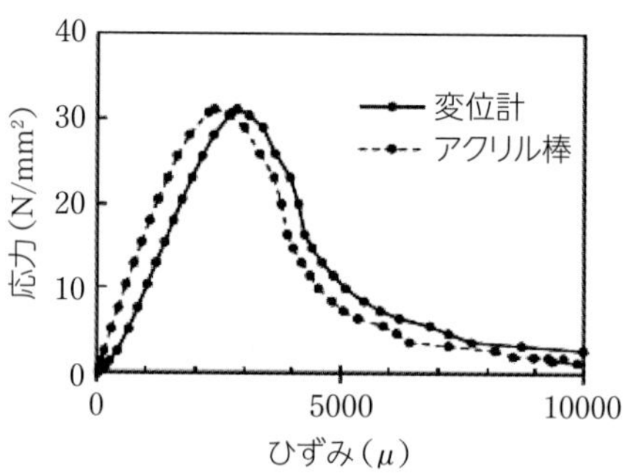

図2.2-3　アクリル棒と変位計による応力ひずみ関係の比較

スを設け，最初のゲージの位置が端面から20mmになるようにした．型枠には針金でアクリル棒2カ所を固定し，ひずみゲージのリード線は側面中央に集め，外に取り出した．予備実験では，アクリル棒の挿入による供試体強度や剛性への影響，線膨張係数の違いによる影響，ひずみゲージの貼付方法，アクリル棒を断面中央に設置することの妥当性，アクリル棒で計測した局所ひずみの平均値は，供試体の周囲4カ所に設置した変位計より得られた平均ひずみに一致したことを踏まえ，アクリル棒とコンクリートの付着が確保されていることなど（**図2.2-3**），計測方法の検証や局所的圧縮破壊現象を捉えることに対する手法の妥当性の確認を重ねた．

（2）コンクリートの一軸圧縮試験

一軸圧縮力作用下のコンクリートの破壊は，圧縮強度，粗骨材の種類・寸法，材齢，供試体の形状・寸法，載荷速度，供試体端部処理，端部の拘束の程度，試験機の剛性や球座の有無など，多くの要因の影響を受ける．Lertsrisakulratら[2.2.3]は，一つ一つの影響を2枚のテフロンシートにシリコングリスを挟んだ減摩パッド（**図2.2-4**）を上下端面に設置して，供試体の高さと幅の比H/Dの違いによる拘束度の変化を減じ，端部と載荷板との摩擦によるエネルギー散逸を防止した．載荷では，最大荷重以降は最大荷重到達と同時に除荷し，また載荷を行う，一方向繰返し圧縮載荷とし（**図2.2-5**），載荷試験機の剛性の影響を低減した．なお，渡辺らは[2.2.4]，角柱150×150×600mmの供試体を用いて載荷試験を行い，荷重－変位関係について単調載荷時と繰返し載荷時の包絡線を比較することで確認を行っている（**図2.2-6**）．こうして，実験結果

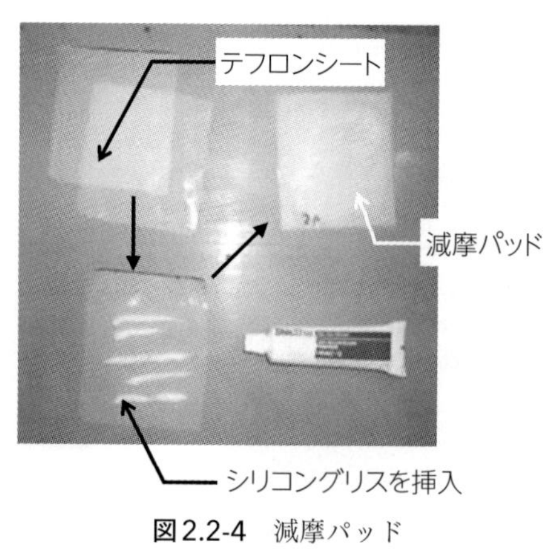

図2.2-4　減摩パッド

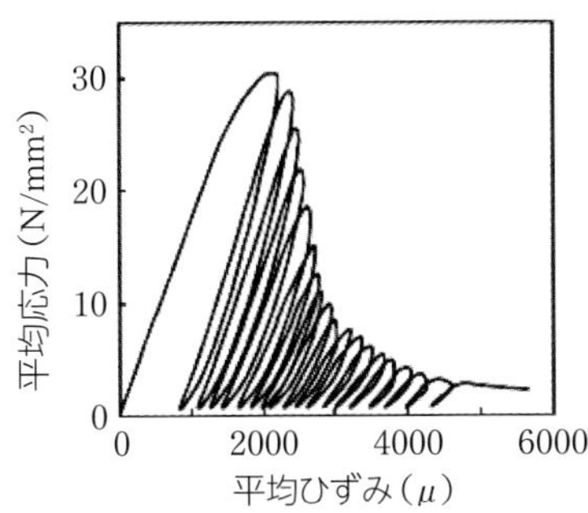

図2.2-5　一方向繰返し載荷曲線の例

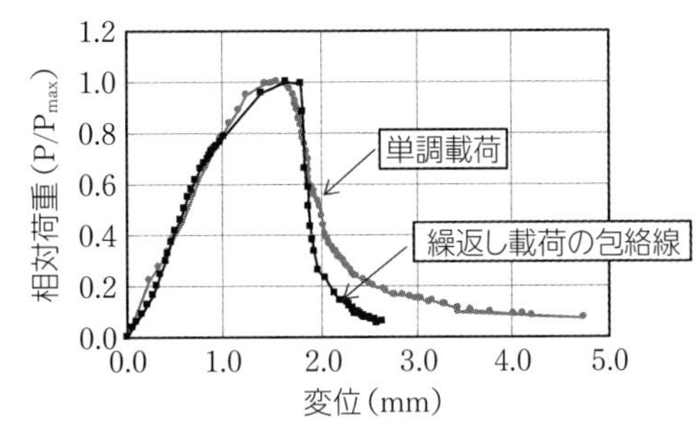

図2.2-6　載荷方法の影響[2.2.4)]

の不変性を確保したうえで，供試体のH/D，粗骨材最大寸法，コンクリートの圧縮強度を影響要因として選定し，実験的検討を行った．

図2.2-7に，直径100 mm×高さ400 mmの円柱試験体の一軸圧縮載荷試験の結果より，アクリル棒より得られた応力－局所ひずみ曲線の包絡線を，計測した高さごとに示す．目視で見ると，ひび割れを生じた上部と生じていない下部に明確に分かれている．応力－局所ひずみ関係を見ると，プレピーク域より非線形性を示す部位のほかに，プレピーク域ではひずみはほぼ応力に比例するが，ポストピーク域では，ひずみが一旦減少した後，破壊域から数本のひび割れが進展することにより増加に転ずる部位がみられた．このような領域では，この高さでは同一断面であっても同様なひずみの増加を示すとは考えられず，消費エネルギーは少なく，そのような区間を破壊域に含めることは適切でないと考えた．よって単に局所ひずみ分布のみで境界

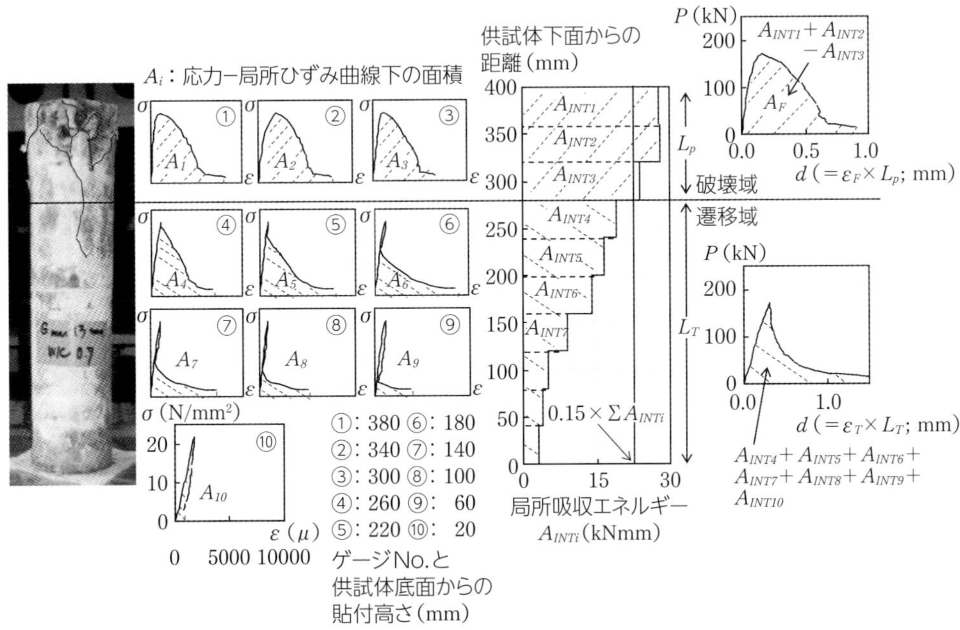

図2.2-7　破壊域および遷移域の区別（$H/D=4$，$\phi=100$ mm，$H=400$ mm）[2.2.5)]

は決定できないと考え，二次的なひび割れによるひずみの増加の可能性を見極めつつ，破壊域を，最大応力以降ひずみが戻ることなく増加していく区間として捉えた．これを，明確に区別する指標として，包絡線下の面積A_iにゲージ貼付区間40mmを乗じた局所吸収エネルギーA_{INTi}を算出した．破壊域は，「局所的なエネルギー吸収量A_{INTi}が，供試体の全吸収エネルギー量ΣA_{INTi}の15%以上を示す領域」と定義し，破壊域長さL_pを決定した．**図2.2-7(d)**に，破壊域と遷移域で計測した局所ひずみを，それぞれ平均して算出したひずみε_F，ε_Tに領域長さを乗じた変位と荷重の関係を示す．

(3) RCディープビームの載荷試験

圧縮型破壊を生じるRC部材の一つとして，ディープビームがある．ディープビームは，せん断スパン有効高さ比a/dが比較的小さいRCはりで，スレンダービーム（せん断スパン有効高さ比$a/d \geqq 2.5$）と異なり，せん断力の影響を大きく受け，最終的にせん断圧縮破壊を生じる．この破壊形式は，引張側鉄筋と，支点と載荷点を結んだコンクリート部分が強固なタイドアーチ機構を形成することによって，せん断ひび割れ発生後もさらに大きな荷重に耐え，最終的に支点あるいは載荷点付近のコンクリートの圧縮破壊で終局に至るものである．

Lertsrisakulratら[2.2.6)]は，コンクリートの一軸圧縮試験より示された圧縮破壊の局所化の存在や圧縮破壊エネルギーG_{Fc}の概念が，RC部材においても適用できるかどうかを確認する実験を行った．対象としたのはRCディープビームであり，斜めひび割れ発生後もさらに大きな外力に抵抗し，圧縮力が生じるアーチ部（載荷点と支点を結ぶ領域）のコンクリートの圧縮破壊により終局に至ることが知られている．有効高さ（d）を200, 400, 600mm，せん断補強筋比を0, 0.4, 0.8%としたRCディープビームのせん断破壊実験を行った．コンクリートの一軸圧縮試験と同じ方法で，コンクリートにひずみゲージを埋め込み，アーチ部に生じる圧縮力方向のコンクリートの局所ひずみ分布を測定した（**図2.2-8**）．なお，アーチ部の幅は，有効高さdと支点および載荷点に設置した鋼製プレート幅rの比を$r/d=0.25$と一定として決定した．

図2.2-9にせん断補強鉄筋比0.4%，有効高さが200, 400, 600（mm）である試験体の破壊状況を，**図2.2-10**に荷重と変位（引張側鉄筋位置）の関係を示す．これより，有効高さdやせん断補強筋比の増加に伴い，最大荷重が増加すること，さらにせん断補強筋を配置することにより，最大荷重以降（ポストピーク）の靭性が向上していることがわかる．なお，荷重制御でポストピーク挙動を捉えるため，最大荷重に達した後，除荷する一方向の繰返し載荷を実施した．

コンクリートに埋め込んだひずみゲージから得られた結果を，有効高さ$d=400$（mm）を例

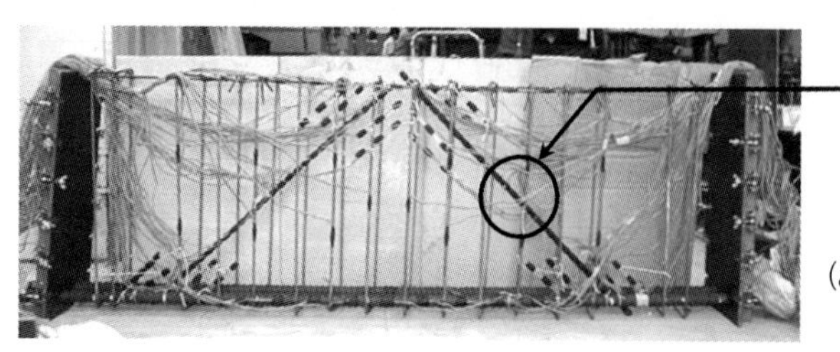

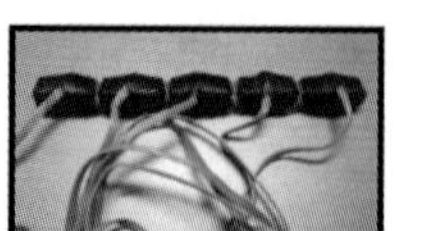

図2.2-8　アクリル棒の設置[2.2.6)]

に**図2.2-11**に示す．ここで，任意領域のコンクリートで消費されたエネルギーE_{cri}は，ひずみゲージ貼付位置での局所的な変位d_iと荷重P_{lc}の関係に囲まれる面積から，弾性回復分E_{rci}を除いた値である．図より，ある特定部分のコンクリートで，大きなエネルギーが消費されていることがわかる．よって，コンクリートの一軸圧縮試験と同様に，RCディープビームにおいても圧縮破壊域が局所化することが確認された．そして，RCディープビームの有効高さdおよびせん断補強筋比r_wの増加に伴い，コンクリートの圧縮破壊域体積V_pの絶対値は，増加することも確認された．このRCディープビームの実験結果からコンクリートの圧縮破壊エネルギーを導く過程については，**2.3節**に示すこととする．

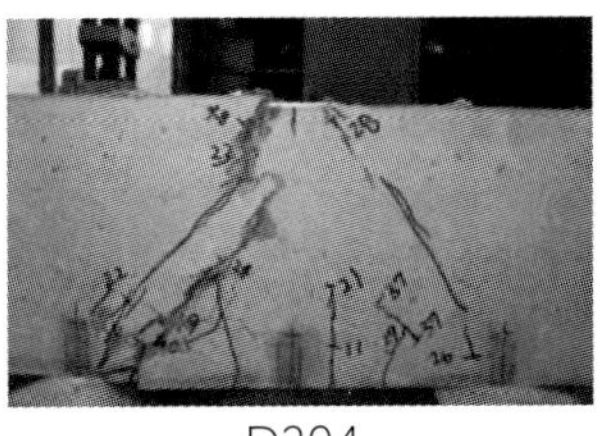

D204

D404

D604

図2.2-9　有効高さと破壊状況（せん断補強鉄筋比0.40％）[2.2.6)]

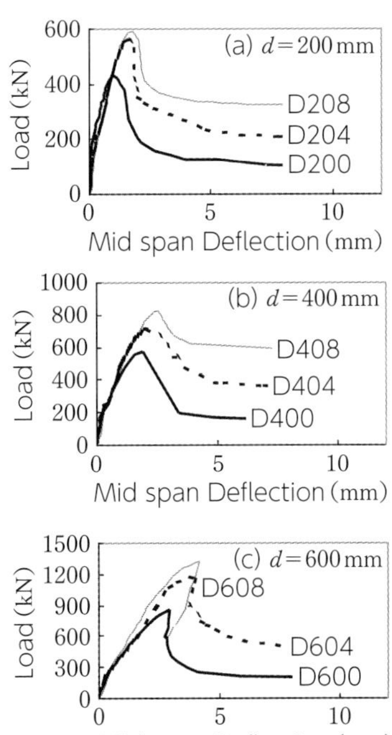

図2.2-10　有効高さdの異なるRCディープビームの荷重－変位関係[2.2.6)]

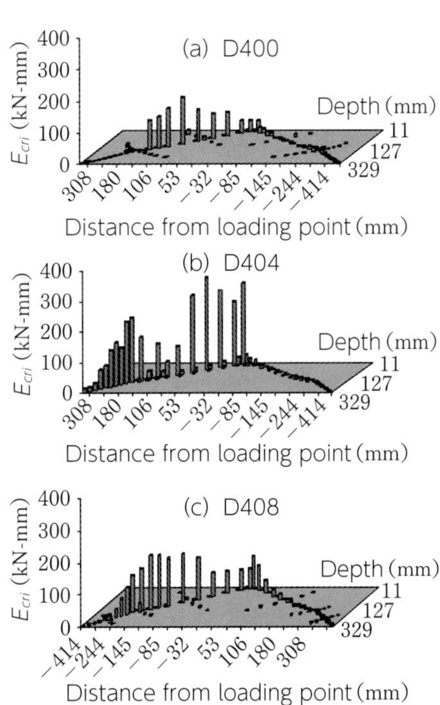

図2.2-11　コンクリートに消費されるエネルギーE_{cri}の分布[2.2.6)]

実験は計画的に

水田　真紀

圧縮ひずみの局所化を計測するため，ひずみゲージを一定間隔で貼り付けたアクリルロッドを使いました．供試体の数が増えるほど，供試体が大きくなるほど，貼付するひずみゲージは増えます．実験前，研究室で内職をするように学生がゲージを貼り，テープをぐるぐる巻いて，準備をしていました．頑張っているなと思いつつ，失敗しないでね，と願っていました．実験1シリーズで自動車を買えるくらいのゲージ代．研究室運営も大変．実験は計画的に……．

2.2.3　アコースティックエミッション（AE）法

(1) 測定方法／原理

圧縮破壊域を特定する手法として，特にひび割れに伴い発生する弾性波（アコースティックエミッション：AE）を利用した．コンクリートに荷重が作用すると，コンクリート内部にひび割れとともに音などの波動現象が観察される．AE法はAEセンサをコンクリート表面に貼付し，計測中発生したこの弾性波を検出することで破壊の有無を区別する手法である．物体が主破壊を起こす以前の，微少なレベルの破壊の信号であるAEを検出することによって破壊の予知に利用する，非破壊検査の技術として注目され，多くの評価がなされていた[2.2.7]．圧縮破壊を捉えるうえで，AEの利点が期待されるのは以下の理由からである．

・アクリル棒を用いる場合と異なり，測定に際し，供試体の挙動に全く影響を与えない．
・作用する力の方向が不明でも，破壊やその3次元位置を把握できる．

図2.2-12にAE計測の概要を示す．コンクリート表面に貼付したAEセンサを用いて検出したAEは，アンプにより増幅した後に，しきい値を設定することでノイズを除去し，しきい値を超えた振幅間の時間に着目して，時間軸上に連続して計測される波形を個別のヒットと判別して記録する．試験では，コンクリートの破壊過程では観測される膨大な量のAEを，正確かつ迅速に記録するために，通常，**図2.2-13**に示すような，AE波形を包絡線に特徴化したAE波

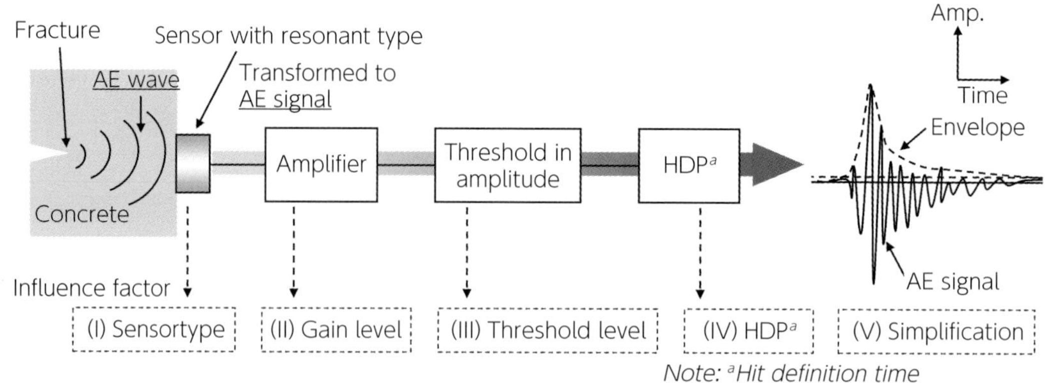

図2.2-12　AE計測の概要

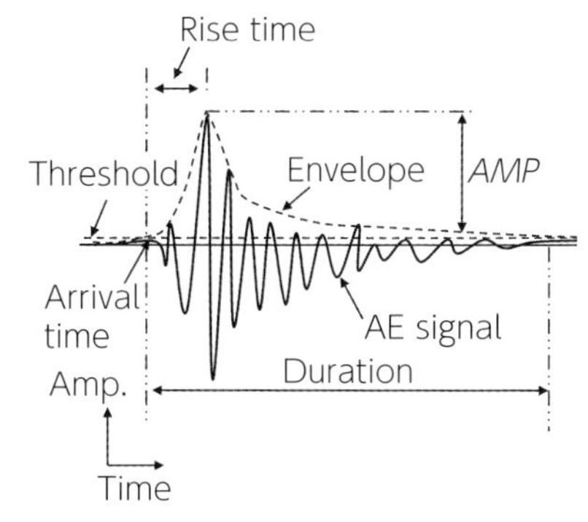

図2.2-13　AE波形の特徴とAE波形パラメータ

形パラメータを用いることにより，破壊過程を把握することが多い．これらの発生履歴，頻度，相関，組合せ等を解析することで，ひび割れの有無や識別を評価することが可能である．

(2) コンクリートの一軸圧縮試験

渡辺ら[2.2.4)]は，局所的圧縮破壊域の測定に対してAE法を適用した．コンクリートの局所的な破壊域を把握するために，載荷実験において供試体の表面に載荷軸方向に計5個のAEセンサ(共振周波数：150kHz）を50mm～150mm間隔で配置した（**図2.2-14**）．検討にあたり，荷重の最大値（ピーク）に達するまでに累積されたAEの波形パラメータのうち，破壊の規模と強い相関があるといわれている最大振幅値に着目した．その結果，アクリルバーを用いて示される破壊域および非破壊域における検出パターンが明確に異なった．特に供試体全域で検出された値の合計値に対して30%以上を示す領域とアクリルバーを用いて示された破壊域が一致した．この基準は，H/Dが4，供試体幅Dが100～150mmである計5体の角柱および円柱に適用することで，確認を行っている．そして，AEの発生源位置標定により，破壊の局所化はプレピーク域より確認され，ポストピーク域では破壊域が徐々に下方に進展していることがわかる（**図2.2-15**）．

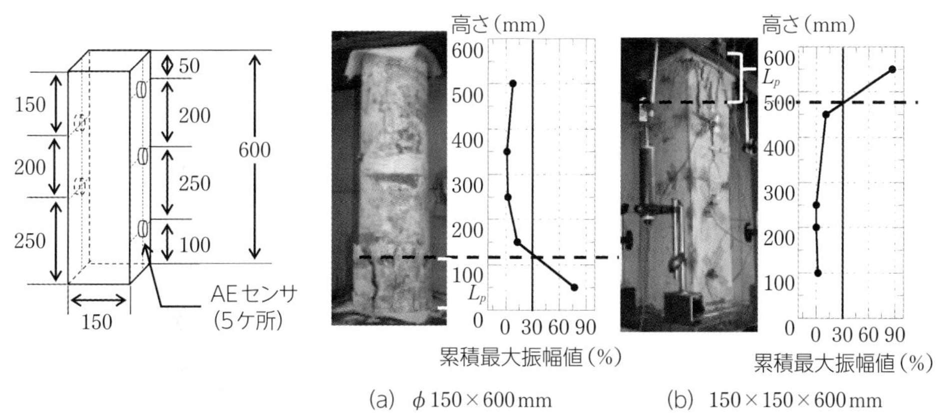

(a)　ϕ150×600mm　　(b)　150×150×600mm

図2.2-14　一軸圧縮試験とAE波形パラメータによる破壊域の同定[2.2.4)]

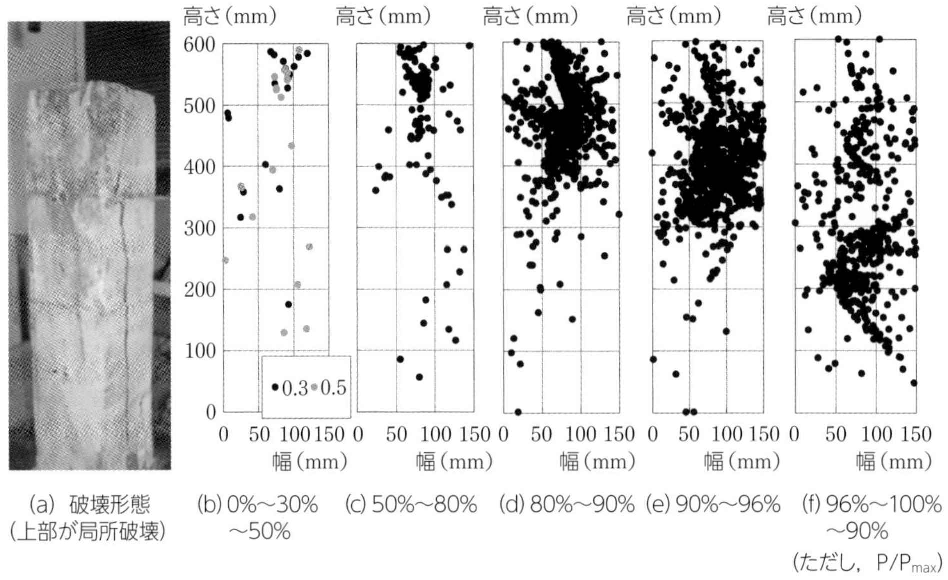

図2.2-15　AE発生源位置標定

(3) コンクリートのクリープ試験

コンクリートのクリープ現象のメカニズムとして，コンクリート中の水分の移動や，視認できない規模のひび割れ（微視的破壊）の発生などが提唱されていた．渡辺・榊原ら[2.2.8)]は，若材齢モルタルの引張クリープと微視的破壊の関連を評価することを目的に，若材齢モルタルの引張クリープ試験をAE計測と併せて実施した．実験では，一軸引張クリープ試験機を製作した（**図2.2-16(a)**）．その際，AE計測の影響を考え，応力がスムースに試験体に伝わるように試験体や載荷治具の形状を決定し，強力な接着剤を用いて接続した．

図2.2-16(b) に示される通り，セメントに対する細骨材量の比S/Cが2.0と一致するケースでは，引張クリープひずみとAEイベント累積値の間には，材料の引張強度に対する載荷応力

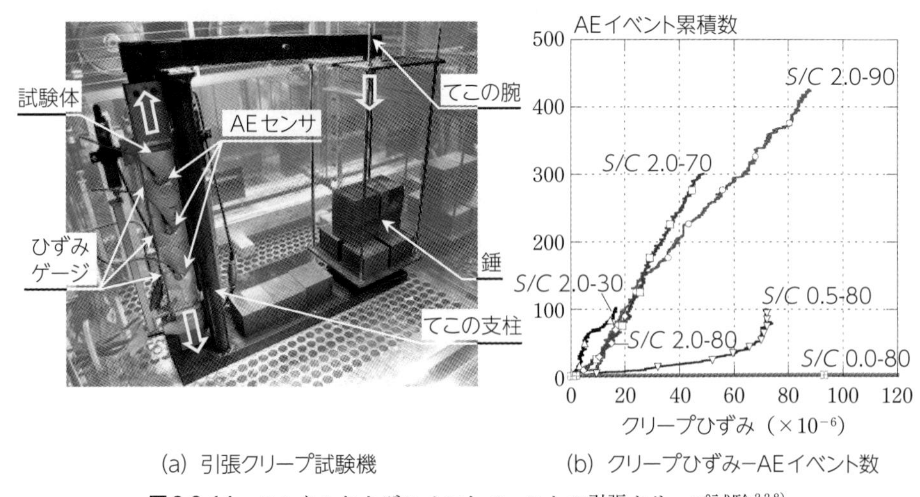

(a) 引張クリープ試験機　　(b) クリープひずみ−AEイベント数

図2.2-16　モルタルおよびセメントペーストの引張クリープ試験[2.2.8)]

の比（応力強度比）を30%，70%，90%としても，その大小に関わらずほぼ一致した相関があることがわかる．また，S/Cに依存して，クリープひずみに占める微視的破壊貢献分の割合が細骨材量によって異なり，細骨材を含まないS/Cが0.0であるセメントペーストでは，クリープひずみは大きくなるもののAEはほとんど発生していない．すなわち，細骨材量によってクリープを引き起こす支配的なメカニズムが変化し，全クリープひずみに占める微視的破壊貢献分の割合が変化することを，AE法を用いて評価している．

藤枝ら[2.2.9)]は，コンクリートの圧縮クリープ試験にAE法を適用し，圧縮下の場合でもクリープひずみとAEイベント数の累積値には相関があることを確認している（**図2.2-17(a)**）．そして，クリープひずみを水分移動と，微視的破壊に起因するひずみ（損傷クリープひずみ）の重ね合わせであると仮定して，コンクリート内部の微視的破壊を捉えることができるAE法を用いて，クリープひずみを分離した．その結果，**図2.2-17(b)**に示す通り，コンクリートの圧縮強度に対する作用応力の比を40〜80%（R40〜R80）とした範囲では，作用応力比の増加に伴い，クリープひずみに対する損傷クリープひずみの割合が増加することを確認している．

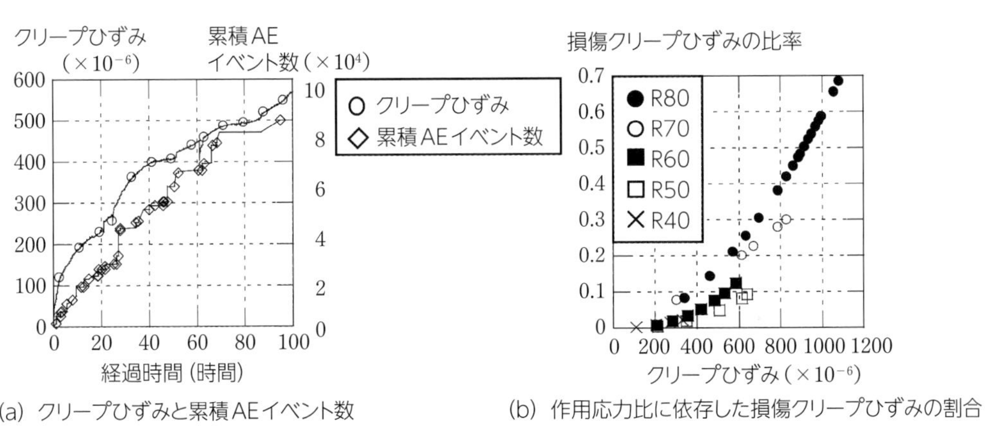

(a) クリープひずみと累積AEイベント数　　(b) 作用応力比に依存した損傷クリープひずみの割合

図2.2-17　圧縮クリープ試験におけるAEの発生とクリープひずみ[2.2.9)]

(4) RCディープビームの載荷試験

渡辺ら[2.2.10)]は，形状の異なるコンクリート構造物に対しても，破壊域を特定する手法としてAE法の適用可能性を示している．**図2.2-18**に$a/d=1$であるRCディープビームの試験結果を示す．

載荷板と支圧板の中心を結ぶ直線から平行に30mm離れた同一直線上（**図2.2-18** A点〜B点）にある3個のセンサで得られたAE波形パラメータの分布，および参考にLertsrisakulratら[2.2.6)]が行ったD400に設置した同位置のアクリルバーによる，局所的吸収エネルギーの分布も併せて示す．なお，縦軸はA点からB点を結ぶ長さを示し，図中の凡例はプレピークからポストピークにかけて最大荷重P_{max}に対する荷重割合を示す．一軸圧縮載荷時同様，アクリルバーの結果から示される破壊域と非破壊域において，AE波形パラメータとも検出パターンに明らかな違いが見られた．

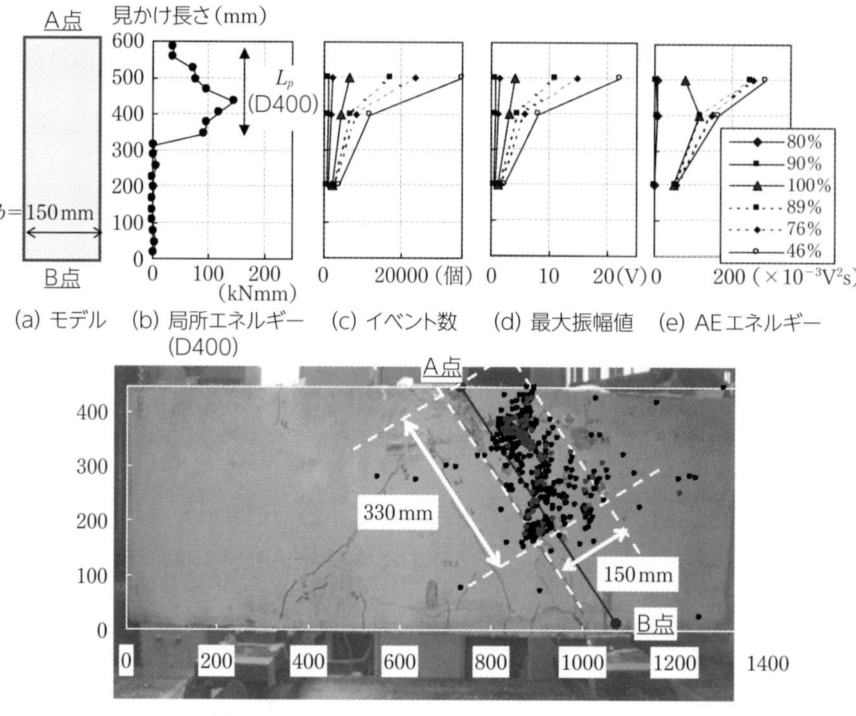

(a) モデル　(b) 局所エネルギー(D400)　(c) イベント数　(d) 最大振幅値　(e) AEエネルギー

(f) 各載荷中におけるAE発生源位置評定

図2.2-18　RCディープビームとAEの発生源位置標定[2.2.10)]

また，2次元のAE発生源位置標定をみると，AE発生源は点在しているものの，明らかに局所的に集中していることがわかる．この集中域の範囲を図中に示すと，アーチ方向の長さL_pは約330mm程度となった．ちなみにこの長さはLertsrisakulratら[2.2.6)]の得た破壊域長さL_p=270mmにも近い値である．また，その幅は150mm程度であるが，既往の研究[2.2.11)]に報告されていたアーチ幅w_p=156mmと比較すると，ほぼ等しい値になった．

渡辺ら[2.2.12)]は，AE法により，せん断圧縮型破壊を呈するプレストレストコンクリート（PC）はりの破壊域を同定し，耐荷力との関連についても報告している．

アコースティックエミッション

渡辺　健

コンクリートの破壊試験におけるAEの計測は，実に難儀であった．AEを使った検討は，いわばコンクリートの破壊に関係ないノイズを如何に減らすか，との戦いだった．

伝播中の減衰の影響が著しいコンクリート（金属と比較して10倍～100倍）に対して，試験準備では，材料準備，試験体の製作・養生，センサの選定，配置，強引な配線防止，微弱な信号を増幅させる増幅率や，しきい値の適度な設定，AEセンサやケーブルの接続確認，テープやグリスによるセンサの試験体への固定方法，コードをホイルで包む，ねじを締めるといった基本の徹底，センサ感度の確認，ダミーセンサを設けて，ノイズ検知装置を作る．試験中は，できるだけ試験体や試験機に触れず，物音を立てないように集中する．もし，振動や物音があれば速やかにノートに発生時刻を記録する．計測後もノイズ処理は終わらない．AEパラメータを組み合わせて，無数のデータから破壊に起因したAEの特定，AEの伝播速度の設定．原理原則も大切だが，計測環境の影響に鈍い指標の選定といった割切りも必要だった．

実験には，JISのような標準ルールはなく，目的に応じた独自の方法が，その都度求められる．実験計画や作業，分析の全ての行為がパッケージになっている．だから，一通り自分でやると，どの過程に信頼が低いか，実験ごとにデータ処理の勘が働いた．構造物の設計・施工・管理も同じようにいかないものだろうか，と思うことがある．

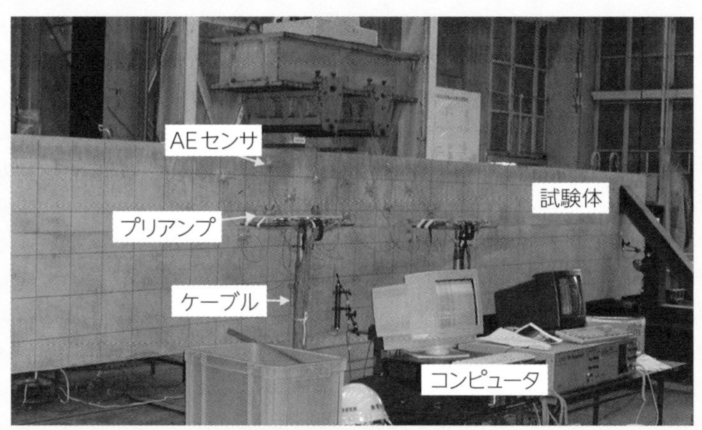

PC梁の載荷試験とAE計測の様子

卒業後，米国パデュー大学に留学した際にヒントを得て，収縮・クリープ試験に展開した．ITZのことを聞いていた私は，複合材料では，マイクロクラックの発生はコンクリートの種々のひずみに寄与すると思っていた．引張クリープ試験機の設計から行った実に難しい実験で留学中は成功しなかったが，帰国後，反省を踏まえて特別な計測環境を用意し，一つ一つの工程で工夫を重ねた結果，クリープひずみとAEイベント数が見事に一致した．仮説が検証できたことに加え，実験に苦労した分，本当にうれしかった．

2.2.4　X線CT法

(1) 測定方法／原理

X線法は，一方からX線を発信し，物質を透過して得られたデータを画像化する．画像は撮影条件により白黒の濃淡のレベルに変化するが，これは撮影対象の物質の密度に依存している．すなわち，密度が高いものほどX線吸収率が大きく，したがって画像では白く表示される．一方，ひび割れあるいは空隙などの空間はX線を全く吸収せず透過してしまうので，黒く表示され，その区別が可能になるのである[2.2.13)]．コンクリートの分野でも異形鉄筋近傍のひび割れや，ひび割れ先端部の破壊進行領域の可視化に利用された報告がされていた[2.2.14), 2.2.15)]．

X線CT（Computed Tomography）法は，**図2.2-19**に示す通り，任意の断面に多方向からX線を照射し，対象物を透過したX線情報から，放射線の吸収に関する情報等を記憶・蓄積し，コンピュータにより解析することで，密度に関する対象物の断層情報を示すものである．コンクリートに適用すると，白い部分でも濃淡があるのは骨材およびモルタルの密度の違いによるものである．コンクリートの分野でも材料分離の有無の確認に利用された例があった．最近では，コンクリート中の繊維の配向性の確認や，内部空洞，配筋の確認等などの報告がある．通常のX線撮影と異なり，その画像は上下の重複による陰の無い鮮明な画像として得られ，密度分解能は格段に優れている．X線CTの撮影条件として，装置の管電圧や管電流のほか，スライス厚，X線照射時間などの設定がある．当時は，試験体の条件にも依存するため，数回の撮影から目視にて最も鮮明であると思われた条件を選定した．X線CT画像の黒色部を抽出し，その領域を線画像化することで，その長さを各断面に形成されたひび割れ長さl_cと定義した（**図2.2-20**）．

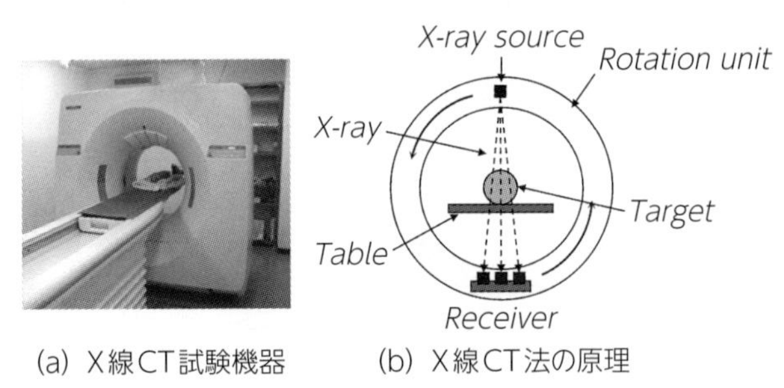

(a) X線CT試験機器　　(b) X線CT法の原理

図2.2-19　X線CT法

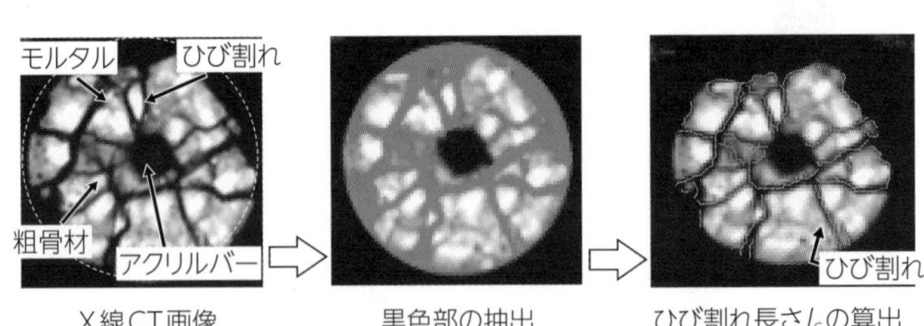

図2.2-20　X線CT画像とひび割れ長さ抽出の例[2.2.16)]

（2）コンクリートの一軸圧縮試験

渡辺ら[2.2.16]は，X線CT法の技術を利用することで，コンクリート試験体に形成されたひび割れ面積を計測し，圧縮破壊エネルギーとの関連を検討した．**図2.2-21**に，X線CT法を用いて圧縮載荷終了後の直径100mm高さ300mmの円柱試験体の断面写真撮影と，アクリル棒で計測した応力－局所ひずみ関係を示している．供試体の上部で破壊が生じ，局所吸収エネルギー$F\text{-}U$を用いて設定される破壊域は，**図2.2-22**に示される領域であった．X線CT画像を見ると，供試体上部でひび割れが多く，中心より放射状に見られた．一方，高さ40mm付近ではひび割れはほとんど観察されず，応力－局所ひずみ関係も，ほぼ完全な除荷挙動を示した．このl_cと，ゲージ貼付間隔である40mmを掛け合わせることで，局所部（ϕ100×40mm）に形成されたひび割れの表面積が推定できる．アクリル棒で計測した破壊に要したひずみエネルギー（$F\text{-}U$）と，このひび割れ面積について，供試体高さ方向の分布は，ほぼ一致した（**図2.2-22(b)(c)**）．さらに，$F\text{-}U$をひび割れの表面積で除すことで，引張時の破壊エネルギーG_Fと同様の概念である，圧縮力作用下におけるコンクリートの「単位ひび割れ面形成に消費されたエネルギー」が近似的に算出される．その結果，ほぼ1.0～2.0N/mmの間で一定となった．なお，この値は引張に対する破壊エネルギーG_F＝0.16N/mmの約10倍である．

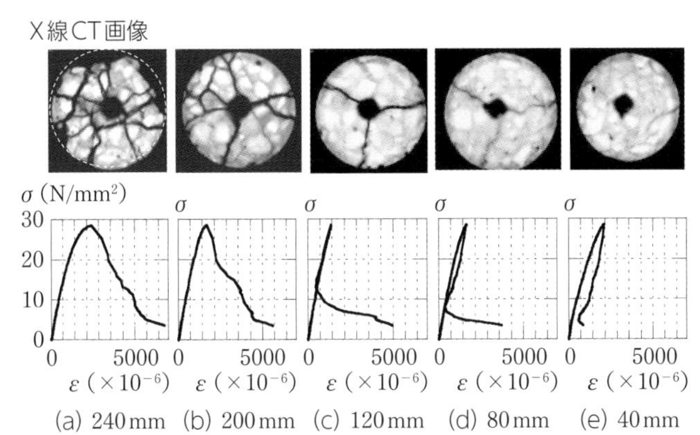

図2.2-21　計測高さにおけるX線CT画像と応力－局所ひずみ関係（ϕ100mm）[2.2.16]

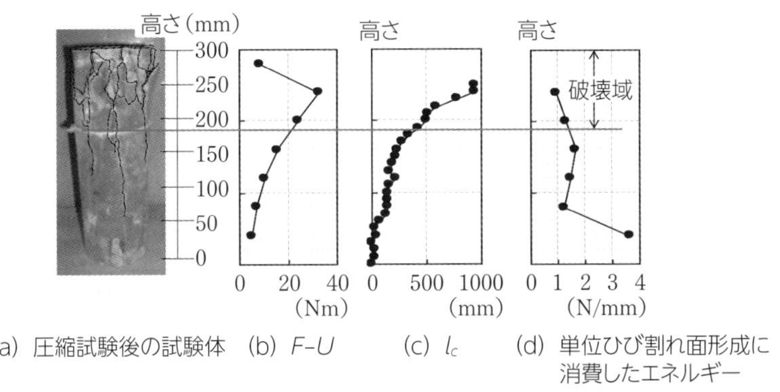

図2.2-22　一軸圧縮破壊と各高さにおける内部のひび割れ状況および消費エネルギーの算定[2.2.16]

日の目を見なかった実験結果たち

渡辺　健

■X線

X線CTは，実は，壊れた試験体を担いで知人に頼み込んで撮影したものだが，それまで，X線での撮影は研究室が所有していた装置を使用して，自分で撮影や現像を行っていた．照射時間や造影剤の注入方法を繰返し試し，昭和の香りが残る大学の一角を暗室として使い，レントゲンフィルムの現像を行った．今ではデジタル画像の鮮明化はパソコン上で自在に調整可能だが，フィルム撮影の当時では，現像液の濃度や浸漬時間を調整しながら，ひび割れを検出するためのコントラストの設定に苦労した．内部のひび割れがうっすらとフィルム上に現れた時には，鳥肌だったことを覚えている．こうしているうちに，知人にレントゲン技師がいることに気づき，X線CTまでこぎつけたときに，ようやくこれらの苦労から脱却できた．

東工大のX線装置

造影剤の注入

暗室

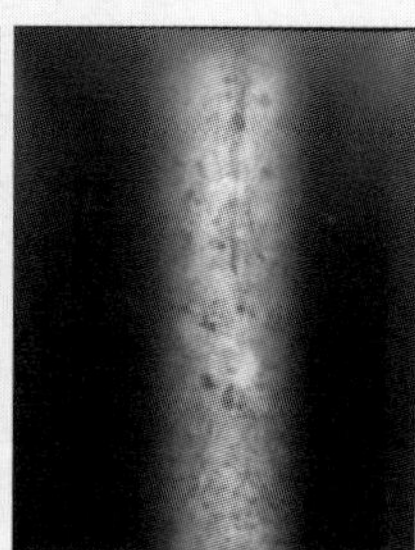
現像した画像

■光ファイバー

もう20年近く前の話になるが，ひずみを計測する技術としてコンクリート分野にも導入が図られていた．幅20cm高さ80cmのコンクリートの試験体の上部，中央，下部に光ファイバーを配置して，一軸圧縮試験を実施した．当時，分解能として，この程度の計測長では難しいだろうと予想されていたのだが，応力－ひずみ関係と光ファイバーを通過できる光量に注目すると，プレピークでは光量に変化が見られなかったが，ポストピークでは，破壊が生じた上部①で光量が大きく低下し，明確な違いがみられた．割裂状のひび割れが開口して光ファイバーが引き延ばされることで，通過できる光量が低下したことによるものである．ただし，あまりに細い線であったため，施工中に頻繁に破断してしまい，扱いに厄介であったことから，実験シリーズに用いることを断念した．

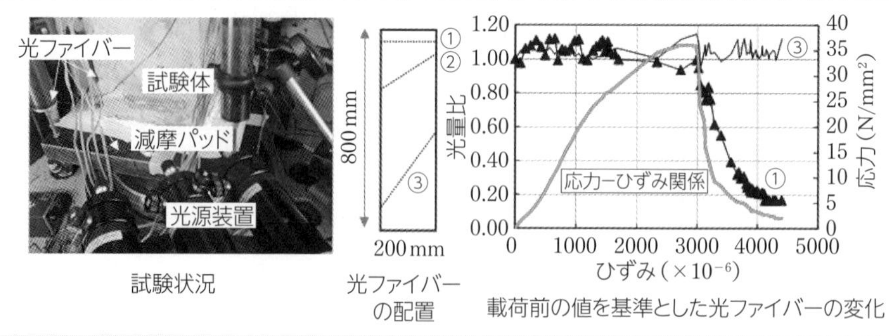

試験状況　　光ファイバーの配置　　載荷前の値を基準とした光ファイバーの変化

2.2.5　リアルタイム画像解析システム

(1) 測定方法／原理

画像処理は，対象物を撮影したデジタル画像を構成する各ピクセルの情報を利用し，対象物の形状，寸法および位置などを把握する手法である[2.2.17]．当研究室では，画像処理を通して得た情報を，ひずみ量などに変換して利用する画像解析法を，コンクリート構造実験に積極的に導入してきた．画像解析は，計測が試験体表面に限定されるが，RC棒部材の曲げ試験など平面応力場が仮定できる対象物には，十分な効果が得られる手法である．

当時，画像解析を利用した計測システムでは，載荷中に試験体を撮影した画像を用いて，実験終了後に画像解析を実施して結果を取得することが一般的であった．渡辺，東ら[2.2.18]は，RC部材の破壊実験を対象に，載荷中にRC部材表面に発生しているひずみを可視化できる，リアルタイム画像解析システムを構築した．**図2.2-23**に示す通り，構築したリアルタイム画像解析システムは，撮影したデジタル画像および画像解析結果と，各種センサによりデータロガーを通して計測した値を，時間的に関連付けて記録している．すなわち，載荷中，デジタルカメラのシャッターを押すと，撮影画像がコンピュータに転送され，直後に画像解析結果を表示する．併せて，同一時刻に各種センサで計測した荷重や変位を，データロガーを通してコンピュータに保存するシステムである．すなわち，画像解析で計測するRC部材表面の変位は，コンクリートと内部に配置した補強鉄筋の挙動を統合して表示することで，様々な破壊形式にも展開できるよう配慮したものである．

図2.2-24に，格子法によるひずみ算出過程を示す．検討では，RC部材の破壊実験への使用を念頭において，画像解析時間を短縮するために節点数を減らし，部材の変形および破壊箇所を簡便に把握できる程度の十分な分解能を有する，格子法を利用した．そして，**図2.2-25**に示

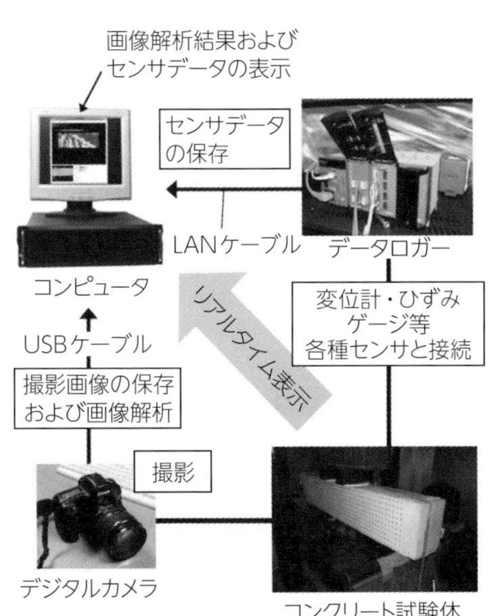

図2.2-23　システムの構成[2.2.18]

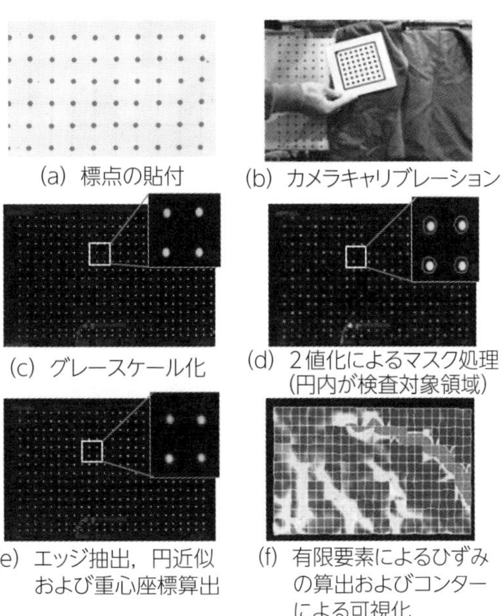

図2.2-24　格子法によるひずみ算出過程[2.2.18]

す通り，マイクロメータを用いて，画像解析に適した載荷実験環境の検証を行っている．**図2.2-26**に，画像解析とRCはりの載荷試験の状況を示す．画像処理に関わる知見を踏まえて，計測精度に関わる照明の配置やカメラの設定といった撮影事項，載荷試験における配慮事項など，実験に関する一連の条件をRC部材の載荷環境に配慮して定めた．

さて，リアルタイムシステムの大きな特徴として，撮影から画像処理結果を取得するまでの時間が非常に短いことが挙げられる．**図2.2-27**に，画像撮影後，構築したシステムが解析結果を表示するまでに要する時間を示す．載荷中，パソコン上のクリックによりカメラのシャッターを押した．その後，画像処理や画像解析を行い，撮影から約13.0秒後には，RCはりに発生している最大主ひずみの分布がコンター図により可視化されている．対象の実験の載荷速度は約4kN/分であったが，載荷を中断することなく，載荷中に試験体に発生しているひずみの分布を可視化することができたことになる．

RC部材全域に生じるひずみ分布をリアルタイムに算出することで，観察のために載荷を中断することなく載荷中に破壊部位や形態を特定できる．その結果，実験の信頼性の向上に資する

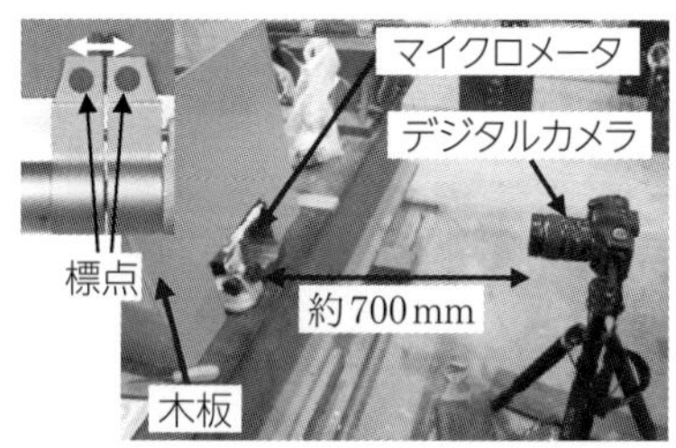

図2.2-25　画像解析に適した載荷実験環境の検証[2.2.18)]

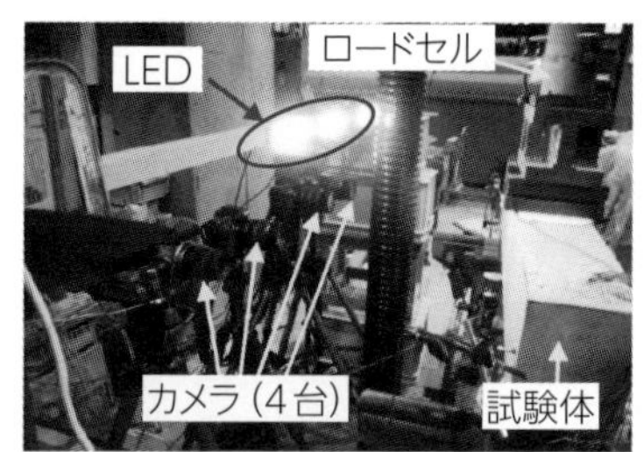

図2.2-26　画像解析とRCはりの載荷試験[2.2.18)]

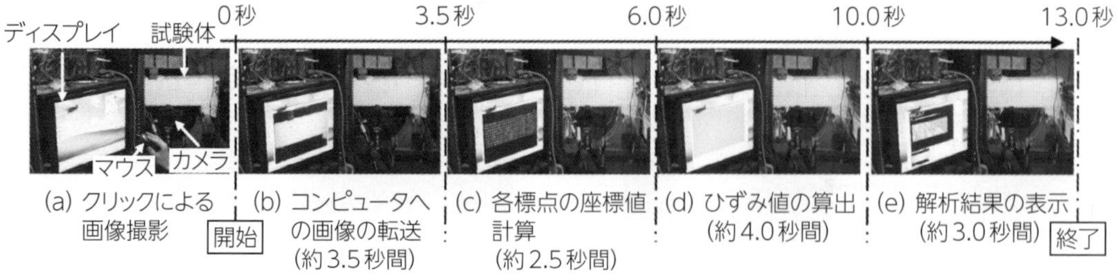

図2.2-27　RCはりの載荷試験におけるリアルタイム画像解析システムの稼働状況[2.2.18)]

だけでなく，載荷中に新たに測定器具を追加することが提案でき，RC部材の破壊現象の詳細な追跡が可能となる．これは，破壊形態があらかじめ予測できない新しいコンクリート構造実験に対しても，RC部材の力学性能の評価に十分貢献できることを意味しており，その意義は大きいと考えている．

(2) RCはりの載荷試験

渡辺，東ら[2.2.18)]は，せん断補強鉄筋比に依存したRCはりの曲げ引張型および斜め引張型破壊の差異を，リアルタイム画像解析を利用し，ひび割れ発生位置，進展および拡幅に着目して，明確にした．**図2.2-28**に，載荷中に行った画像解析を通して得た，荷重 (c) (d) における最大主ひずみの分布をコンター図で示す．図中の黒線は，観察したひび割れを示している．

「斜め引張型破壊」では，P＝120 kNまでには，左側せん断スパンの斜めひび割れの拡幅，および右側せん断スパンの斜めひび割れ進展が，ひずみ分布より推測できる．P＝120 kN～150 kNでは，両側せん断スパンの斜めひび割れ位置に沿って，0.02（＝2%）以上のひずみの集中領域が拡大していることが確認された．曲げひび割れよりも斜めひび割れ位置でひずみが増加していることを明確に示していることから，斜めひび割れの拡幅が示唆される．また，左側せん断スパンのひずみ集中領域は，P＝90 kN以降，載荷点から支点へと連続して高ひずみ領域が拡大しており，試験体の上下縁を貫通して進展した左側せん断スパンの斜めひび割れが拡幅および進展して，試験体の破壊に支配的に作用したことなどが推測できた．

「曲げ引張型破壊」では，P＝160 kNでは，両側せん断スパンに発生している斜めひび割れに沿った高ひずみ領域は，顕著には拡大していない．むしろ，曲げひび割れに沿ったひずみの集中領域が，試験体上縁に拡大しており，曲げひび割れの進展・拡幅により試験体はピークに達したことが推察される．また，圧縮縁に0.01程度のひずみ集中領域が判別でき，圧縮縁のひび割れ発生を捉えている．

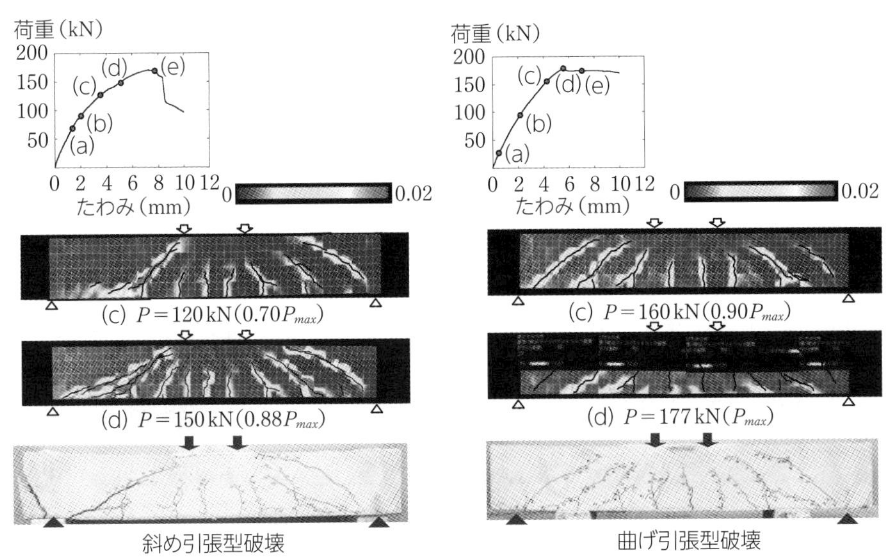

図2.2-28　せん断補強鉄筋比が異なるRCはりの載荷試験と破壊状況[2.2.18)]

このような目視やひずみゲージなどの計測方法では捉えにくい特徴から，破壊形態が曲げ破壊かせん断破壊か事前の計算では予想が困難であったRCはりであっても，載荷中に最大主ひずみ増分量を経時的に追跡することで，RCはりの破壊に支配的に作用するひび割れを同定でき，終局の破壊形態を載荷中に予測できることを確認している．

(3) RCディープビームの載荷試験

梁田ら[2.2.19)]は，大型の構造部材に対する画像解析の適用を想定し，複数台のデジタルカメラで撮影された画像を統合して載荷試験中にひずみ分布を可視化する，広域化リアルタイム画像解析システムを開発した．ひび割れの計測と異なり，圧縮下のコンクリートのひずみは，強度に至るまでの変位量が小さいため，圧縮破壊モードが卓越するRC部材では，分解能を高める必要がある．そこで，画像解析の適用範囲を拡張するため，コンクリート角柱供試体の一軸圧縮試験において，画像解析がひずみゲージによる計測結果と同一となるための，圧縮ひずみ計測の最適な計測条件を検討した（**図2.2-29**）．その計測条件をせん断スパン有効高さ比が1.0のRCディープビームの載荷実験における広域化リアルタイム画像解析システムに適用し，載荷点と支点間に形成される圧縮ストラットを可視化した．そして，圧縮ストラット部の主圧縮ひずみは，斜めひび割れ発生後に，荷重の増加に伴い単調な増加をすることを示した（**図2.2-30**）．

渡辺・坂本ら[2.2.20)]は，鋼繊維混入率の違いが，RCディープビームのせん断耐力および局所的圧縮破壊域の寸法に及ぼす影響について確認している．

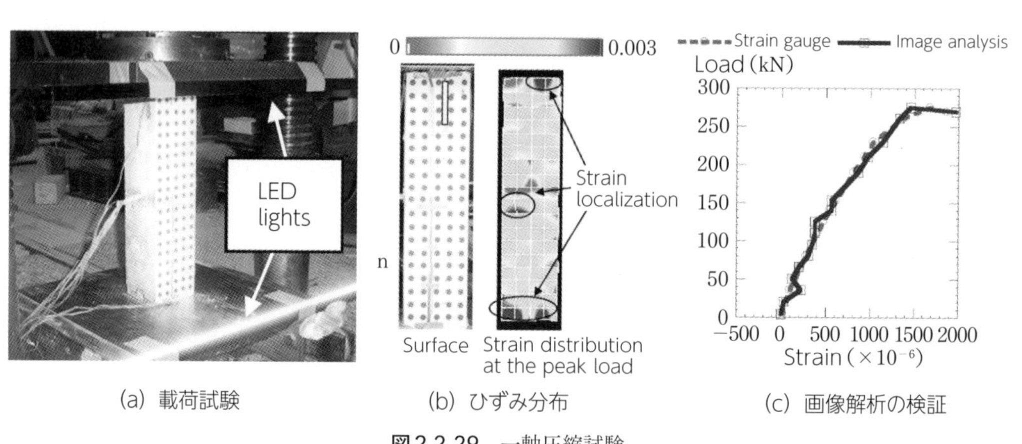

図2.2-29　一軸圧縮試験

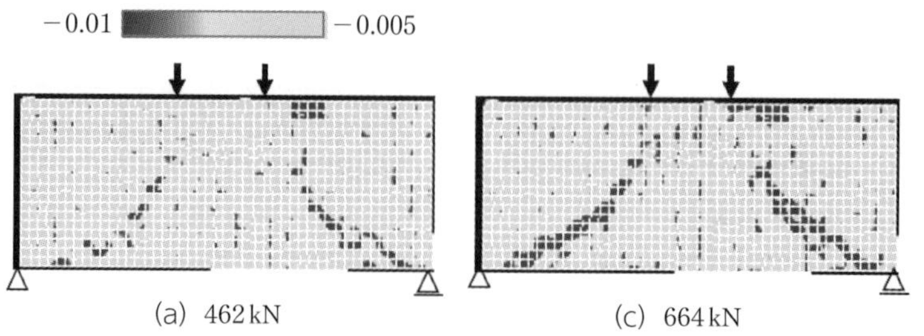

図2.2-30　RCディープビームにおける載荷に伴う最小主ひずみの増加

〔参 考 文 献〕

2.2.1) Griffith, A. A. (1921). "The phenomena of rapture and flow in solids." Philosophical Transactions of the Royal Society of London, 221, 163-197.
2.2.2) Nakamura, H., Higai, T.: Compressive Fracture Energy and Fracture Zone Length of Concrete, JCI-C51E, Vol.2, pp.259-272, 1999.10.
2.2.3) Lertsrisakulrat, T., Watanabe, K., Matsuo, M. and Niwa, J.: Experimental study on parameters in localization of concrete subjected to compression, Journal of Materials, Concrete Structures and Pavements, JSCE, No.669/V-50, pp.309-321, 2001.2.
2.2.4) 渡辺 健，岩波光保，横田 弘，二羽淳一郎：AE法を用いたコンクリートの圧縮破壊領域の推定に関する研究，コンクリート工学年次論文集，Vol.23，No.3，pp.85-90，2001.6.
2.2.5) 渡辺 健，二羽淳一郎，横田 弘，岩波光保：圧縮破壊の局所化を考慮したコンクリートの応力－ひずみ関係の定式化，土木学会論文集，No.725/V-58，pp.197-211，2003.2.
2.2.6) Lertsrisakulrat, T., Niwa, J., Yanagawa, A., and Matsuo, M.: Concepts of localized compressive failure of concrete in RC deep beams, Journal of Materials, Concrete Structures and Pavements, JSCE, No.725/V-58, pp.197-211, 2003.2.
2.2.7) 大津政康：アコースティック・エミッションの特性と理論（第2版），森北出版，2005.
2.2.8) 渡辺 健，榊原直輝，W. Jason WEISS，二羽淳一郎：若材齢モルタルの引張型基本クリープと微視的破壊に対するAE法による関連評価，コンクリート工学年次論文集，Vol.33，No.1，pp.455-460，2011.6.
2.2.9) 藤枝智子，松本浩嗣，渡辺 健，二羽淳一郎：AE 法による圧縮クリープ荷重を受けるコンクリートの損傷評価と破壊の局所化領域の検討，コンクリート工学年次論文集，Vol.33，No.1，pp.461-466，2011.6.
2.2.10) 渡辺 健，岩波光保，横田 弘，二羽淳一郎：AE法を用いたディープビームにおける圧縮破壊領域の推定，コンクリート工学年次論文集，Vol.24，No.2，pp.175-180，2002.6.
2.2.11) 二羽淳一郎：FEM解析に基づくディープビームのせん断耐荷力算定式，第2回RC構造のせん断問題に対する解析的研究に関するコロキウム論文集，JCI-C5，pp.119-126，1983.10.
2.2.12) 渡辺 健，二羽淳一郎，横田 弘，紫桃孝一郎：AE法を用いたプレストレストコンクリート梁の破壊性状の検証，コンクリート工学年次論文集，Vol.26，No.2，pp.667-672，高知，2004.7.
2.2.13) 立入 弘，稲邑清也 監修，山下一也，速水昭宗 編集：診療放射線技術改訂第9版上巻，南江堂，pp.82-95，1997.3.
2.2.14) 後藤幸正，大塚浩司：引張を受ける異形鉄筋周辺のコンクリートに発生するひびわれに関する実験的研究，土木学会論文報告集，No.294，pp.85-100，1980.
2.2.15) 大塚浩司：X線造影撮影による鉄筋コンクリート内部の微細ひび割れ検出に関する研究，土木学会論文集，No.451/V-17，pp.169-178，1992.8.
2.2.16) 渡辺 健，二羽淳一郎，横田 弘，岩波光保：X線CT法を用いたコンクリートの圧縮破壊エネルギーに関する一考察，土木学会関東支部第30回技術講演発表会，No.10/第5部門，2003.3.
2.2.17) 株式会社リンクス 画像システム事業部：画像処理アルゴリズムと実践アプリケーション，株式会社リンクス出版事業部，2008.6 神崎洋治，西井美鷹：体系的に学び直す デジタルカメラの仕組み，日経BPソフトプレス，2004.5.
2.2.18) 渡辺 健，東 広憲，三木朋広，二羽淳一郎：コンクリート構造実験を対象としたリアルタイム画像解析システムの開発，土木学会論文集E，Vol.66，No.1，pp.94-106，2010.3.
2.2.19) 梁田真広，松本浩嗣，二羽淳一郎：画像解析を用いたリアルタイム非接触ひずみ計測領域の広域化，コンクリート工学年次論文集，Vol.33，No.2，pp.691-696，2011.
2.2.20) 渡辺 健，阪本陽一，二羽淳一郎：画像解析によるRCディープビームの局所的圧縮破壊領域の同定，コンクリート工学年次論文集，Vol.30，No.3，pp.805-810，2008.7.

実験の検証と妥当性

渡辺　健

アクリル棒，ひずみゲージ，AE，X線，X線CT，MRI，画像解析，光ファイバー，圧力シート，IC-Tag，等々，コンクリートの圧縮破壊を何とか捉えられないか，実は，思いつくものは何でも挑戦した．当時では，コンクリートの実験に対する計測法としては報告が少なかった技術も多かったため，思うように計測できているのか，計測結果や試験方法は目的にかなっているのか，常に気がかりであり，実験方法の検証と妥当性の確認を繰返し検討した．最近，よく耳にするV&Vという言葉は，非線形有限要素解析法だけの話ではない．

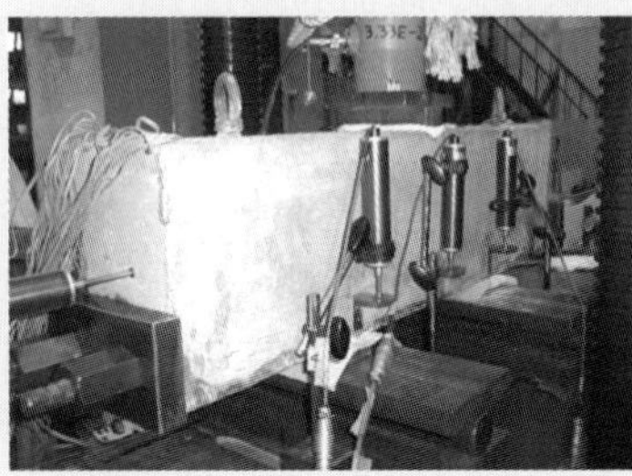

RCはりの載荷試験[2.2.6)]

支点[2.2.6)]

載荷点[2.2.6)]

2.3 コンクリートの圧縮破壊特性

2.3.1　圧縮破壊特性のモデル化

（1）圧縮破壊域長さ

2.2.2（2）に示した通り，Lertsrisakulrat ら[2.3.1)]は，一方向繰返し圧縮載荷より得られた，「局所的なエネルギー吸収量が，供試体の全吸収エネルギー量の15％以上を示す領域」を破壊域と定義し，その長さを破壊域長さ（L_p）とした．このL_pは圧縮強度および供試体形状に依存せず，供試体断面積（A_c）に依存すると判断されたことから（**図2.3-1**），式（2.3-1）を提案している．

$$
\begin{aligned}
L_p/D^* &= 1.36 && ;\ D^* < 100 \\
&= -3.53\times10^{-5}D^{*2}+1.71 && ;\ 100 \leqq D^* \leqq 180 \\
&= 0.57 && ;\ D^* > 180
\end{aligned}
\tag{2.3-1}
$$

ここで，L_p：圧縮破壊域長さ（mm），D^*：等積正方形の辺長（$=\sqrt{A_c}$）（mm）である．

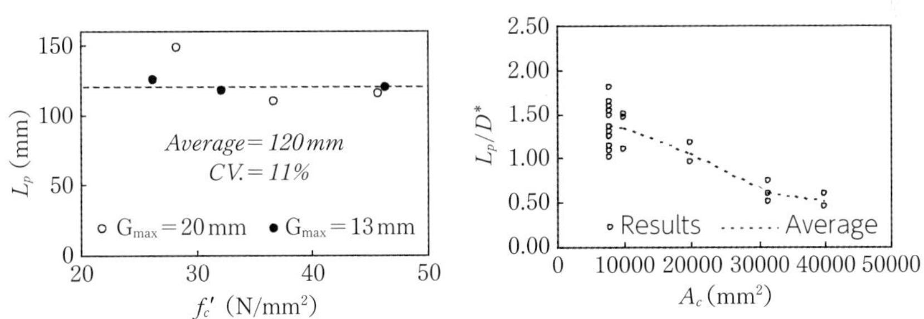

図2.3-1　破壊域および遷移域の区別（$H/D=4$，$\phi=100$ mm，$H=400$ mm）[2.3.1)]

（2）圧縮破壊エネルギー

コンクリートの圧縮破壊特性を表すモデルとして提案された，圧縮破壊エネルギーについて示す．ここで，圧縮破壊エネルギーとは引張力を受けるコンクリートで提案されている破壊エネルギーG_Fに対応するものであり，研究者によって異なった見解が得られている．圧縮破壊は，見かけは3次元的に破壊するが，実際は割裂引張ひび割れの集合体であると仮定して，この圧縮破壊エネルギーと引張時の破壊エネルギーG_Fとの関連性を指摘している研究例もあった．

Lertsrisakulrat ら[2.3.1)]は，破壊域は上記で設定した破壊域長さL_pに供試体断面積A_cを掛け合わせた体積V_pで近似した．そして，載荷中に計測された荷重－変位曲線から外力により加えられたエネルギーが算出され，そのエネルギーがすべて破壊域V_pで吸収されたと仮定することで，圧縮破壊エネルギーG_{Fc}を提案している．つまり圧縮破壊エネルギーG_{Fc}は「破壊域の単位体積当たりに吸収されるエネルギー」であり，言いかえれば「コンクリートの単位体積当たりの完全な破壊に要するエネルギー」と定義される．この圧縮破壊エネルギーG_{Fc}は供試体形状および粗骨材最大寸法に依存せず，圧縮強度のみに依存すると考え，式（2.3-2）を提案している．

$$G_{Fc}=0.86\times10^{-1}\times f_c'^{\,1/4} \tag{2.3-2}$$

ここで，G_{Fc}：圧縮破壊エネルギー（N/mm^2），f_c'：圧縮強度（N/mm^2），である．

(3) 応力－ひずみ関係

一軸圧縮力が作用したコンクリートの応力－ひずみ関係は，古くより多くの研究者によって検討されてきた．そこでは，圧縮強度や骨材種類など，主として材料構成に着目することで検討され，その結果多くの関係式が提案されている．渡辺ら[2.3.2), 2.3.3)]は，断面積が同一で，高さの異なる試験体の一軸圧縮試験を実施した．**図2.3-2**に，応力およびひずみをそれぞれ供試体強度σ_{max}およびピーク時の平均ひずみε_{peak}で除した，相対応力－相対ひずみ関係を示し，**図2.3-3**に，供試体の破壊形態を示す．供試体の高さと幅の比H/Dが増加すると，ポストピーク域における応力－平均ひずみ関係は脆性的になった．特に，$H/D=8$ではスナップバック挙動が観察されている．つまり，破壊が局所化し，コンクリート全体の体積と破壊域体積の比が寸法によって異なるため，コンクリート全体の平均応力－平均ひずみ関係は寸法の影響を受けることになり，唯一にとらえることはできないのである．

渡辺ら[2.3.2), 2.3.3)]は，コンクリート供試体の漸増変位繰返し圧縮載荷試験結果に基づき，圧縮ひずみの局所化現象を組み込んだコンクリートの履歴モデルを構築した．$H/D=6, 8$の供試体では，内部に設置したアクリルバーより測定された局所ひずみには，破壊域および遷移域のほかに，ピーク以降完全に除荷される領域（除荷域）も存在していた．これらの供試体の破壊域および遷移域の大きさが$H/D=4$の供試体とほぼ差異がなかったことから，H/Dが4より大きい供試体では，破壊域および遷移域の大きさはH/Dに依存せず$H/D=4$と同一であり，H/Dの増加に伴い単純に除荷域が増加するものと考えた．

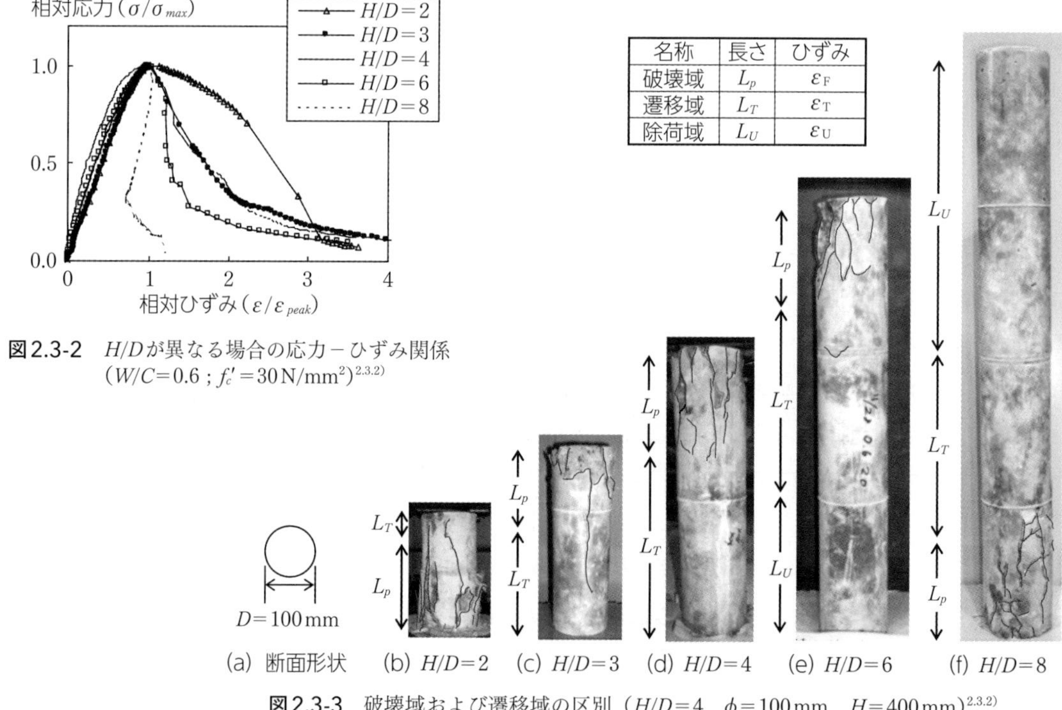

名称	長さ	ひずみ
破壊域	L_p	ε_F
遷移域	L_T	ε_T
除荷域	L_U	ε_U

図2.3-2　H/Dが異なる場合の応力－ひずみ関係（$W/C=0.6$；$f_c'=30$ N/mm^2）[2.3.2)]

(a) 断面形状　(b) $H/D=2$　(c) $H/D=3$　(d) $H/D=4$　(e) $H/D=6$　(f) $H/D=8$

図2.3-3　破壊域および遷移域の区別（$H/D=4$，$\phi=100$ mm，$H=400$ mm）[2.3.2)]

そこで，エネルギー規準（**2.2.2(2)**）に基づき定量的に区別された，コンクリート供試体の破壊域，遷移域および除荷域の3つの領域ごとに，異なる3つの履歴モデルを定式化した．**図2.3-4**に，構築した一軸圧縮履歴モデルを示す．つまり，それぞれの領域では，コンクリートの応力－ひずみ関係は，圧縮強度など材料構成に依存する履歴モデルとし，破壊域，遷移域および除荷域が直列に構成されているとした概念に則り，**図2.3-5**に示す通り，それぞれの領域の寸法比を考慮してひずみを平均化することで，応力－ひずみ関係の寸法依存性を表現したものである．破壊域，遷移域および除荷域における履歴モデルの特徴は，次に示す通りである．

・破壊域履歴モデルでは，供試体強度σ_{max}およびコンクリートの損傷度に強く依存して異なる特性を，履歴曲線が示す非線形挙動に組み込んだ．さらに，最大応力点以降，再載荷履歴が

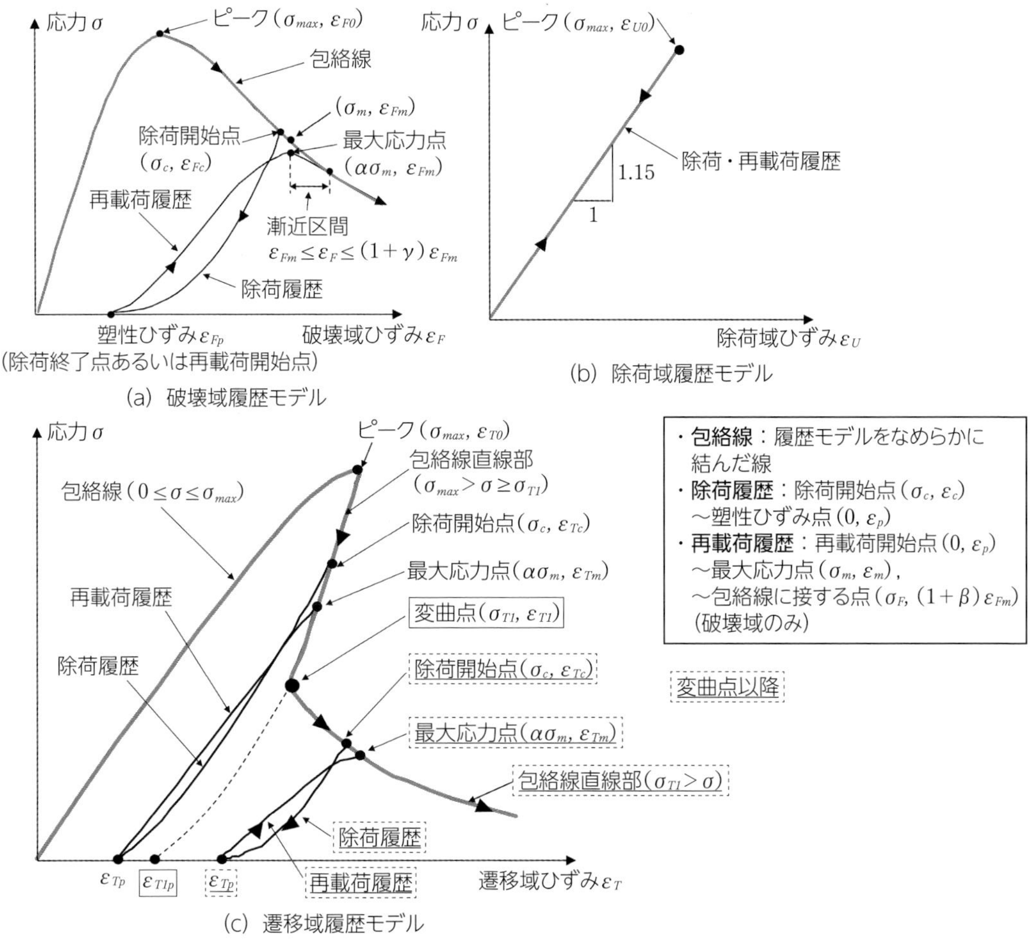

(a) 破壊域履歴モデル

(b) 除荷域履歴モデル

(c) 遷移域履歴モデル

図2.3-4　一軸圧縮履歴モデル[2.3.3)]

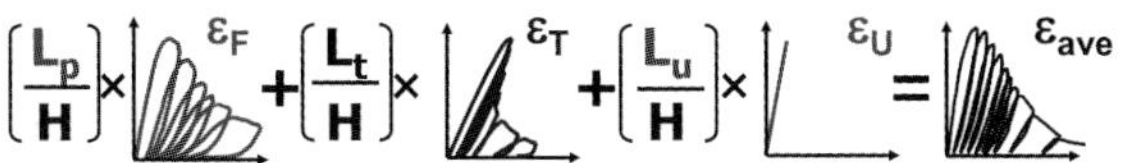

図2.3-5　破壊域および遷移域の応力－ひずみ関係（包絡線）

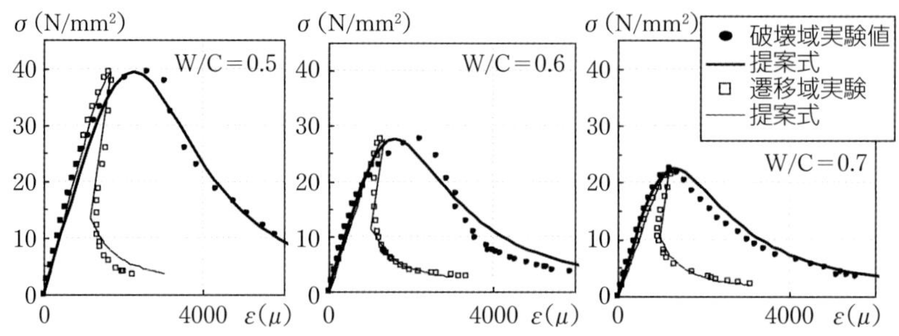

図2.3-6　破壊域および遷移域の応力－ひずみ関係（包絡線）[2.3.2)]

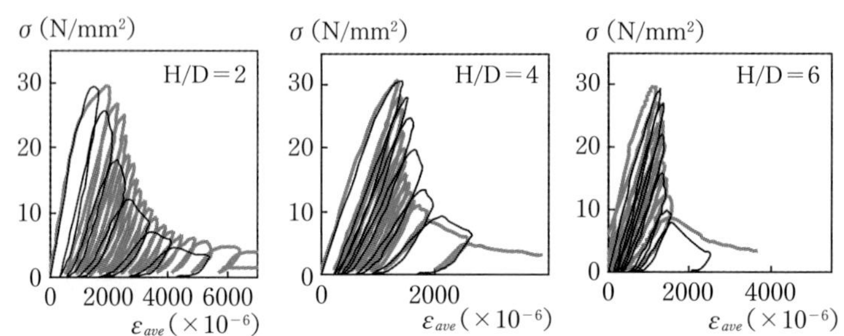

図2.3-7　一軸圧縮力作用下のH/Dが異なるコンクリートの応力－平均ひずみ関係（黒線：提案式，グレー：実験値）[2.3.3)]

徐々に包絡線に漸近する現象を忠実に捉えた．

・遷移域履歴モデルでは，除荷・再載荷履歴を，ポストピーク域において変曲点以降，力学特性が大きく異なる現象に着目して定式化した．

・除荷域履歴モデルでは，除荷・再載荷履歴は直線で表されるとした．

渡辺ら[2.3.2), 2.3.3)]の提案した履歴モデルは，供試体強度σ_{max}のみを代入することで，破壊域および遷移域における応力－ひずみ関係や（**図2.3-6**），H/Dの異なる供試体の応力－平均ひずみ履歴曲線の実験値を精度良く再現できる（**図2.3-7**）．このモデルでは，既往のモデルと比較して，特に再載荷履歴が示す，低応力レベルおよび包絡線に接する付近の非線形挙動が厳密に再現されている．さらに，断面形状が異なる供試体（D＝100～200 mm，H/D＝2, 4）に対しても，十分に適用可能であることを確認している．

応力－ひずみ曲線へのこだわり

渡辺　健

アクリル棒の加工，ひずみゲージの貼付・養生，骨材の準備，型枠組立，打設，脱型，養生，そしてようやく載荷試験である．大学のアムスラー試験機は，2000 kNの容量を有していたが，2本の柱では剛性が十分ではなかった．一方向繰返し載荷試験では，ピークに達すると同時に，載荷バルブを閉じ，除荷バルブを開放するといった素早い作業が必要だった．ところが，供試体の寸法や圧縮強度が大きい場合，破壊が脆性的に進展するため，ポストピーク域で試験体が爆裂することが度々あった．その時の茫然自失と言ったら無い．当時，なぜ圧縮作用下の応力－ひずみ関係を定式化しようと思ったのか．多分，苦労して計測したひずみデータを，徹底的に使ってやろうという気持ちも少しはあったのだと思う．

RC構造の数値解析に用いるコンクリートの圧縮モデルを構築するという目標であれば，多分，提案式はこうはならなかった．引張軟化曲線と同様に，圧縮破壊エネルギーG_{FC}に応じて，ポストピーク域の軟化形状を自在に変更可能とする明解なモデルでも良かった．提案した応力－ひずみ関係は，RC構造の数値解析に適用しようとすると，提案式を要素寸法の形状比を考慮して定めた曲線を入力することは可能である．しかし，圧縮域，遷移域，除荷域の3領域に区分して異なる材料特性を扱えるこのモデルの特徴を活かそうとすると，厳密には，これらの領域をどの要素に割り当てるか，ルールを定めておく必要がある．残念ながら，提案したモデルが後輩の数値解析に採用されたとは，その後も聞いたことがない．

もう少し言うと，提案したモデルは，平均化した領域の大きさや，履歴に依存したひび割れの開閉による非線形性など，忠実に再現していた．したがって，破壊域や遷移域に該当する領域の大きさや位置がどのようなものか，それぞれの領域ではどのような破壊状況，パフォーマンスを示すのかといった，コンクリート構造におけるコンクリートの破壊進展について，想像を促してくれる点は強みである．実験を大切にし，現象を素直に見ていた学生だったからこそ実現できたモデルかもしれない．そう思うことにしている．

2.3.2　コンクリートの圧縮破壊と部材の挙動

(1) RCディープビーム

Lertsrisakulratら[2.3.4)]は，RCディープビームにおいて，コンクリートの圧縮破壊域が局所化する現象を捉えた結果を受け，圧縮破壊エネルギーG_{Fc}の導出を試みた．まず，コンクリートに消費されるエネルギーの総量に対して，閾値を設けて破壊域を決め，コンクリートに埋め込んだひずみゲージの測定値も勘案し，**図2.3-8**の圧縮アーチにおける局所圧縮破壊域V_pを決定した．**図2.3-9(a)**に，計測されたV_pを有効高さおよびせん断補強鉄筋比ごとに示す．次に，はり全体の挙動（荷重－変位関係）から，外力により与えられたエネルギーE_{ext}を求め，E_{ext}からせん断補強筋で消費されたエネルギーE_{yield}とコンクリートの弾性回復分E_{rc}を除去し，アーチ部のコンクリートで消費されたエネルギーE_{net}を算出した．E_{net}の算出では，載荷点における鋼製板とはりの間の摩擦の影響についても考慮している．以上から，圧縮破壊エネルギーG_{Fc}は式（2.3-

3）から求めることができる．

$$G_{Fc} = E_{net}/V_p \quad (\mathrm{N/mm^2}) \tag{2.3-3}$$

全てのRCディープビームの結果を**図2.3-9（b）**に示す．図中の数値は，プレーンコンクリートの一軸圧縮実験で提案したコンクリートの圧縮破壊エネルギーG'_{Fc}に対する比である．なお，有効高さ$d=200$（mm）については，圧縮アーチ全域が破壊域となったため，結果からは除いている．これより，圧縮強度のみの関数で表される値として提案したコンクリートの圧縮破壊エネルギーG'_{Fc}の概念は，せん断圧縮破壊するRCディープビームにも概ね適用できることが確認された．

このような，せん断圧縮破壊するRCはりには，強度に関する寸法効果が存在する．**図2.3-10**は，Lertsrisakulratら[2.3.4)]，田村ら[2.3.5)]，松尾ら[2.3.6)]の実験結果を含む，$a/d=1.0$～1.5であるディー

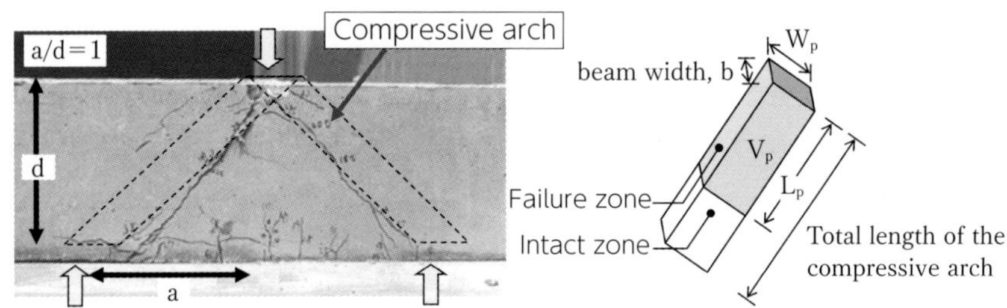

図2.3-8　圧縮アーチにおける破壊域と非破壊域の区分

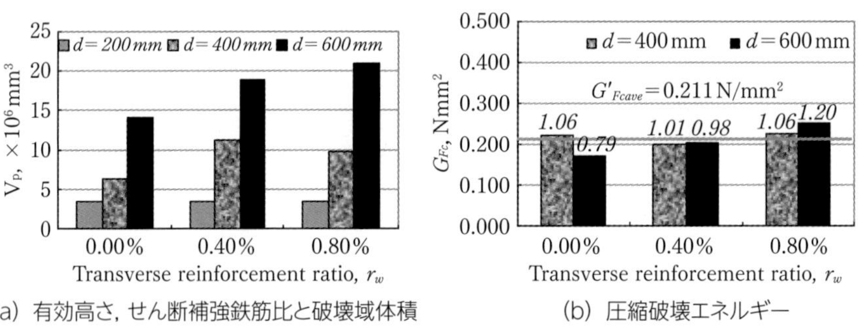

（a）有効高さ，せん断補強鉄筋比と破壊域体積　　（b）圧縮破壊エネルギー

図2.3-9　RCディープビーム（$a/d=1$）の圧縮破壊特性[2.3.4)]

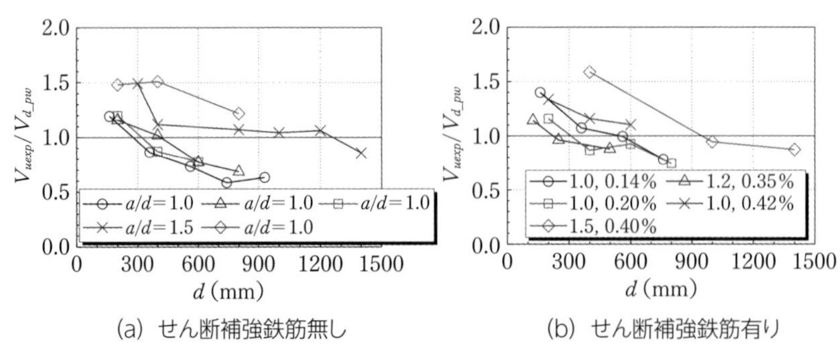

（a）せん断補強鉄筋無し　　（b）せん断補強鉄筋有り

図2.3-10　せん断圧縮破壊に対する強度の寸法効果[2.3.7)]

プビームの実験結果を集約し，せん断耐力を断面積で除した強度について有効高さとの関係を示したものである[2.3.7)]．せん断補強鉄筋の有無にかかわらず，有効高さの増加に伴い，強度が低下していることがわかる．載荷に伴い，コンクリートに蓄積されるひずみエネルギーは，部材の体積に比例して増加するが，破壊する部位に消費されるエネルギーはそれほど増加しない．つまり，せん断圧縮破壊の寸法効果は，コンクリートの圧縮破壊はRCはり中のある領域で局所的に発生するため，部材寸法に対して破壊域が相対的に小さくなるため，と理解することができるのである．

(2) I　形　桁

高強度コンクリートの性質を十分に活かすために，RC部材あるいはPC部材では，ウェブ厚が薄いI型またはT型断面が適用される．これにより，橋梁の軽量化および長大化が可能となっている．また，ウェブ厚の薄肉化に伴い，斜め引張破壊耐力を維持するため，高強度鋼材による高密度配筋も行われる．しかし，このような部材では，せん断補強鉄筋が降伏せずに腹部コンクリートの圧縮破壊によって部材の破壊に至る，斜め圧縮破壊により耐力が決定される可能性もある．この場合，せん断耐力は，通常せん断耐力算定に用いられる修正トラス理論によって求まる耐力よりも小さくなる．

小林ら[2.3.8)]，Tantipidokら[2.3.9)]は，RCはりの斜め圧縮破壊耐力を評価するため，コンクリートの圧縮強度（30 N/mm^2～160 N/mm^2），せん断補強鉄筋比，せん断スパン有効高さ比，ならびにスターラップ間隔sを変数としたRCはりを製作した．載荷実験の結果から，超高強度域においても，斜め圧縮破壊耐力は，コンクリートの圧縮強度の影響を受けることを明らかにした．また，高強度コンクリートに対する斜め圧縮破壊は，せん断補強鉄筋比というよりも，スターラップ間隔sに依存することを確認した．スターラップ間隔sが小さいときは，**図2.3-11**に示すように，斜め圧縮応力はほぼ均一に分布していると推察される．一方，スターラップ間隔が大きいときには，**図2.3-11**に示すように，スターラップの位置関係により，斜め圧縮応力の集中が起こると考えられる．斜め圧縮応力の集中は，載荷のより早い段階での局所的な斜め圧縮破壊を引き起こし，ピーク荷重の低下をもたらすことなどを明らかにした．

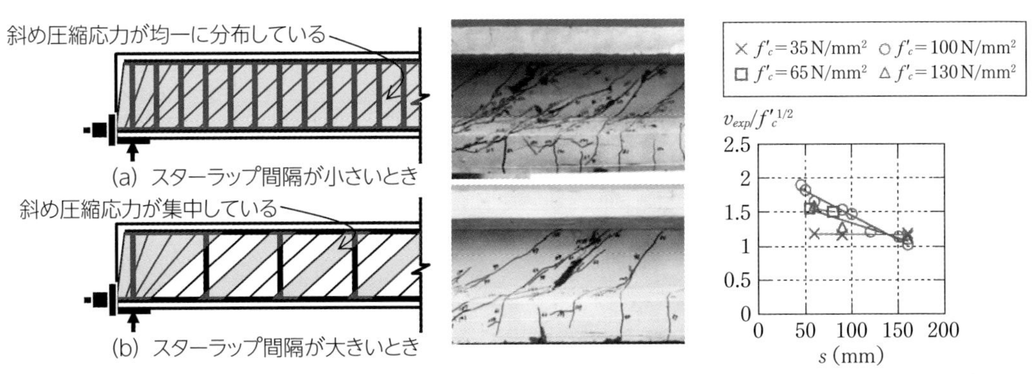

図2.3-11　せん断補強鉄筋間隔に依存したストラットの形成の推定と耐荷力[2.3.9)]

このような梁の耐力算定式を構築するために，**図2.3-12**に示す，せん断補強鉄筋と平行な仮想切断面を有するフリーボディーを仮定した．ここで，せん断補強鉄筋は降伏しておらず，RC部材は，部材軸に対して角度θ方向のコンクリートの斜め圧縮破壊によって終局に至ると仮定する．

$$D' = \sigma'_d b_w l \tag{2.3-4}$$

$$l = l' \cos\left(\alpha + \theta - \frac{\pi}{2}\right) = l'(\sin\alpha\cos\theta + \cos\alpha\sin\theta) \tag{2.3-5}$$

$$l' = \frac{jd}{\cos\left(\frac{\pi}{2} - \alpha\right)} = \frac{jd}{\sin\alpha} \tag{2.3-6}$$

ここで，D'：斜め圧縮力，b_w：ウェブ幅，σ'_d：斜め圧縮応力，α：せん断補強筋が部材軸となす角度，jd：応力中心間距離，である．鉛直方向の力のつり合いより，斜め圧縮破壊耐力V_{wc}はσ'_dが斜めひび割れの入ったウェブコンクリートの圧縮強度f''_cに達したとして，式（2.3-7）のように示される．

$$V_{wc} = D'\sin\theta = b_w jd f''_c(\cot\theta + \cot\alpha)\sin^2\theta \tag{2.3-7}$$

このf''_cは，一軸圧縮試験より得られるコンクリートの圧縮強度よりも，大きく低減するとされている．つまり，斜め圧縮破壊耐力を算定する上で，斜めひび割れ間でのコンクリートの圧縮強度を評価することが求められることがわかる．つまり，斜め圧縮破壊におけるコンクリートの強度に影響する各因子を検討して，式（2.3-8）を提案したものである．**図2.3-13**に示す通り，式（2.3-8）による算定値は，既往の実験結果や，圧縮強度が100 N/mm^{2}を超える実験結果を含めて，精度よく再現できることを確認している．

$$V_{cal} = \left(1.9 - \frac{s}{190}\right)\sqrt{f'_c}\, b_w d \tag{2.3-8}$$

本研究の成果を踏まえ，コンクリート標準示方書では，斜め圧縮破壊耐力算定式のコンクリートの圧縮強度に関する適用範囲の見直しが図られており，高強度コンクリートの活用への対応に貢献している．

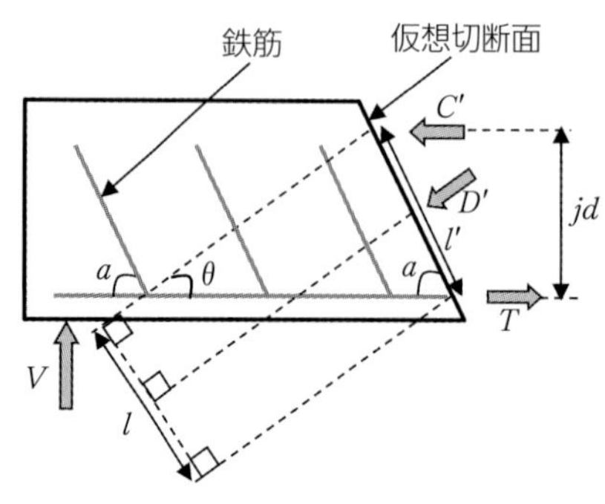

図2.3-12　フリーボディー[2.3.8)]

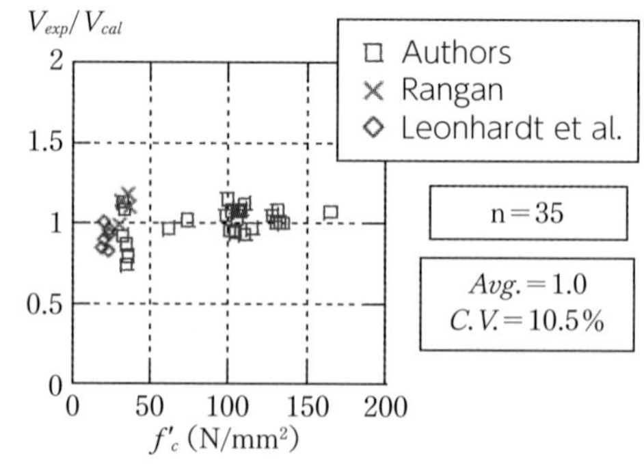

図2.3-13　式（2.3-8）の算定値と実験値の比較[2.3.9)]

〔参 考 文 献〕

2.3.1)　Lertsrisakulrat, T., Watanabe, K., Matsuo, M. and Niwa, J.: Experimental study on parameters in localization of concrete subjected to compression, Journal of Materials, Concrete Structures and Pavements, JSCE, No.669/V-50, pp.309–321, 2001.2.

2.3.2)　渡辺 健，二羽淳一郎，横田 弘，岩波光保：圧縮破壊の局所化を考慮したコンクリートの応力－ひずみ関係の定式化，土木学会論文集，No.725/V-58，pp.197–211，2003.2.

2.3.3)　渡辺 健，二羽淳一郎，横田 弘，岩波光保：繰返し圧縮載荷を受けるコンクリートの応力－ひずみ履歴モデルの定式化，土木学会論文集，No.767/V-64，pp.143–159，2004.8.

2.3.4)　Lertsrisakulrat, T., Niwa, J., Yanagawa, A., and Matsuo, M.: Concepts of localized compressive failure of concrete in RC deep beams, Journal of Materials, Concrete Structures and Pavements, JSCE, No.725/V-58, pp.197–211, 2003.2.

2.3.5)　田村信吾，ボー・タン・フン，二羽淳一郎：RCディープビームのせん断強度の寸法効果に関する実験的研究，土木学会第54回年次学術講演会講演概要集，V-293，pp.586–587，1999.

2.3.6)　松尾真紀，Lertstrisakulat, T.，柳川明哲，二羽淳一郎：せん断補強筋を有するRCディープビームのせん断挙動，コンクリート工学年次論文集，Vol.23，No.3，pp.961–966，2001.

2.3.7)　中田裕喜，渡辺 健，渡邊忠朋，谷村幸裕：せん断スパン比に対する連続性を考慮したRC棒部材の設計せん断耐力算定法，土木学会論文集E2（材料・コンクリート構造），Vol.69，No.4，pp.462–477，2013.12.

2.3.8)　小林央治，渡辺 健，二羽 淳一郎：RCはりの斜め圧縮破壊耐力評価に関する研究，コンクリート工学年次論文集，Vol.31，No.2，pp.577–582，2009.7.

2.3.9)　Patarapol TANTIPIDOK, Chikaharu KOBAYASHI, Koji MATSUMOTO, Ken WATANABE and Junichiro NIWA: Proposed Predictive Equation for Diagonal Compressive Capacity of Reinforced Concrete Beams, 土木学会論文集E2（材料・コンクリート構造），Vol.67，No.4，pp.535–548，2011.10.

実感することの大切さ

水田　真紀

実験では，気を遣わなければならないことがたくさんあり，コンクリート構造のように大きな対象を取り扱う場合，特に注意が必要です．プレーンコンクリートの圧縮試験では，圧縮方向に対して横方向の膨らみを拘束する摩擦力を取り除くように，荷重が作用する面と載荷プレートの間にシート（2枚のテフロンシートの間にシリコングリスを塗ったもの）を挟んでいました．その方法でひずみの局所化をうまく捉えられたことから，ディープビームでも同じ方法を取ることにしました．桁高1mもあるディープビームに徐々に載荷，「あれっ，梁，動いた!?」，「もうちょっと荷重をかけてみよう」，「梁が回ってる！」「支点から落ちそう！」．少しヒヤリとする経験を経て，コンクリートの不均質な性質とそれによる構造体としての非対称性を実感しました．教科書や解析からは知りえない経験．これからも，怪我のないよう，注意を払って，楽しく実験しましょう．

3章
新しいコンクリート材料の力学特性ならびに適用部材の構造性能

3.1 はじめに

最近では，高性能な新しいコンクリート材料が開発されるようになっている．このような新材料が有する特性を活用することで，新しい構造形式をつくり出すことができる．例えば，超高強度コンクリートでは，高い圧縮強度を利用することで，大きな自重による軸圧縮力に耐えられるようにして鉛直方向へ高層化する，あるいは，プレストレスを大きく蓄積させて水平方向へ延伸化する，といったようにコンクリート構造物の長大化を可能にしている．新しい構造形式を実現するためには新しい材料が必要になるものの，材料を新しく高性能化すれば，必ずコンクリート構造物の性能向上につながるとは限らず，場合によっては，せん断性能などが弱点となることもある．例えば，高強度コンクリートなどでは，破壊挙動が急激に進展するため，構造的な問題を生じやすいといった懸念もある．

コンクリート構造のせん断性能を改善するための一つの方策として，コンクリートの材料中に繊維を分散させてマトリクス補強を行うという手法がある．新しい材料を適用する上で繊維と組み合せることで，その破壊力学的な弱点を補いながら構造利用を推進させることができる．

新しい構造形式に求められていることは，結局のところ，部材の薄肉化や構造物の軽量化と言ってよく，このことによって，工期の短縮化，建設重機の省力化および基礎の簡略化などが可能になり，全体的な建設コストを低減できることになる．このようなコンクリート部材の軽量化を実現するためには，i）軽い構成材料を用いてコンクリート自体の密度を軽減させる，ii）コンクリート自体を高強度化することで部材断面を縮小させる，といった2つの異なる方法がある．

3章では，新しいコンクリート材料の破壊力学特性ならびにそのコンクリートを適用した部材の構造性能についてまとめている．具体的には，**3.2**でコンクリートの種類，配合および構成材料が破壊力学特性に与える影響を，**3.3**では繊維補強コンクリートを用いた構造部材の特性を説明した．さらに，**3.4**，**3.5**および**3.6**では，部材の薄肉化や構造物の軽量化を実現するために新しく開発された3種類のコンクリート材料について，それら材料の特徴ならびに構造部材に適用した場合の性能を解説した．

3.2 コンクリートの種類,配合および構成材料が破壊力学特性に与える影響

3.2.1　高強度化や自己充填化を図ったコンクリートの種類や配合による影響

近年では，高性能減水剤や増粘剤などの化学混和剤の開発が進んだことで，高強度コンクリートや自己充填コンクリートなどが容易に得られるようになった．コンクリートの圧縮強度を向上させることは，部材の薄肉化や構造物の軽量化に直接的な貢献を果たし，新しい構造形式の推進につながる技術となる．一方で，コンクリートの流動性を向上させることは，狭隘な空間への打込みを可能にし，薄肉化して過鉄筋状態となった部材の省力施工につながる技術である．二羽らは，高強度コンクリートや自己充填コンクリートについて，配合や材齢による破壊エネルギーの変化を普通強度コンクリートと比較する形で検討している[3.2.1)]．**図3.2-1**に示すように，高強度コンクリートの破壊エネルギー特性は普通強度コンクリートとおおむね同様となるものの，自己充填コンクリートの破壊エネルギー特性は普通強度コンクリートよりも小さい傾向になる．とくに自己充填コンクリートは，間隙通過性を向上させるため，粗骨材の絶対容積を低減することが破壊エネルギーの低下に関与する．高強度コンクリートにおいても，流動性を確保する観点から，粗骨材の絶対容積を普通強度コンクリートの場合よりも減じた配合を採用することが多く，この場合には自己充填コンクリートの破壊エネルギーが低下する事例とまったく同様に考えることができる．

また，コンクリートの圧縮強度が上昇するにつれて引張強度もその割合を減少させながら上昇する．そのため，高強度コンクリートの場合には圧縮強度（f'_c）に対する引張強度（f_t）の比（以下，f_t/f'_c）が低下し，その破壊は脆性的なものになる．コンクリートのf_t/f'_cは材齢にともなって変化し，圧縮強度が低い早期材齢では相対的に大きく，圧縮強度が高い長期強度では相対的に小さくなる．とくに高強度コンクリートでは，長期材齢で高い圧縮強度を発現しても，

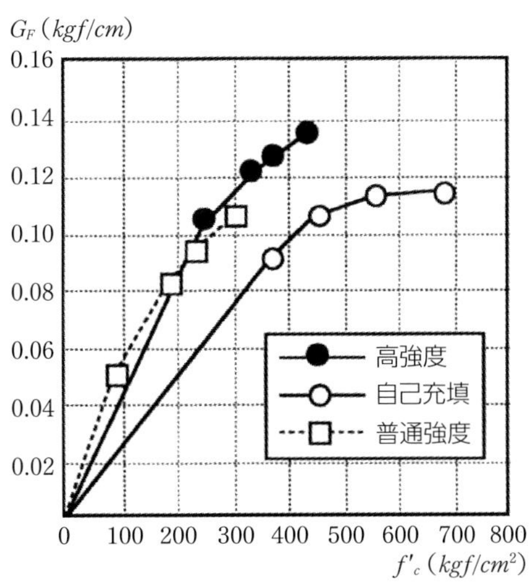

図3.2-1　コンクリート種類と破壊エネルギー[3.2.1)]

3章 新しいコンクリート材料の力学特性ならびに適用部材の構造性能

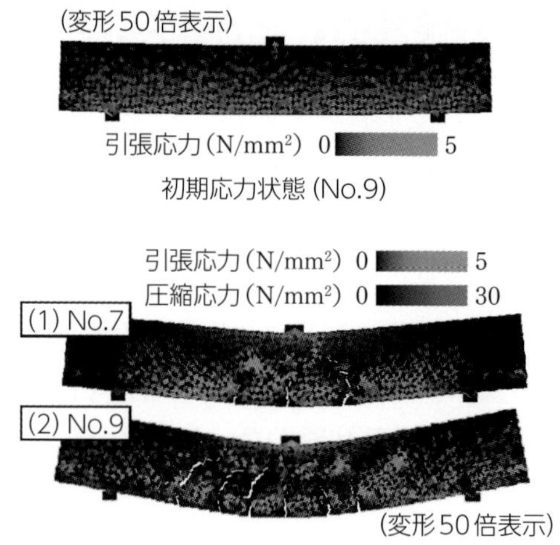

図3.2-2　収縮による初期応力を受けた梁の解析[3.2.2)]

f_t/f'_cが材齢とともに低下する程度が大きいので，引張強度に依存するような部材のせん断強度や付着強度などは，それほど増加しないことになる．そのうえ，コンクリートの圧縮強度の増大は，配合設計上，水セメント比の低減によってもたらされるため，自己収縮を増加させることになる．刑部らは，高強度コンクリートの自己収縮や強度発現の履歴を考慮してRC梁に生じる初期応力状態をRBSM解析にて再現することで，**図3.2-2**に示すように，コンクリートの収縮を受けるRC梁は同一荷重における変形が増大し，その結果，曲げひび割れの幅の拡大や本数の増加などがせん断性状に関与することを考察した[3.2.2)]．

3.2.2　セメントや骨材などのコンクリートの構成材料による影響

CEB-FIP Model Code 90において，破壊エネルギーG_F（N/mm）は，コンクリートの圧縮強度と粗骨材最大寸法の関数として，$G_F = G_{F0}(f'_c/f'_{c0})^{0.7}$，（ただし，$G_{F0}$：粗骨材最大寸法に依存する破壊エネルギーの基本値，f'_c：コンクリートの圧縮強度N/mm^2，f'_{c0}：10N/mm^2）と与えられている．破壊エネルギーに及ぼす圧縮強度の影響については，前項で述べたとおりであるが，粗骨材最大寸法の影響は，コンクリートの破壊過程においてセメントペーストマトリクスと骨材の脆弱な界面層（遷移帯）にひび割れを生じて粗骨材を迂回するような経路が形成されるため，粗骨材最大寸法の増加はひび割れ経路の延長となり，破壊に際して多くのエネルギー消費が必要となる．前述した高強度コンクリートや自己充填コンクリートでは，強度低下の抑制や間隙通過性の向上といったそれぞれの要求性能から，いずれのコンクリートにおいても粗骨材最大寸法を減じることが多く，このこともコンクリートの破壊エネルギーを低下させる一因になっているものと考える．コンクリートに生じる微細ひび割れは，内部の強度的な弱点部から，すなわち，モルタルの欠陥部や骨材の界面部から発生し，それぞれマトリクスひび割れ，ボンドひび割れと呼ばれている．内部で生じたマトリクスひび割れが伝播して骨材と交差する過程では，骨材自体の強度と骨材界面の強度とのバランスによって，ひび割れが骨材を貫通するか，あるいは迂回するかが決定される．

二羽らは，骨材界面の脆弱な遷移帯の生成量が少ない低熱ポルトランドセメントなどのビーライト系セメントを用いたコンクリートでは，遷移帯生成量が比較的多い早強ポルトランドセメントを用いた場合よりも破壊力学特性に優れることを述べている[3.2.3)]．ビーライト系セメントを用いた場合には，低強度時に破壊エネルギーが高くなる傾向にあり，材齢進行にともなう破壊エネルギーの増進程度は徐々に低下するものの，長期的な強度発現に優れることから，早強セメントを用いた場合にくらべて破壊エネルギーが常に上回る傾向となる．

エコセメントは，都市ごみ焼却灰を主原料に製造される新しい種類のセメントであり，廃棄物をセメント1トン当たり500 kg以上使用している．野間らは，エコセメントを用いたコンクリートの破壊エネルギーを測定しており，**図3.2-3**に示すように，エコセメントを用いた場合には普通ポルトランドセメントを用いた場合にくらべて，長期的な圧縮強度の増進は見込めないものの，圧縮強度の影響を補正した破壊エネルギー（G_{F0}）は，初期から中期材齢ではやや上回る傾向となり，長期材齢ではほぼ同等であることを明らかにした[3.2.4)]．

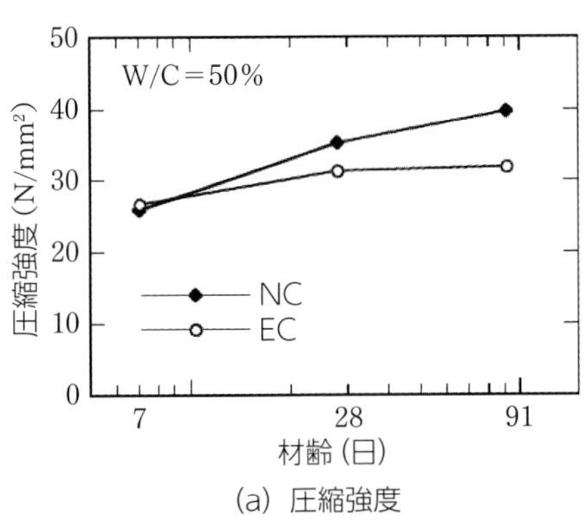

(a) 圧縮強度

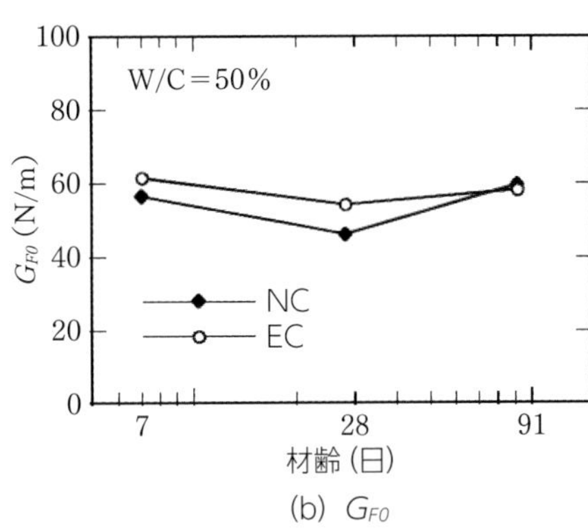

(b) G_{F0}

図3.2-3　エコセメントを用いたコンクリートの破壊エネルギー特性[3.2.4)]

人工軽量骨材を用いたコンクリートでは，普通砕石を用いた場合にくらべて骨材強度が低いことから，ひび割れが骨材自体を貫通して脆性的な破壊になりやすい．真珠岩系の軽量骨材を構造利用するに当たって，木場らは人工軽量骨材と普通砕石を併用すること[3.2.5)]，あるいは，雨宮らは合成繊維でマトリクスを補強すること[3.2.6)]を提案しており，いずれの方法によっても軽量骨材コンクリートの破壊エネルギーを向上させている．川口らは，このような普通砕石との混合や合成繊維の混入によって，真珠岩系軽量骨材コンクリートを用いたRC梁のせん断耐力が改善することを明らかにしている[3.2.7)]．なお，人工軽量骨材に限らず，火山性の天然軽量骨材を用いた場合でも同様であり，松永らは，ピナツボ火山の噴石を軽量骨材に用いたコンクリートの破壊エネルギーを測定し，天然ヤシ繊維による補強を検討している[3.2.8),3.2.9)]．

再生骨材を用いた場合には，その骨材周囲に付着したモルタル分が骨材界面におけるボンドひび割れを生じやすくしており，コンクリートの破壊に大きく影響する．野間らは，低品質の再生骨材（以下RL）ならびに高度処理で付着モルタルを減じた高品質の再生骨材（以下RH）

を用いたコンクリートの破壊力学特性を検討しており，再生骨材コンクリートの破壊エネルギーは，普通砕石を用いた同一圧縮強度のコンクリートと比較して，RLの場合に約25％低下し，RHの場合には約9％低下することを明らかにした[3.2.10)]．また，再生骨材を用いたコンクリートを割裂引張試験に供して，高速度カメラにて撮影した画像から付着モルタルが存在する再生骨材の界面におけるひび割れの進展過程の違いを考察している[3.2.11)]．**図3.2-4**は，せん断補強鉄筋が無い状態で再生骨材コンクリートを用いたRC梁の載荷試験から得た荷重－たわみ関係であり，再生骨材を用いたRC梁では付着モルタルを除いて高品質化するほど初期剛性が向上し，せん断耐力も改善できることがわかった[3.2.10)]．

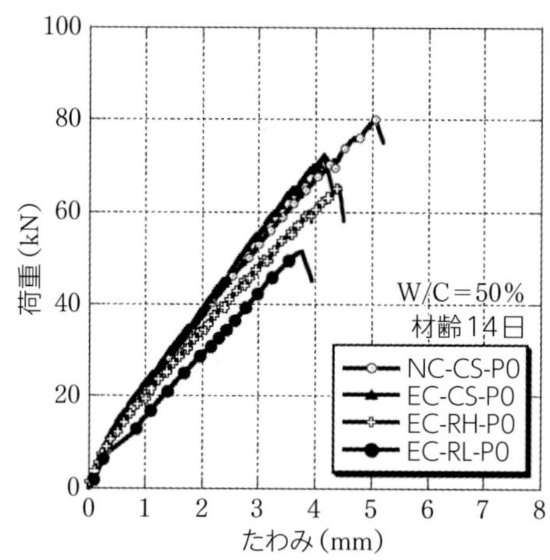

図3.2-4　再生骨材を用いたRC梁の荷重－たわみ曲線[3.2.10)]

世の中の動脈と静脈

河野　克哉

セメントをつくる際，主な原料は石灰石である．しかし，これら以外にも廃棄物や副産物が使われており，例えば，高炉スラグ，石炭灰，汚泥・スラッジ，建設発生土などは原料として，廃タイヤ，廃プラスチック，廃油，木くず，肉骨粉などは熱エネルギー源としてセメント製造に利用されている．1,000kgのセメントをつくるのに使われる廃棄物・副産物の量は400kg以上に及んでおり，GDP世界第三位である日本の全産業から排出される廃棄物・副産物の総量の実に1割がセメント製造で有効活用されている．国土の狭い日本においては，ゴミの最終処分場の確保が切迫した課題であるが，最終処分場の容量は，あと15年でいっぱいになると試算されている．もしも，現在のようにセメント製造でたくさんのゴミを使うことをやめた場合には，たったあと5年でゴミを捨てる場所が無くなると予想されている．安全で，安心で，快適で，国民の人命と財産を守り，災害に強い国土を建設するために必要なコンクリートをつくるうえで，当然，セメントは欠かせない材料である．

本書の内容は，言い換えると，強いコンクリート構造を合理的につくるためにどうするのかという事項を扱ったものといえるが，それを担うセメントの役割は，人間の身体でいうと，酸素や栄養素を送り出し，強い筋力を発生させるための動脈の作用に相当する．一方で，他産業から出された廃棄物・副産物を処理するセメントの役割は，人間の身体でいうと，筋肉から発生した二酸化炭素や老廃物を肺や肝臓・腎臓に運んで処理する静脈の作用に相当する．人間の身体の中の血液循環のように，世の中における資源循環はセメントが担っており，かつての「コンクリートから人へ」などという政治的なスローガンは，この現実社会のありのままの姿から大きく乖離したものといえないだろうか．「コンクリートは人の生き様そのもの」が正しいと思う．

ところで，これまで複数の大学の学部や大学院で特別講義をさせて頂く機会があった．講義の最初で学生さんたちに必ず挙手でアンケートをさせてもらう内容がある．セメント1kgは何円だと思いますか？ という質問に対して，1円，10円，100円，1,000円，10,000円ごとに手を挙げてもらうと，圧倒的に多いのが1,000円．1円や10円ではまず手が挙がることはなく，100円はぱらぱらと少しの手が挙がり，10,000円でも数名の手が挙がる．だいたいどこの大学でもこの割合は変わらない．将来，この若者たちが建設業界で活躍してくれたなら，私のボーナスは100倍アップするに違いないといつも期待している．

3.2.3 繊維による改善

コンクリート材料の破壊力学特性を改善して構造物の脆性破壊を抑制する上では，繊維の利用が有効である．セメント系材料の補強に用いられる繊維の種類は，鋼繊維や合成繊維が多い．**図3.2-5**は，各種の繊維フィラメントについて引張弾性率と引張強度の関係をまとめたものであり，繊維の力学的性能によって，標準的な性能となる汎用繊維と，高強度・高弾性率を有するスーパー繊維に区分される．スーパー繊維に関する厳密な定義はないものの，おおむね引張強度が2GPa以上かつ引張弾性率が50GPa以上となる繊維のことをいい，引張強度が2GPa以下かつ引張弾性率が50GPa以下のものを汎用繊維という．

鋼繊維は，コンクリートとの付着性が高く，繊維の力学性能がマトリクスの補強効果に反映されやすいため，補強用の繊維としてはもっとも一般的である．合成繊維では，ポリプロピレン（PP）繊維やポリビニルアルコール（PVA）繊維などの汎用のものが多く利用されている．最近では，鋼繊維の引張強度である2GPa以上を有するようなスーパー繊維の領域に位置するパラ型アラミド（Ariamd）繊維，ポリエチレン（PE）繊維，ポリパラフェニレンベンゾビスオキサゾール（PBO）繊維なども高性能化のために検討されるようになっている．なお，スーパー繊維のフィラメントは直径が12μm程度のきわめて細径となっており，補強用に用いる場合には，コンクリートの流動性を確保する観点から，多数のフィラメントを集めて束とし，練混ぜ時に繊維束が解繊しにくくなるように縒りを与えて，その束を接着樹脂で固定したものとなっている（集束繊維）．

児玉らは，繊維の種類を組み合せることで，コンクリートの破壊力学特性が改善できることを実験的に検討している[3.2.12)]．**図3.2-6**は，鋼繊維とPP繊維を組み合せて用いたコンクリートの破壊エネルギーを示したものであり，鋼繊維1.5%とPP繊維1.5%を併用することで，鋼繊維のみ3.0%で用いた場合よりも破壊エネルギーが増加することがわかる．また，**図3.2-7**は，こ

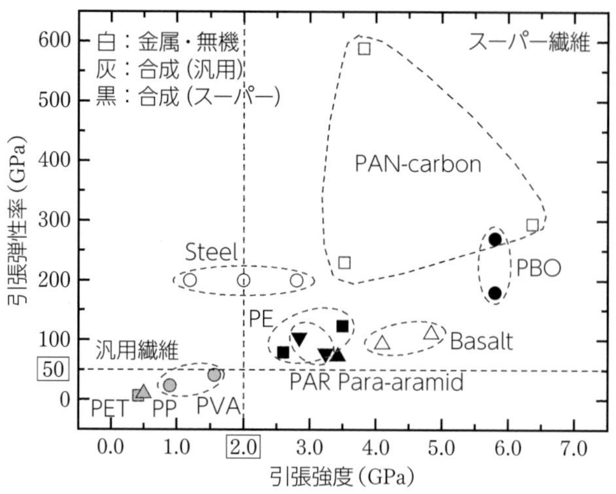

図3.2-5　各種の繊維フィラメントの引張弾性率と引張強度の関係

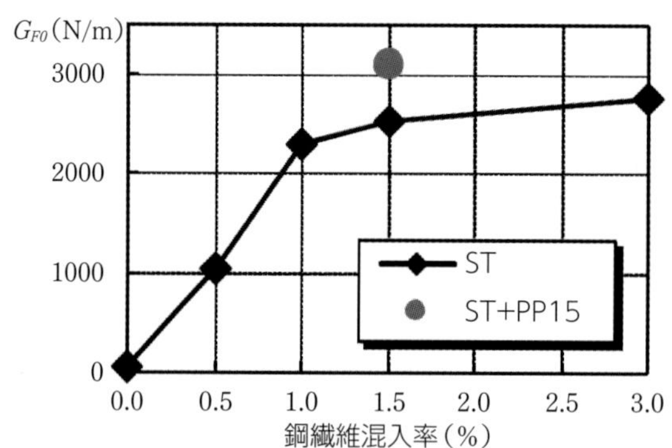

図3.2-6　鋼繊維(ST)とPP繊維を組み合わせた場合の破壊エネルギー[3.2.12)]

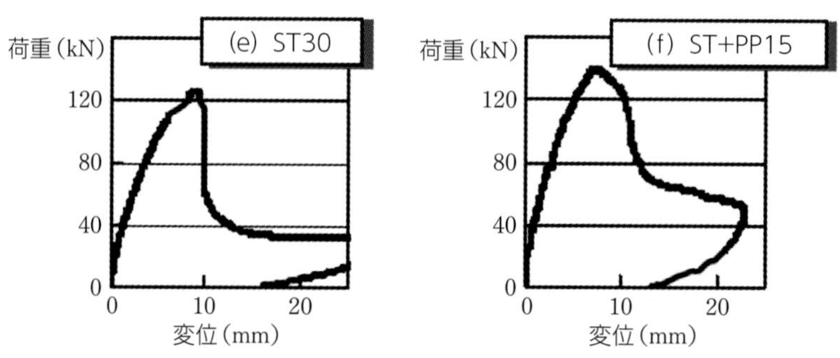

図3.2-7　鋼繊維(ST)とPP繊維を併用したRC梁の荷重変位曲線[3.2.12)]

れらのコンクリートを用いたRC梁の荷重変位曲線を示したものあり，同一の繊維混入率であっても鋼繊維とPP繊維を併用することで最大荷重が増加することがわかる．

Narawitらは，繊維の形状によって，コンクリートの破壊力学特性が改善できることを実験的に検討している[3.2.13)]．**図3.2-8**に示すように，繊維の長さが60mmで端部の形状がフック状の鋼繊維（図中の5D）を圧縮強度80 N/mm^{2}程度の高強度コンクリートの補強に用いたときに引張軟化特性の向上が確認できる．また，このような鋼繊維補強コンクリートを用いたRCスレンダービームの載荷実験を行うことで，せん断耐力が向上できることを示している．

繊維で補強された各種セメント系材料は，**図3.2-9（a）**に示すように圧縮強度と靭性の関係から分類できる．普通強度域においてひずみ軟化挙動となるものは，もっとも一般的な繊維補強コンクリート（以下FRC）であり，これを適用した構造部材の特性については**3.3**で述べる．また，200 N/mm^{2}程度の超高強度域でひずみ軟化挙動を示すものを超高強度繊維補強コンク

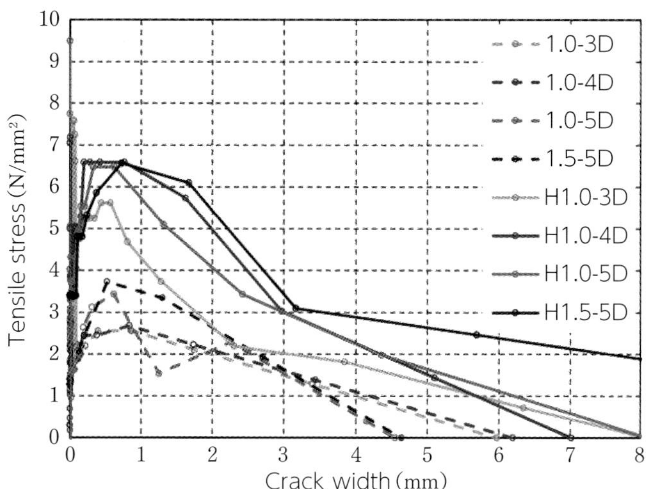

図3.2-8　フック形状の異なる鋼繊維で補強したSFRCの引張軟化曲線[3.2.13)]

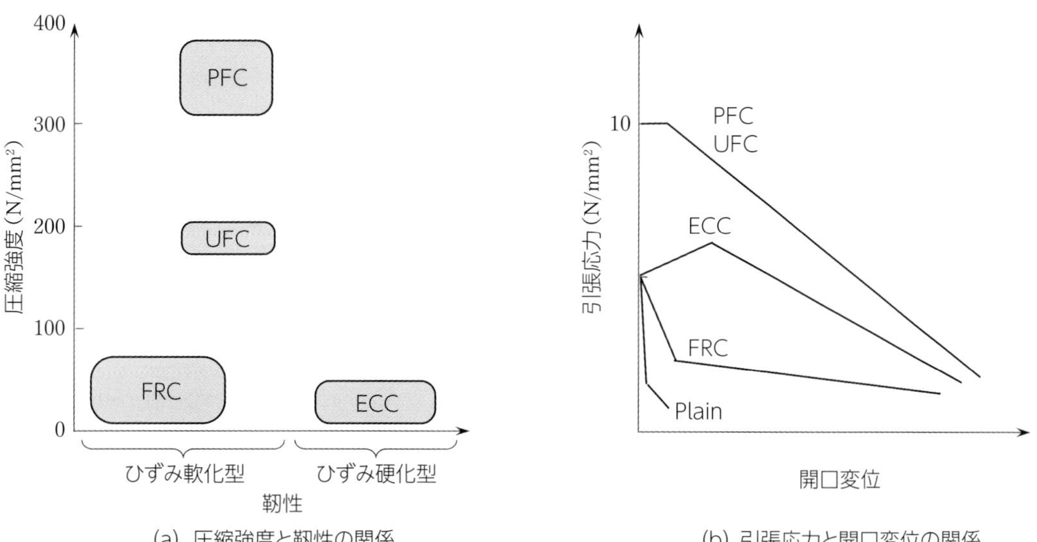

図3.2-9　繊維補強セメント系材料の種類

リート（以下UFC）といい，また350 N/mm^{2}程度の超高強度域でひずみ軟化挙動を示すものを繊維補強無孔性コンクリート（以下PFC）といい，本章ではそれぞれ**3.5**ならびに**3.6**で説明する．普通強度域でひずみ硬化挙動を示すものは複数微細ひび割れ型繊維補強セメント複合材料，あるいはEngineered Cementitious Composite（以下ECC）と呼ばれており，引張応力下で多くの微細ひび割れを生じながら大きく変形する材料である．山本らは，PVA繊維で補強したECCに引張ひずみが0.3または0.5％となるまで事前に一軸引張載荷を行い，その後の乾湿繰返しによって微細ひび割れが閉口して自己治癒を生じることを見出しており，乾湿繰返し回数による自己治癒率として評価することを試みている[3.2.14)]．

図3.2-9(b)は，繊維で補強された各種セメント系材料の引張応力－開口変位関係を整理した模式図であり，FRCはひび割れ発生後すぐに引張応力が低下して二直線状となること，ECCはひび割れ発生後に引張応力が一度増加してから低下すること，UFCとPFCはいずれもひび割れ発生後に引張応力を一定レベルで保持してから低下すること，などがそれぞれ特徴である．

〔参 考 文 献〕

3.2.1) 二羽淳一郎，Somnuk Tangtermsirikul：高強度コンクリートおよび自己充填コンクリートの破壊力学特性，コンクリート工学年次論文報告集，Vol.19，No.2，pp.117–122，(1997)

3.2.2) 刑部圭祐，松本浩嗣，二羽淳一郎：自己収縮履歴と強度発現履歴の組合せが高強度コンクリートはりのせん断破壊に及ぼす影響，コンクリート工学年次論文集，Vol.36，No.2，pp.373–378，(2014)

3.2.3) 二羽淳一郎，松尾豊史，岡本享久，田邊忠顕：セメントの種類とコンクリートの破壊力学特性値に関する実験的研究，土木学会論文集，No.550／V-33，pp.43–52，(1996)

3.2.4) 野間康隆，河野克哉，二羽淳一郎：エコセメントおよび再生ポリエチレンテレフタレート繊維を用いたコンクリートの破壊力学特性，コンクリート工学年次論文集，Vol.27，No.1，pp.1339–1344，(2005)

3.2.5) 木場美子，川口哲生，高濱達矢，二羽淳一郎：超軽量人工骨材を用いたコンクリートの破壊力学特性値に関する実験的研究，コンクリート工学年次論文集，Vol.23，No.3，pp.49–54，(2005)

3.2.6) 雨宮美子，川口哲生，二羽淳一郎：繊維補強された超軽量コンクリートの破壊力学特性値に関する実験的研究，コンクリート工学年次論文集，Vol.24，No.2，pp.1453–1458，(2004)

3.2.7) 川口哲生，木場美子，二羽淳一郎，岡本享久：超軽量人工骨材と普通骨材を混合したRCはりのせん断耐力，コンクリート工学年次論文集，Vol.23，No.3，pp.931–936，(2001)

3.2.8) 松永直樹，川口哲生，二羽淳一郎，Pagbilao Dominador：ヤシ繊維補強ピナツボ骨材コンクリートの破壊力学特性，コンクリート工学年次論文集，Vol.25，No.2，pp.1825–1830，(2003)

3.2.9) 松永直樹，Joseph REMIGIO，二羽淳一郎：天然繊維補強ピナツボ骨材コンクリートの破壊力学特性，コンクリート工学年次論文集，Vol.26，No.2，pp.1585–1590，(2004)

3.2.10) 野間康隆，河野克哉，二羽淳一郎：再生粗骨材および再生PET繊維を用いたエコセメントコンクリートはりのせん断特性，コンクリート工学年次論文集，Vol.28，No.1，pp.1595–1600，(2006)

3.2.11) 野間康隆，三木朋広，二羽淳一郎：再生骨材を用いたコンクリートのひび割れ進展挙動に関する研究，コンクリート工学年次論文集，Vol.29，No.2，pp.397–402，(2007)

3.2.12) 児玉亘，大寺一清，二羽淳一郎：短繊維補強されたRCはりのせん断耐力に関する研究，コンクリート工学年次論文集，Vol.26，No.2，pp.1501–1506，(2004)

3.2.13) Hemstapat N., Okubo K. and Niwa J.: Prediction of Shear Capacity of Slender Reinforced Concrete Beams with Steel Fiber, Journal of Advanced Concrete Technology, Vol.18, 179–191, (2020)

3.2.14) Asami YAMAMOTO, Ken WATANABE, Victor C. LI, Junichiro NIWA: EFFECT OF WET-DRY CONDITION ON SELF-HEALING PROPERTY OF EARLY-AGE ECC, Proceedings of JCI, Vol.32, No.1, pp.251–256, (2010)

3.3　繊維補強コンクリートを適用した構造部材の特性

わが国における繊維補強コンクリート（FRC）の研究は1970年代から始まり，1970年代後半からはトンネル覆工コンクリートなどへの適用が始められた．その当時から，FRCを用いることでコンクリートの曲げ強度や靭性が改善されること，乾燥収縮によって生じるひび割れを低減できることなどが定性的に知られていたが，そのようなFRCの効果を設計に対して定量的に考慮することができなかった．その後，1980年代からコンクリートの破壊力学に関する研究および数値解析に関する研究が組み合わさり，1999年には「鋼繊維補強鉄筋コンクリート柱部材の設計指針（RSF柱指針）」[3.3.1)]が発刊されるに至った．これにより，コンクリートに生じたひび割れ面を架橋する補強繊維の効果を構造設計に定量的に取り込む考え方が示され，短繊維補強コンクリートにはコンクリートの剥落防止だけではなく，RC部材に生じるひび割れ進展の抑制効果，せん断耐力の向上効果などがあることが報告された．本節では，FRCを適用した構造部材の力学特性に関して実験的ならびに解析的に調査した結果について紹介する．

3.3.1　繊維補強コンクリートを用いたせん断補強鉄筋を持たないRCはりのせん断耐力

2000年代になると，多くの種類のコンクリート補強用短繊維が開発されており，その種類によりRCはりのせん断耐力が変化することがわかっていたものの，それを適切に評価できる方法は確立されていなかった．寸法や形状が異なり，新たに開発される様々な繊維に対し，それぞれせん断耐力式を設定することは非現実的であるため，FRCを構造部材に適用するためには，汎用性の高いせん断耐力推定手法が必要となった．そこで喜多ら，児玉らは，コンクリートの破壊エネルギーなどの破壊力学特性値を用いてせん断耐力を評価することを目的に，せん断補強鉄筋を用いない短繊維補強RCはりの載荷試験を行い，以下のようにせん断耐力評価手法を検討した．

喜多らの研究[3.3.2)]では，まず，**図3.3-1**のように実験に使用したFRCの引張軟化曲線を算出し，繊維混入量が増すにつれてひび割れ間の応力伝達能力が向上することを確認し，繊維種別やその混入率により力学特性が変化することを定量的に把握した．その後，同様のFRCを使用したRCはりの曲げ試験により供試体が全て斜め引張破壊すること，破壊モードが同一であってもポストピーク挙動は異なることを確認している（**図3.3-1**）．また，この研究では，一部の供試体に対し破壊時の斜めひび割れ幅を部材軸方向に設置したパイ型変位計により計測していた（**図3.3-2**）．これは，斜め引張破壊までに斜めひび割れ面で消費されるエネルギーを，事前に得ていた引張軟化曲線と実験で得られた斜めひび割れ幅の限界値（最大荷重時の斜めひび割れ幅）から求める（**図3.3-3**）ことで算出しようとする試みであった．この消費エネルギーを破壊力学特性値とし，この特性値がせん断耐力推定精度に与える影響について考察することで，破壊力学特性値からせん断耐力を推定できる可能性が示されている．

続いて，児玉ら[3.3.3)]は，せん断補強鉄筋を用いない短繊維補強RCはりを対象にせん断耐力推

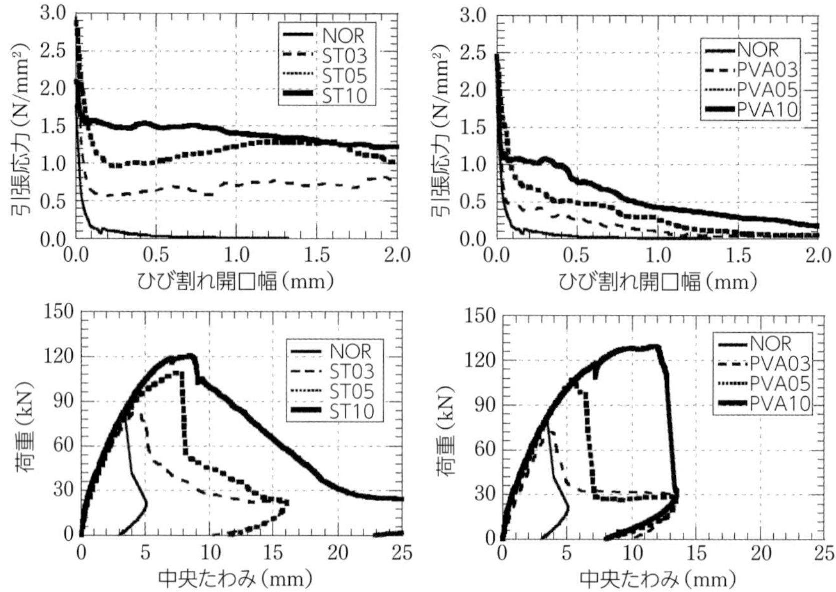

図3.3-1　各FRCの引張軟化曲線とRCはりの荷重たわみ関係[3.3.2)]

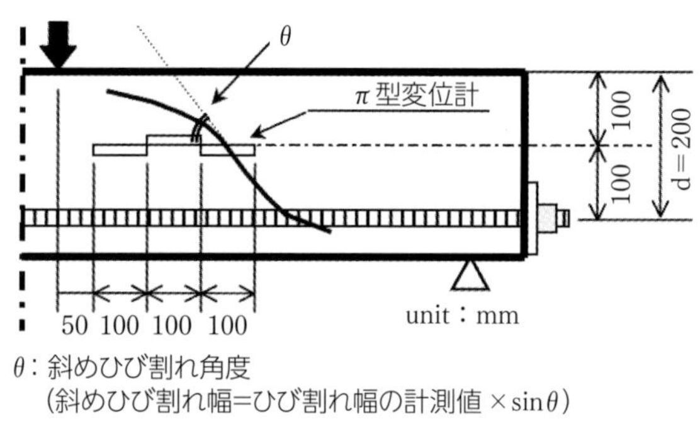

図3.3-2　斜めひび割れ幅の計測[3.3.2)]

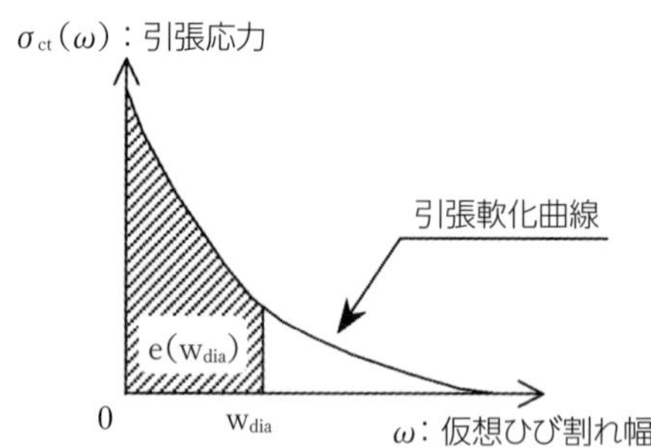

$e(w_{dia})$：斜線部の面積であり，斜め引張破壊までにひび割れ面で消費させるエネルギー
w_{dia}　：斜めひび割れ限界値（破壊時の斜めひび割れ幅）

図3.3-3　破壊力学特性値の概要[3.3.2)]

定手法の提案を試みている．この研究では，①せん断スパン内には斜めひび割れのみが発生している，②斜めひび割れは部材軸方向と角度βをなす一直線とする，③斜めひび割れに沿ってこれに直交する方向に均等に引張応力σ_pが分布するものとする，④ひび割れ面に沿うずれは無視する，という仮定を設けて，**図3.3-4**に示すようにRCはりの力の釣合を考えている．そして，式（3.3-1）のようにせん断耐力推定式を提案している．

$$V_0=\sigma_p\cdot b_w\cdot L\cdot\cos\beta=\frac{\sigma_p\cdot b_w\cdot z}{\tan\beta} \tag{3.3-1}$$

ここで，V_0：せん断耐力，b_w：ウェブ幅，L：せん断ひび割れ長さ（$=z/\sin\beta$），z：モーメントアーム長（7d/8）である．

式（3.3-1）を用いることにより，コンクリート種類に依らずに，「斜めひび割れ角度β」，「引張応力σ_p」の2つを決定するだけで斜め引張破壊時のせん断耐力を算定できる．ただし，実際の斜めひび割れは部材高さ方向にひび割れ幅が変化する．これはひび割れ面に分布する引張応力σ_pに影響する重要な値であることから，せん断補強鉄筋を用いないT形の短繊維補強RCはりを対象に，1本の斜めひび割れを跨ぐように水平方向と鉛直方向の変位を同時に計測できる二軸型亀裂変位計を複数個設置し，**図3.3-5**のように部材高さ方向の斜めひび割れ幅分布を計測している．これにより，**図3.3-6**のようにフランジ上端から(3/4)dの位置で斜めひび割れ幅が最大になるとし，その斜めひび割れ幅を限界ひび割れ幅w_uと仮定することで，喜多らと同様に破壊力学特性値に基づいてせん断耐力を評価することを試みている．実際には，**図3.3-7**の

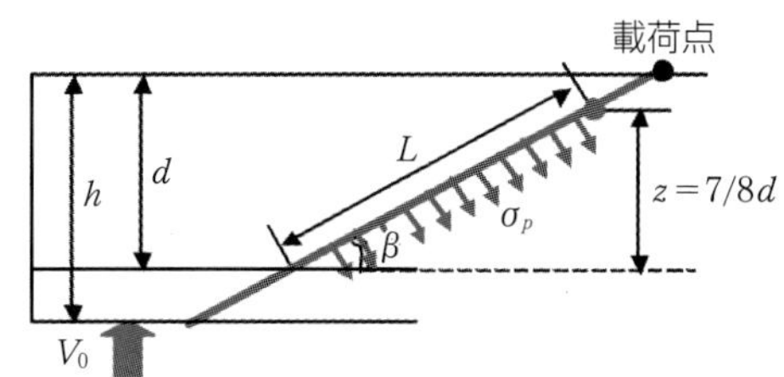

σ_p：一様な引張応力，β：斜めひび割れ角度，h：はり高さ，
d：有効高さ，V_0：せん断耐力，b_w：ウェブ幅，
L：せん断ひび割れ長さ，z：モーメントアーム長

図3.3-4　仮定した力の釣合状態[3.3.3)]

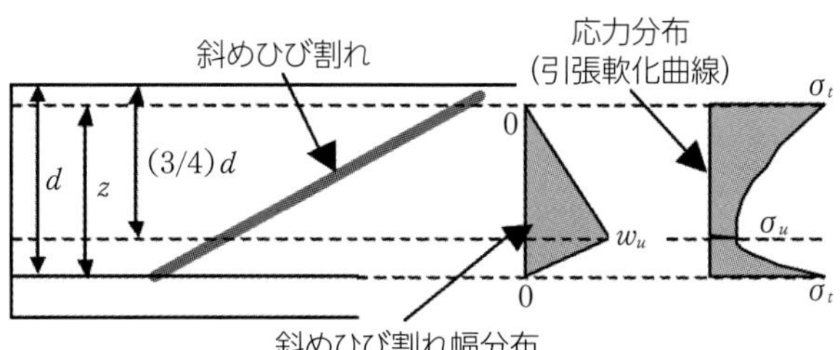

w_u：限界ひび割れ幅，σ_u：限界ひび割れ幅の際の引張応力，
σ_t：モーメントアーム区間端部の引張応力

図3.3-5　斜めひび割れ幅の計測[3.3.3)]

ように斜めひび割れ面で限界ひび割れ幅に達するまでに消費されるエネルギーが等価になるように平均引張応力 σ_p を決定している．以上の仮定に基づいて式（3.3-1）から算出されたせん断耐力の計算値は，**表3.3-1** に示されるように実験値との比が0.86～1.07となり，せん断耐力推定精度の妥当性を示すに至っている．

なお，児玉らは斜めひび割れ幅の分布や形状についてより詳細に議論するため，**図3.3-8** のように非接触ひずみ測定システムを使用した斜めひび割れ分布の検証[3.3.4)]も行っており，斜め

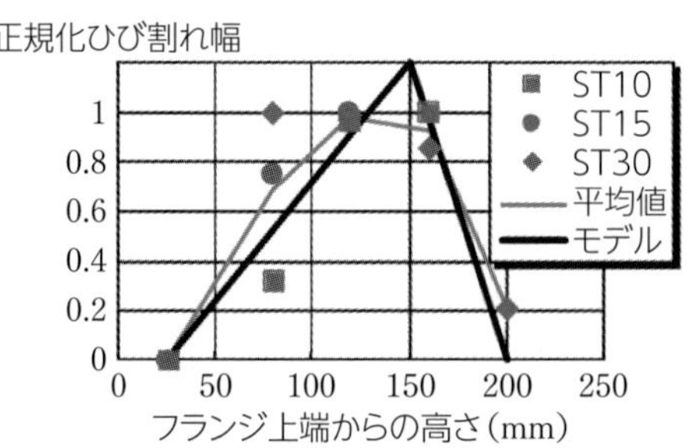

ST10, 15, 30：鋼繊維混入率をそれぞれ1.0%, 1.5%, 3.0%としたコンクリート
※正規化ひび割れ幅：最大荷重時のひび割れ幅の測定値を最大値で除したもの
※モデル：曲線下面積が平均値と同等になるように決定した分布モデル

図3.3-6　斜めひび割れ幅の部材高さ方向分布とモデル[3.3.3)]

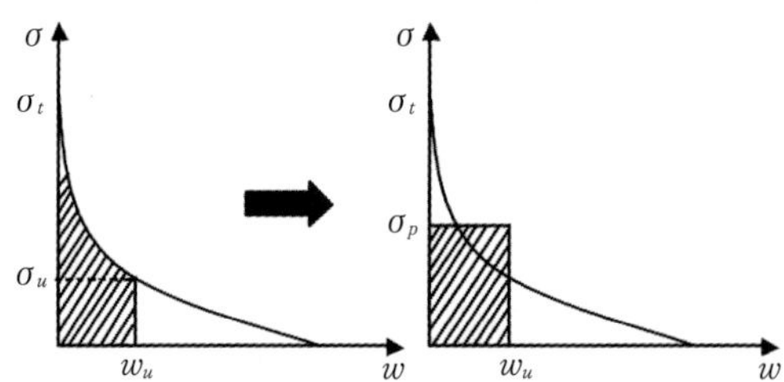

w_u：限界ひび割れ幅，σ_t：モーメントアーム区間端部の引張応力，
σ_u：限界ひび割れ幅の際の引張応力，σ_p：平均引張応力

図3.3-7　平均引張応力 σ_p [3.3.3)]

表3.3-1　式（3.3-1）によるせん断耐力の実験値と計算値の比較[3.3.3)]

	ST10	ST15	ST30	ST＋PP15
β（度）	24.3	23.2	24.9	22.6
w_u (mm)	2.11	2.09	2.07	2.23
σ_p (N/mm^2)	1.52	1.50	1.94	1.86
V_{exp} (kN)	63.0	61.8	63.2	70.1
V_o (kN)	58.9	61.2	73.1	78.2
V_{exp}/V_o	1.07	1.01	0.86	0.90

【表中凡例】
ST10, ST15, ST30：鋼繊維をそれぞれ1.0, 1.5, 3.0％混入した供試体，
ST＋PP15：鋼繊維とPP繊維をハイブリットで使用した供試体
β：斜めひび割れ角度，w_u：限界ひび割れ幅，σ_p：一様な引張応力，
V_{exp}：せん断耐力の実験値，V_o：せん断耐力の計算値

ひび割れ幅が最大となる位置は二軸亀裂変位計で求めた限界ひび割れ幅の位置である上縁から $3d/4$ の位置と概ね一致することを改めて実験的に確認している．さらに，部材のせん断スパン比 a/d，有効高さ d，主鉄筋比 p_w が斜めひび割れ角度に及ぼす影響について構造実験と非線形有限要素解析を併用することで検討しており，**図3.3-9** のように斜めひび割れの角度 β は a/d および p_w の増大とともに減少すること，また有効高さ d の影響は受けないことを明らかにしている．

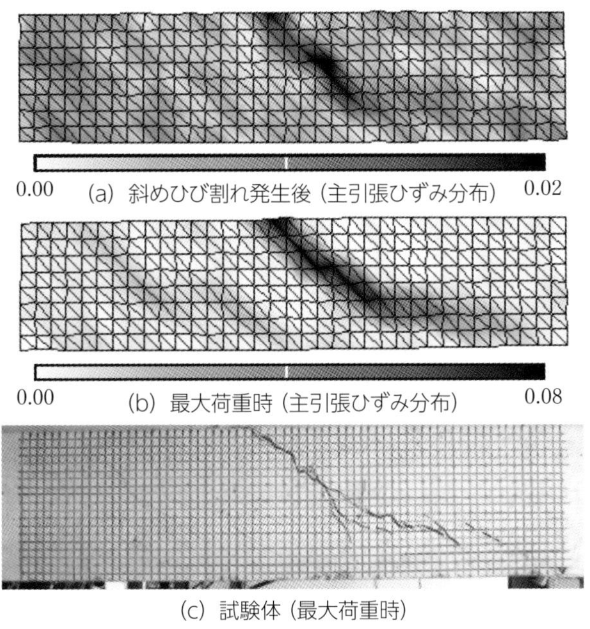

(a) 斜めひび割れ発生後（主引張ひずみ分布）

(b) 最大荷重時（主引張ひずみ分布）

(c) 試験体（最大荷重時）

図3.3-8　画像解析による斜めひび割れ幅の計測[3.3.4)]

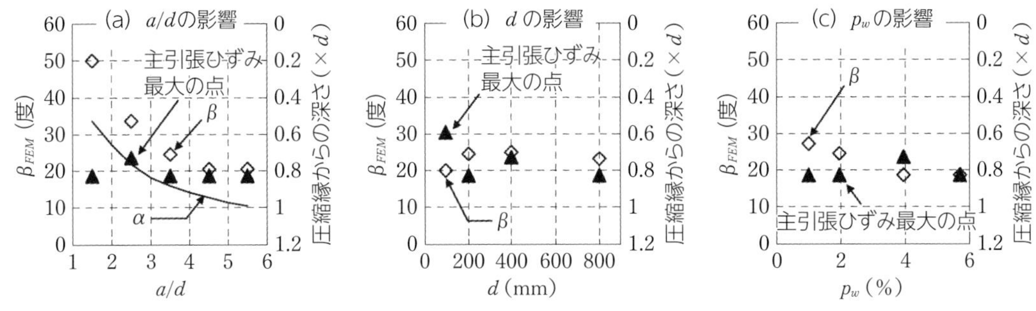

【図中凡例】
β_{FEM}：解析から求めたひび割れ角度，α：支点直上の主鉄筋位置と載荷点を結ぶ直線の角度

図3.3-9　せん断スパン比，有効高さ，主鉄筋比が斜めひび割れ角度に与える影響の検討[3.3.4)]

3.3.2　繊維補強したせん断補強鉄筋を持たないPCはりのせん断耐力に関する研究

3.3.1 で述べたとおり，2000年代初頭までに繊維補強コンクリートを用いたRC部材のせん断耐力に関する研究が行われ，補強繊維が斜めひび割れ部を架橋することによるせん断補強効果について知見が得られてきた．この繊維補強コンクリートによるせん断補強効果は，せん断破

壊時に脆性的な挙動を示す傾向にあるプレストレスを導入した高強度PC部材においても有効であると考えられる．そこでMyoら[3.3.5)]，渡辺ら[3.3.6)]は，補強繊維がその脆性的な破壊を抑制できる可能性に着目し，そのせん断破壊挙動を明確にするために実験的な検討を行っている．この検討では，ウェブ厚を薄くしせん断補強鉄筋を持たないI形のPCはり部材を対象に曲げせん断載荷実験を行い（**図3.3-10**），繊維混入率とプレストレス導入量を変化させた際のせん断耐力の変化について考察している．実験の結果，**図3.3-11**のように繊維混入によって斜めひび割れの分散性が向上しせん断耐力が増大すること，**図3.3-12**のように繊維混入率が1.0vol.%の際に最もせん断補強効果があることを確認している．また，特に繊維混入率を2.0%と大きくした際には最初の斜めひび割れが発生した際の一時的な荷重の低下がほとんど確認されず，補強繊維が脆性破壊抑制に寄与したと説明している．さらに，プレストレス導入量が増大することで斜めひび割れの傾斜角度が小さくなり，**図3.3-13**のようにせん断耐力が向上することを確認している．また，この繊維補強されたPC部材のせん断耐力は，せん断耐力のうちのコンクリート貢献分V_{PC}と補強繊維の貢献分V_Fの和で表わせるとして，V_{PC}は**1章**に記載の簡易トラスモデルから算出している．一方，V_Fは繊維のアスペクト比と混入率から繊維の貢献を考慮する既

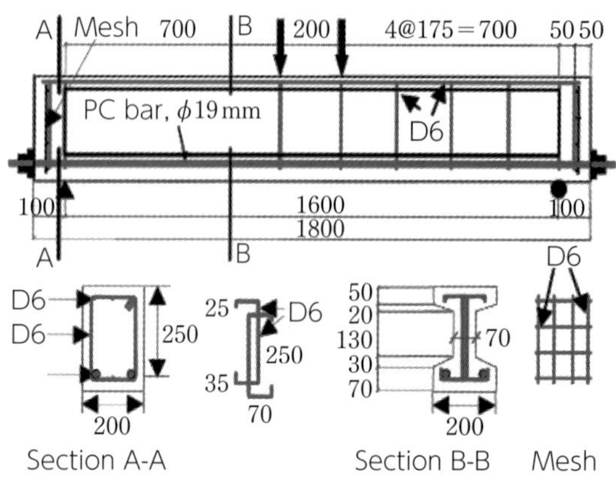

図3.3-10　PCはり概要[3.3.5)]

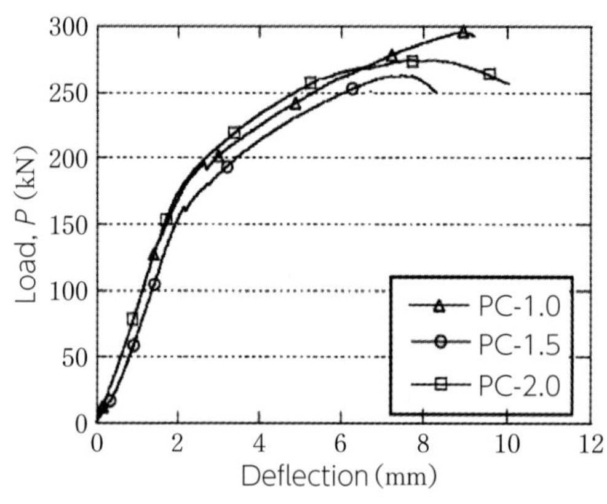

図3.3-12　荷重－変位曲線[3.3.5)]

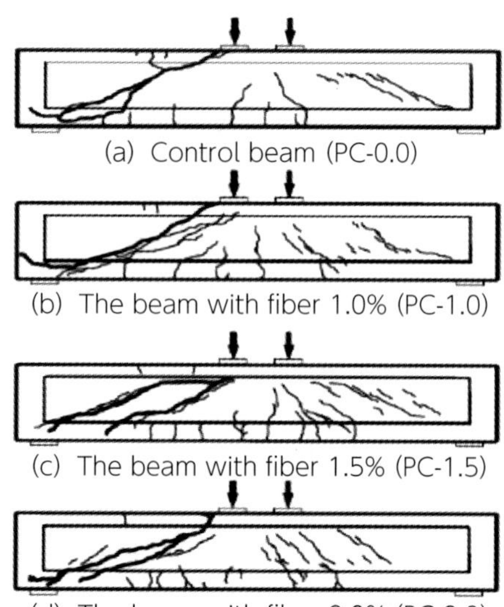

図3.3-11　ひび割れ性状[3.3.5)]

存の算定式を基礎に，ランダムに配向している繊維が単位面積当たりのひび割れを架橋している本数を考慮した式を加えることで，改良を試みている．最終的には，**図3.3-14**のように提案したせん断耐力評価手法により，せん断耐力をおおむね妥当な精度で推定できることを確認している．

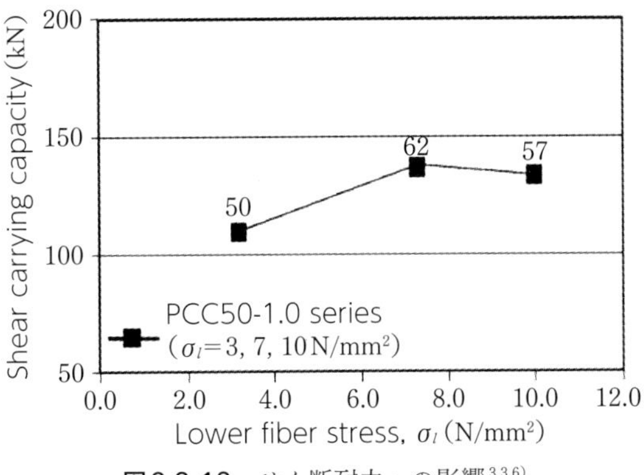

図3.3-13　せん断耐力への影響[3.3.6)]

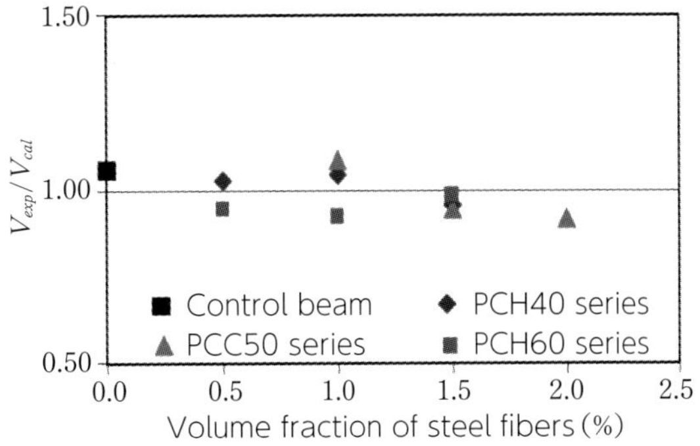

図3.3-14　簡易トラスによるせん断耐力推定結果[3.3.6)]

3.3.3　鋼繊維とせん断補強鉄筋を併用したRC棒部材のせん断耐力に関する研究

わが国のコンクリート構造設計分野では厳しい耐震基準が要求されるため，土木構造物では配筋が過密化される傾向にある．そこで過密配筋を防止し，より合理的にRC棒部材のせん断耐力を高めることのできる材料として，RC構造物の主要部材に対し鋼繊維補強鉄筋コンクリート（以下，RSF）を適用することが着目され，その研究が進められてきた．土木学会から刊行されたRSF柱部材の設計指針案[3.3.1)]では，RC部材のせん断耐力はコンクリートの貢献分とせん断補強鉄筋の貢献分の和により算定されるという修正トラス理論の考えを基に，繊維補強効果分を割り増したコンクリートの貢献分とせん断補強筋の貢献分の重合せにより，RSF部材のせん断耐力を算定することが規定されている．これは，従来のRC部材のせん断耐力のうちのコンクリートの分担分 V_c に繊維による補強効果を含める際に，繊維によるせん断耐力の増加を考慮する係数 κ を用いて V_c に（$1+\kappa$）を乗じるものであり，これにより繊維によるせん断耐力の増加を考慮している．この方法はRSF柱指針で初めて導入されており，そこでは鋼繊維混入率が1.0～1.5％の場合に係数 $\kappa=1.0$ とされているため，その場合にはRSF柱部材の V_c は繊維無補強の場合の2倍となる．

一方，実構造物では，ほとんどの場合にせん断補強鉄筋の配置が要求される．せん断補強鉄筋は斜めひび割れ部におけるせん断力の伝達を負担するため，斜めひび割れの拡幅が抑制され，鋼繊維が負担する応力の低減に有効となると考えられる．そこで，鋼繊維とせん断補強鉄筋を併用することによるRSF棒部材のせん断補強効果に関して，以下のように実験的に検討している．

木村ら[3.3.7)]，渡辺ら[3.3.8)]は，圧縮強度が50から85 N/mm^{2}程度の高強度のRSFはり試験体に対して，それぞれ鋼繊維の混入率を0.3, 0.5, 0.75, 1.0 vol.％，せん断補強筋比を0.12, 0.18, 0.24, 0.30％として，**図3.3-15**のように合計10体の載荷実験を行った．これにより，斜めひび割れ角度やせん断補強鉄筋ひずみなどの試験体の破壊性状とせん断耐力の関係について考察を加え，**図3.3-16**のように鋼繊維混入率がRSF柱指針に規定されている1.0vol.%を下回る場合であっても，せん断補強鉄筋と併用することでせん断耐力増加係数κが1.0程度になることを明らかにしている．この結果から，鋼繊維とせん断補強鉄筋を併用した場合，せん断補強鉄筋が斜めひび割れの開口を抑制し，鋼繊維の架橋作用がより有効に働くことで，鋼繊維のみを用いた場合以上にせん断補強効果を期待できると指摘している．

さらに，渡辺ら[3.3.8]，木村ら[3.3.9]は，**図3.3-17**のようなRSF柱部材の正負交番載荷実験を行った．その結果から，**図3.3-18**のようにRSF柱の繊維混入率を0.3%と小さくしてもかぶりコンクリートの剥落抵抗性を改善できること，吸収エネルギー（荷重－水平変位履歴曲線下の面積）を増加させるためには，**図3.3-19**に示されるように繊維混入率を大きくしておくことが有効であることを示している．

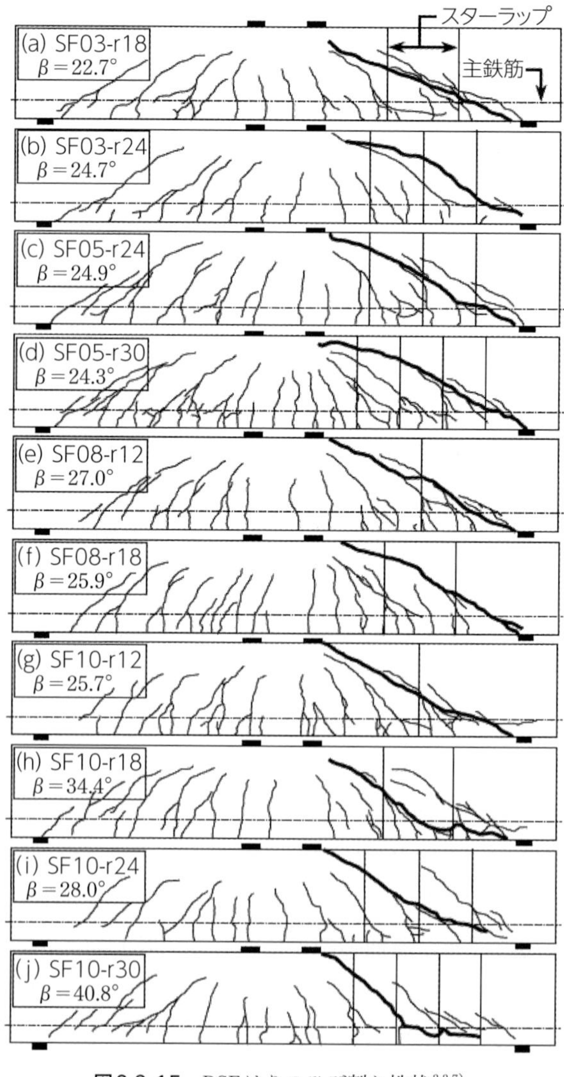

図3.3-15　RSFはりのひび割れ性状[3.3.7]

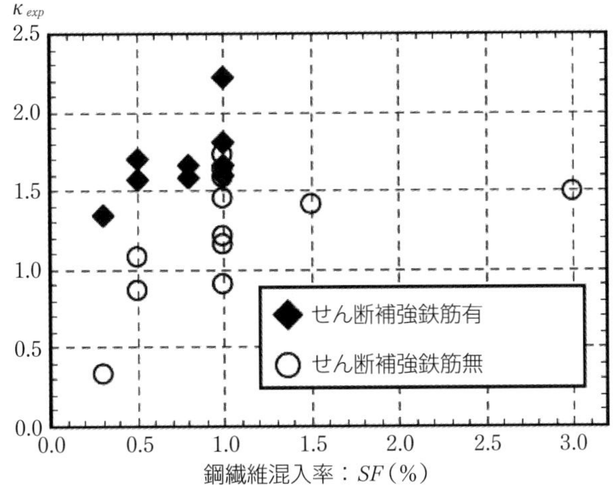

図3.3-16 RSF部材のせん断耐力増加係数κ[3.3.8)]

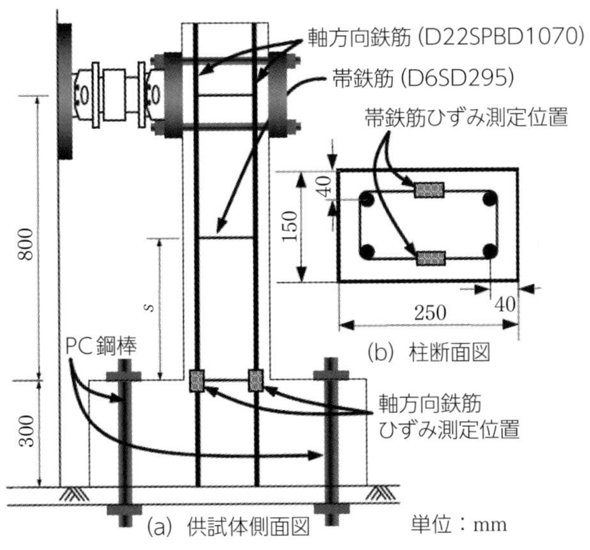

図3.3-17 RSF柱の概要図[3.3.9)]

Jongvivatsakulら[3.3.10),3.3.11)]は，鋼繊維，合成繊維を含む様々な短繊維を用いたRSFはり部材の曲げせん断載荷実験を行い，RSFはりのせん断耐力評価を試みている．その際，RSFはりの繊維が受け持つせん断耐力貢献分は，主たる斜めひび割れの長さや角度，開口幅に依存して変化することに着目し，非接触ひずみ計測システムを用いて載荷試験中に観察された斜めひび割れの開口幅，ならびにすべり変位を斜めひび割れの全長にわたって測定している．これにより，**図3.3-20**のように斜めひび割れの主ひずみ方向の変位分布を引張軟化曲線から引張応力分布に変換することを試みている．そして，その応力に斜めひび割れ面積（斜めひび割れ長さ×部材幅）を乗じた値の鉛直成分を部材高さ方向に積分することで，繊維の分担するせん断耐力V_fを式（3.3-2）のように評価することを提案している．

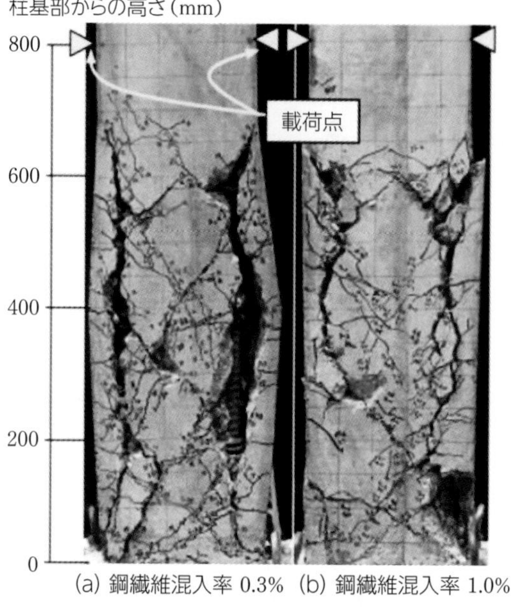

(a) 鋼繊維混入率 0.3%　(b) 鋼繊維混入率 1.0%

図3.3-18　RSF柱の破壊状況[3.3.9)]

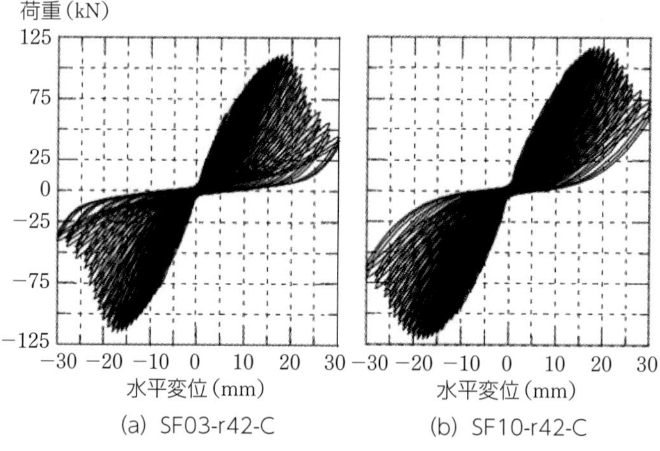

(a) SF03-r42-C　(b) SF10-r42-C

図3.3-19　RSF柱の荷重－水平変位曲線[3.3.8)]

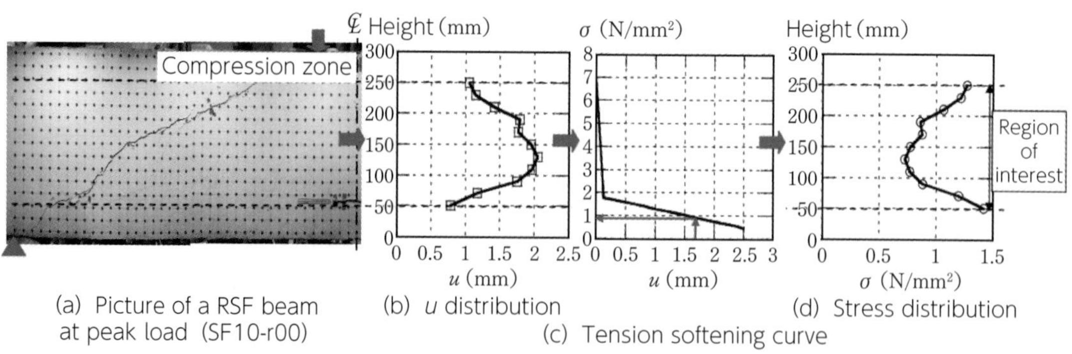

(a) Picture of a RSF beam at peak load (SF10-r00)　(b) *u* distribution　(c) Tension softening curve　(d) Stress distribution

図3.3-20　RSFはりに生じた斜めひび割れ変位分布の架橋応力分布への変換[3.3.10)]

$$V_f = \sigma \cdot b_w \cdot L \cdot \cos(\beta + \theta - 90) \cdot \sin\beta \qquad (3.3\text{-}2)$$

ここで，V_f：斜めひび割れ面の繊維が受け持つ分担せん断力（N），σ：斜めひび割れの平均引張応力（N/mm²），b_w：部材幅（mm），L：斜めひび割れの長さ（mm），β：主引張ひずみの平均角度（°），ならびにθ：斜めひび割れの平均角度（°）である．

また，式（3.3-2）に示した平均引張応力σ，斜めひび割れ長さL，主引張ひずみの平均角度β，斜めひび割れの平均角度θに対する破壊エネルギーG_F，せん断補強鉄筋比r_wおよび有効高さdの影響を実験および既往の実験データをもとに検討（**図3.3-21**）し，その影響を考慮して式（3.3-3）～(3.3-6）のようにせん断耐力算定式を提案している．提案された算定式に対しては国内外の研究データ（はり試験体：43体）を対象に算定精度の検証がなされ，RSF指針よりも精度良くせん断耐力を推定できることを確認している（**図3.3-22**）．

$$V_f = 0.89\sigma \cdot b_w \cdot L \cdot \cos(\theta - 27) \qquad (3.3\text{-}3)$$

$$\sigma = G_F^{\,0.8}(8.2 + 3.1 r_w) \cdot d^{-0.58} \qquad (3.3\text{-}4)$$

$$L = G_F^{\,-0.25}(1.0 - 0.9 r_w) \cdot d^{1.2} \qquad (3.3\text{-}5)$$

$$\theta = G_F^{\,0.35}(6.6 + 1.95 r_w) \cdot d^{0.2} \qquad (3.3\text{-}6)$$

ただし，このせん断耐力算定式の適用範囲は以下の通りである．

【$1.5\,\mathrm{N/mm} \le G_F \le 8.8\,\mathrm{N/mm}$, $0.0\% \le r_w \le 0.3\%$, $187.5\,\mathrm{mm} \le d \le 400\,\mathrm{mm}$, $24.7\,\mathrm{N/mm^2} \le f'_c \le 85.5\,\mathrm{N/mm^2}$】

また，Shakyaら[3.3.12]は，柱はり接合部における配筋の省力化に対する鋼繊維補強の有効性に

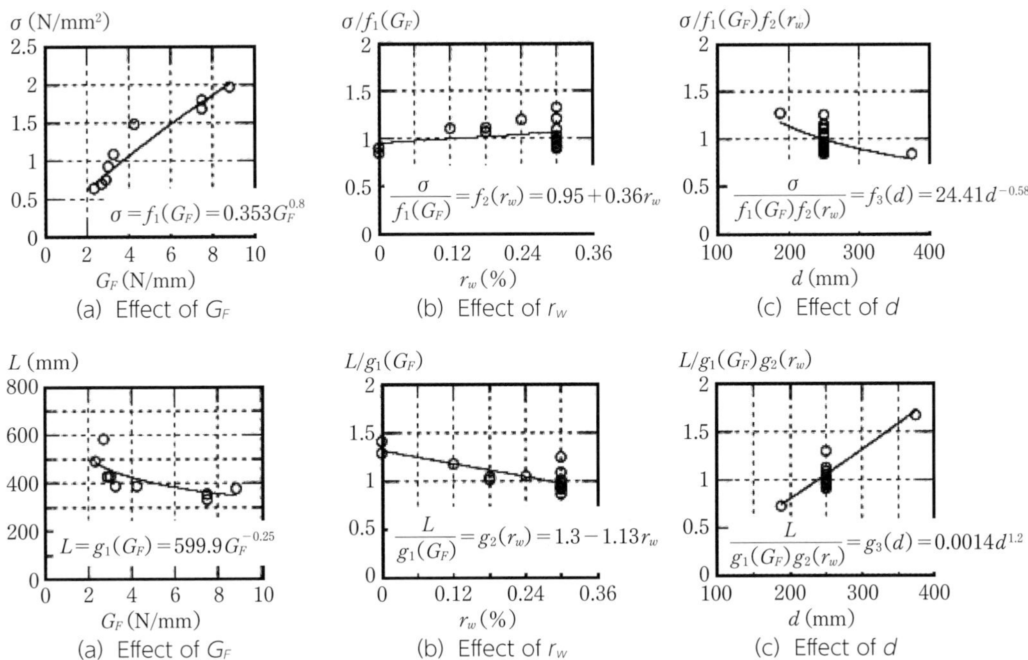

図3.3-21　破壊エネルギーG_F，せん断補強鉄筋比r_wおよび有効高さdが斜めひび割れ部の平均引張応力σ，斜めひび割れ長さL，角度θ，主引張ひずみの平均角度βに与える影響（図は平均引張応力σと斜めひび割れ長さLの例）[3.3.11]

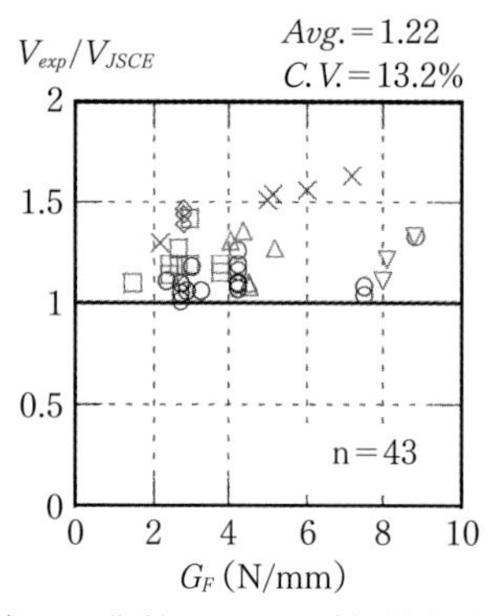

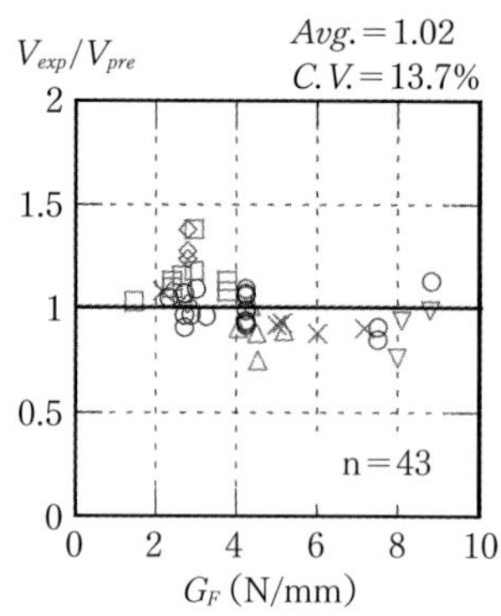

(a) RSF指針によるせん断耐力算定精度　　(b) 提案された式によるせん断耐力算定精度

図3.3-22　せん断耐力算定式の算定精度の比較[3.3.11)]

関して検討するため，実構造部材を模した供試体の正負交番載荷実験を行っている．その実験では，ひび割れ性状や荷重－変位関係，剛性低下，靭性，エネルギーの吸収性能に関して考察を加え，鋼繊維混入によって配筋の過密化を防止できる可能性について明らかにしている．

さらに，2010年代には，繊維端部のフックがより複雑かつ繊維長も60mmと長いことによってコンクリートからの引抜け抵抗性を改善した鋼繊維が開発されており，大きなせん断補強効果が期待できることから，この繊維を混入したRC棒部材のせん断耐力が検討されている[3.3.13), 3.3.14)]．

〔参 考 文 献〕

3.3.1)　土木学会：鋼繊維補強鉄筋コンクリート柱部材の設計指針（案），1999.11.

3.3.2)　喜多俊介，小室文也，二羽淳一郎：短繊維補強されたRC部材の力学的性状，コンクリート工学年次論文集，Vol.25，No.2，pp.1717-1722，2003.7.

3.3.3)　児玉　亘，大寺一清，二羽淳一郎：短繊維補強されたRCはりのせん断耐力に関する研究，コンクリート工学年次論文集，Vol.26，No.2，pp.1501-1506，2004.7.

3.3.4)　児玉　亘，大寺一清，二羽淳一郎：短繊維補強されたRCはりの斜めひび割れ特性の評価，コンクリート工学年次論文集，Vol.27，No.2，pp.1327-1332，2005.7.

3.3.5)　Zarni Win MYO, Ken WATANABE and Junichiro NIWA: SHEAR CARRYING CAPACITY OF PRESTRESSED CONCRETEI-BEAMS REINFORCED WITH STEEL FIBERS, Proceeding of the Japan Concrete Institute, Vol.31, No.2, 2009.7.

3.3.6)　Ken WATANABE, Zarni Win MYO, Koji Matsumoto and Junichiro NIWA: PREDICTIVE METHOD ON THE SHEAR CAPACITY OF FIBER-REINFORCED PRESTRESSED CONCRETE BEAMS, Proceeding of the Japan Concrete Institute, Vol.32, No.2, 2010.7.

3.3.7)　木村利秀，三木朋広，二羽淳一郎：鋼繊維とスターラップによりせん断補強されたRCはりのせん断耐力，コンクリート工学年次論文集，Vol.29，No.3，pp.1417-1422，2007.7.

3.3.8)　渡辺健，木村利秀，児玉亘，喜多俊介，大寺一清，二羽淳一郎：鋼繊維とせん断補強鉄筋の併用によるRC棒部材のせん断補強効果，土木学会論文集E，Vol.65，No.3，pp.322-331，2009.7.

3.3.9)　木村利秀，渡辺健，二羽淳一郎：鋼繊維と帯鉄筋の併用によるRC柱のせん断補強効果，コンクリート工学年次論文集，Vol.30，No.3，pp.1399-1404，2008.

3.3.10)　Pitcha JONGVIVATSAKUL, Ken WATANABE, Koji MATSUMOTO, Junichiro NIWA: Evaluation of Shear Carried by Steel Fibers of Reinforced Concrete Beams Using Tension Softning Curves, Journal of JSCE, Vol.67, No.4, pp.493-507, 2011.

3.3.11)　Pitcha JONGVIVATSAKUL, Koji MATSUMOTO, Junichiro NIWA: Shear Capacity of Fiber Reinforced Concrete Beams with Various Types and Combinations of Fibers, Journal of JSCE, Vol.1, No.1, pp.228-241, 2013.

3.3.12)　Junichiro Niwa, Kabir Shakya, Koji Matsumoto and Ken Watanabe: Experimental Study on the Possibility of Using Steel Fiber–Reinforced Concrete to Reduce Conventional Rebars in Beam-Column Joints, Journal of Materials in Civil

Engineering, Volume 24 Issue 12 - December 2012.
3.3.13）柳田龍平，Haron Norashikin，中村拓郎，二羽淳一郎．端部フック形状と長さの異なる鋼繊維を使用したSFRCの力学特性，コンクリート工学年次論文集，Vol.39，No.2，pp.1117-1122，2017.7.
3.3.14）Hemstapat Narawit, Takuro Nakamura, Ryohei Yanagida, Junichiro Niwa: Shear Capacity of High Strength Reinforced Concrete Beams with Steel Fiber, Proceedings for the 2018 fib congress held in Melbourne, Oct. 2018.

3.4　高強度軽量骨材コンクリートの特性と構造適用

3.4.1　高強度軽量骨材コンクリートの開発と特長

人工軽量骨材は，米国で開発が進み，イギリスで初めて実用化されたものであり，国内では1964年から製造がはじまり，今日まで構造用コンクリートに適用されている．この骨材は，頁岩の原石を粗砕して焼成したもので，膨張頁岩系の非造粒型人工軽量骨材と呼ばれている．この軽量骨材は，高度成長期の1970年代には部材の軽量化のために橋梁のコンクリート桁などの土木構造物に利用されていたものの，近年ではレディーミクストコンクリートとして建築物の床スラブやプレキャストコンクリートとして建築物の外壁などが主な用途となっている．これは，膨張頁岩系軽量骨材の吸水性が高く，急速施工でポンプ圧送する場合には骨材製造工場にて事前吸水させた状態（含水率28%程度）で利用されているものの，高い含水状態の軽量骨材はコンクリートの凍結融解抵抗性を低下させることから，土木構造物には適さないと考えられるようになったためである．その一方で，耐久性を確保する観点から，事前吸水を十分に実施せずに低い含水状態で軽量骨材を用いた場合には，ポンプの吐出量低下や閉塞などを生じることもある．

このような膨張頁岩系軽量骨材を用いた場合に生じる問題は，骨材の内部組織が粗大で連続した空隙で形成されていることに起因する．**図3.4-1**に示すように，骨材内部を微細で独立した組織に改質することで低吸水性の軽量骨材となり，この骨材は事前に吸水させることなく用いてもポンプ施工が可能となり，併せて凍結融解抵抗性も大幅に改善できる[3.4.1]．抗火石，真珠岩および黄土などの微粉末を主原料として少量の副原料を加えてから造粒・焼成して発泡させたものは，造粒型人工軽量骨材と呼ばれており，高品質な軽量骨材として利用できるものが多

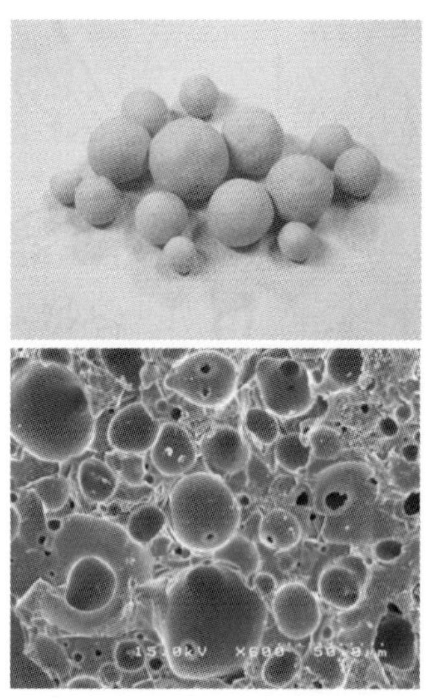
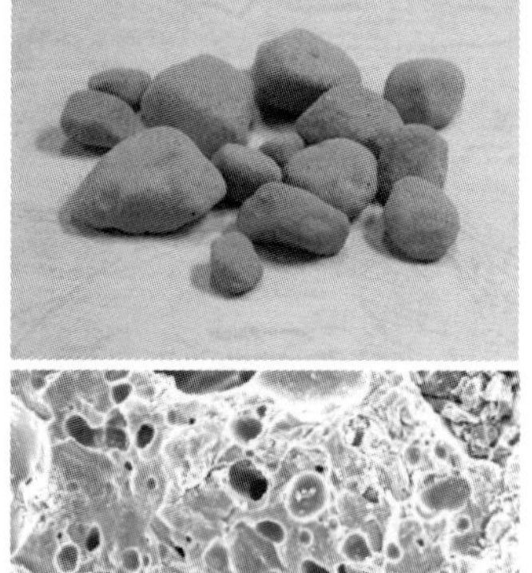

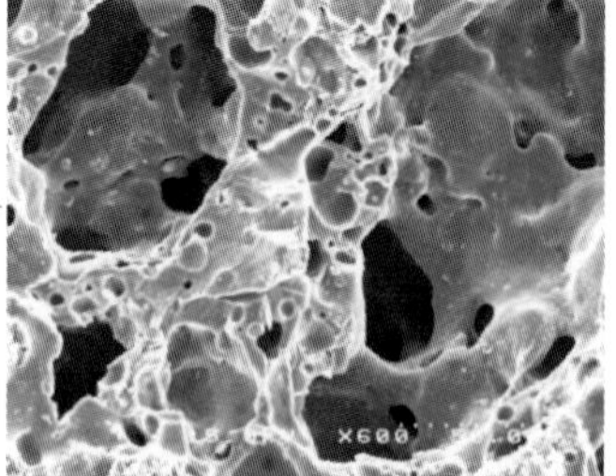

(a) 真珠岩系の高品質軽量骨材　(b) 黄土系の高品質軽量骨材　(c) 膨張頁岩系の軽量骨材

図3.4-1　各種の人工軽量骨材（上図：外観，下図：内部600倍）

く，構造部材への適用を図ることができる[3.4.2]．この場合，骨材自体の強度も高いことから，水セメント比を低減することで比較的容易に高強度なコンクリートを得ることも可能となる．

しかしながら，高品質軽量骨材（以下HLA）を粗骨材として用いた高強度軽量骨材コンクリート（以下HLWC）では，ひび割れが粗骨材周辺を迂回することなく粗骨材内部を貫通してコンクリートの破壊に至る傾向にあり，普通砕石を用いた同じ水セメント比のコンクリートの場合よりも破壊エネルギーが3割ほど低下する．また，河野らは，HLWCは水セメントが低く，使用する軽量骨材も低吸水性であることから，コンクリート内部で自己乾燥を生じて自己収縮が増大しやすいことを指摘した[3.4.3]．これらのことから，HLWCを構造部材に適用した場合にはせん断性能が弱点になることが懸念される．施工性と耐久性を備えたHLWCを構造部材に適用した場合には，部材の自重低減によって新しい構造物を成立させることも可能となる．このため，HLWCの破壊力学特性と収縮特性を併せて改善することで，構造利用を推進する研究が開始された．

3.4.2　高強度軽量骨材コンクリートの破壊力学特性の改善

河野らは，HLWCの破壊力学特性を改善するため，軽量性を有する合成繊維で補強することのほか[3.4.4]，自己収縮低減に有効な早強性の膨張材（以下EX）や低級アルコール系の収縮低減剤（以下SRA）などの混和材料を繊維と併用することを検討した[3.4.5]．**図3.4-2**は，合成繊維にポリプロピレン（以下PP）繊維あるいはポリビニルアルコール（以下PVA）繊維で補強したHLWCにEXあるいはSRAを添加したときの切欠き梁の3点曲げ試験結果から推定した引張軟化曲線をそれぞれ示したものである．適量のEXやSRAを添加することで，合成繊維で補強した混入HLWCの引張軟化特性が向上しており，同じ仮想ひび割れ幅における結合応力が増大している．このことは，自己収縮が低減することで，マトリクスと合成繊維の界面に発生する応力，すなわち，マトリクスの収縮を繊維が拘束することで生じる自己収縮応力が低減されたことに起因する．混和材料と繊維の併用によるマトリクスの緻密性の向上やマトリクスと繊維との密着性の改善などが，HLWAのひび割れ面で架橋した繊維の応力伝達効果を増加させたものと推察できる．

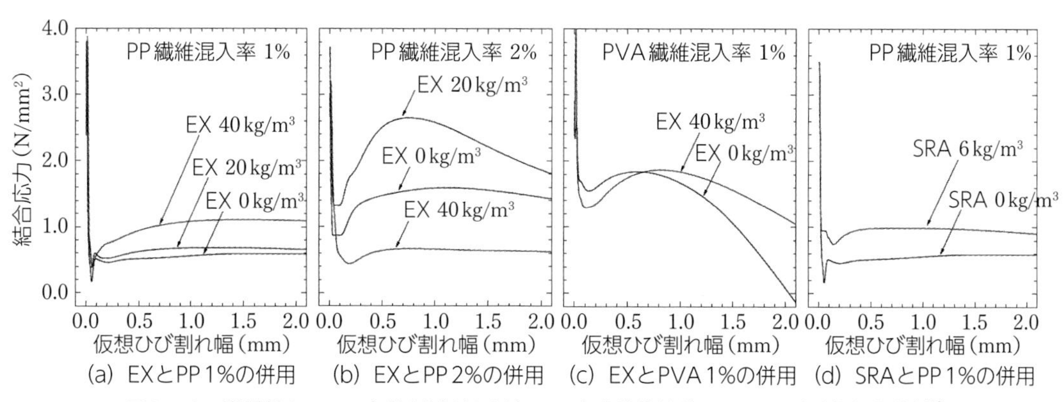

図3.4-2　膨張材あるいは収縮低減剤を添加した合成繊維補強HLWCの引張軟化曲線[3.4.5]

3.4.3　高強度軽量骨材コンクリートを適用したRC梁のせん断特性の改善

大滝らは，HLACを用いたRC梁の載荷試験を行い，合成繊維によるマトリクス補強やSRA添加による収縮低減によってせん断耐力が改善できることを明らかにしている[3.4.6),3.4.7)]．河野らは，SRAあるいはEXをPP繊維と併用したHLAC製のRC梁の載荷試験を行っており，**図3.4-3**に示すような各RC梁の荷重－たわみ関係から斜めひび割れ発生荷重ならびに最大荷重の向上効果を確認した[3.4.8)]．

また，河野らは，HLACを用いたRC梁のせん断強度に及ぼす鉄筋比（以下p_w），有効高さ（以下d）およびせん断スパン有効高さ比（以下a/d）の影響をそれぞれ評価し，せん断強度式を提案した[3.4.9),3.4.10)]．この場合のRC梁のせん断強度に及ぼす各因子として，**図3.4-4**はdによる影響を，**図3.4-5**はa/dによる影響を，それぞれ整理したものである．

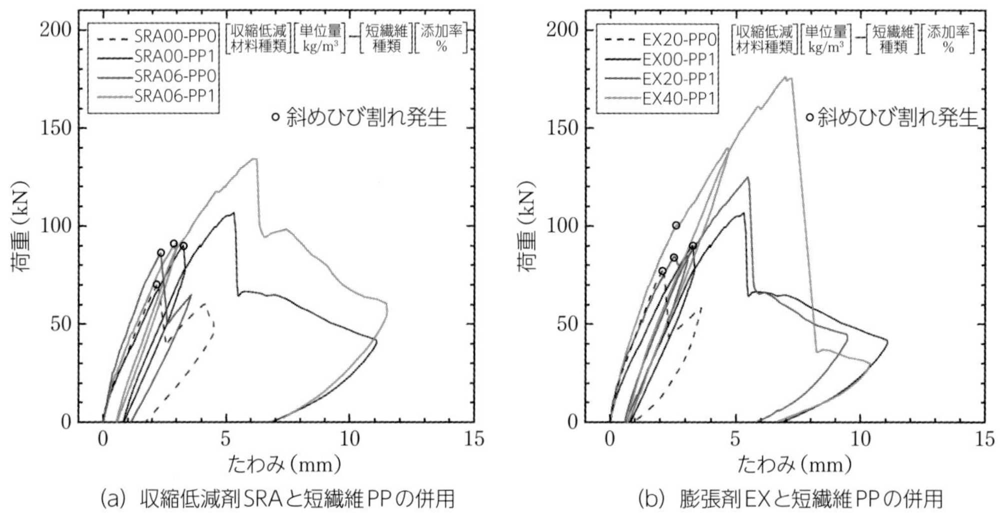

(a) 収縮低減剤SRAと短繊維PPの併用　　(b) 膨張剤EXと短繊維PPの併用

図3.4-3　収縮低減剤あるいは膨張材とPP繊維を併用したHLWC製RC梁の荷重－たわみ関係[3.4.8)]

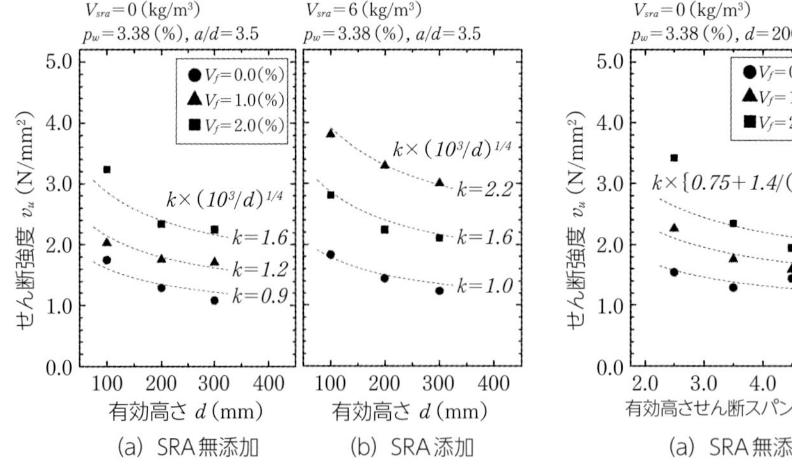

(a) SRA無添加　　(b) SRA添加

図3.4-4　HLWC梁のせん断強度に及ぼすdの影響[3.4.10)]

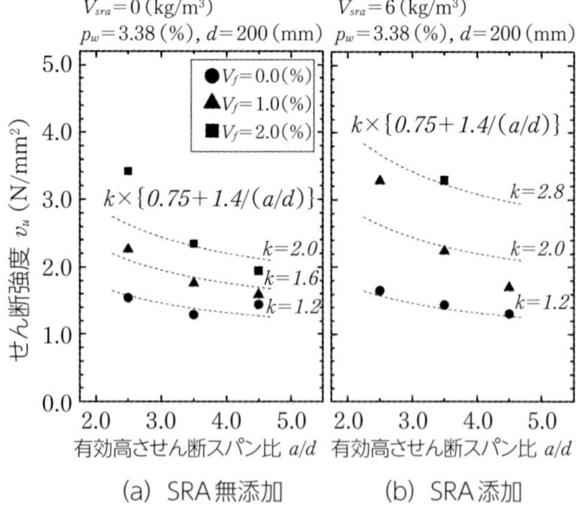

(a) SRA無添加　　(b) SRA添加

図3.4-5　HLWC梁のせん断強度に及ぼすa/dの影響[3.4.10)]

図3.4-6において，(a)は普通RC梁の斜めひび割れ発生時（斜め引張破壊）とアーチ機構破壊時（せん断圧縮破壊）のせん断強度の計算値に対して，HLWCを用いたRC梁の実験値を重ね合わせたもの，(b)はHLWAを用いた場合のせん断強度式から求めた計算値を示したもの，(c)はPP繊維でHLWAを補強した場合のせん断強度式から求めた計算値を示したもの，である[3.4.9)]．舟橋らは，真珠岩系の高品質軽量骨材を用いたRC梁においてタイド・アーチ機構に移行するa/dが普通骨材を用いたRC梁よりも大きくなることを明らかにしており[3.4.11)]，河野らは，黄土系の高品質軽量骨材を用いた場合にも同様の傾向になること（交点P_1から交点P_2への移動）を示している[3.4.10)]．また，河野らは，i）PP繊維で補強したHLACの場合にはタイド・アーチ機構に移行するa/dは繊維混入率に応じて，さらに大きくなること（交点P_2から交点P_3あるいは交点P_4への移動），ii）PP繊維を1vol.%混入したHLACにSRAを6kg/m^{3}添加した場合，RC梁のせん断耐荷機構に及ぼすSRAの添加効果はPP繊維1%分の補強効果に相当すること（交点P_3から交点P_4への移動），を明らかにしている[3.4.10)]．

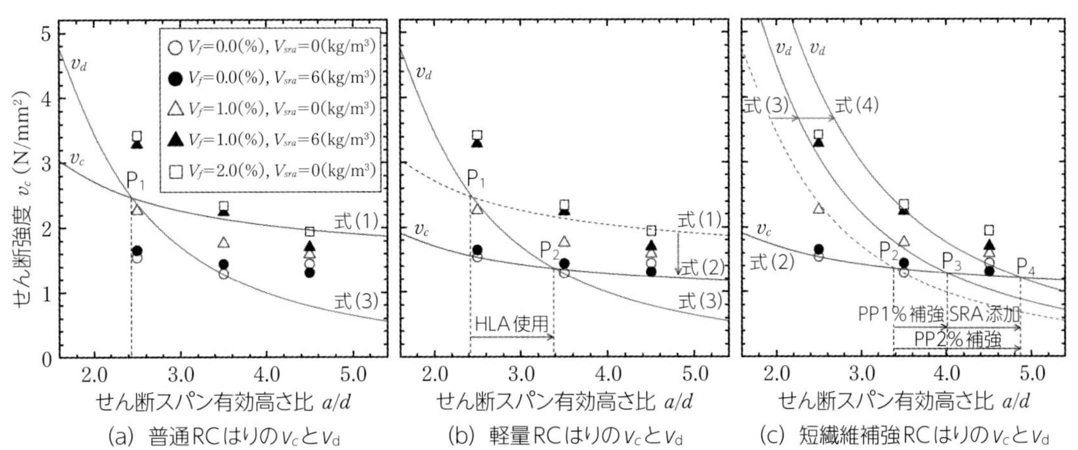

図3.4-6　HLWCを用いたRC梁のせん断耐荷機構に対する繊維補強と収縮低減の効果[3.4.10)]

〔参 考 文 献〕

3.4.1)　河野克哉：日本が世界に誇るコンクリート技術　－高性能コンクリート；高強度，高圧送性および高耐久性を有する構造用軽量骨材コンクリート－，土木学会，pp.106-109，2014.

3.4.2)　二羽淳一郎，岡本享久，前堀伸平：高品質軽量コンクリートの構造部材への適用，コンクリート工学，Vol.38，No.12，pp.3-9，(2000)

3.4.3)　河野克哉，二羽淳一郎，岡本享久：高品質軽量骨材を用いた低水セメント比コンクリートの体積変化機構，土木学会論文集，No.802/V-69，pp.123-136，(2005)

3.4.4)　河野克哉，二羽淳一郎，大滝晶生：高品質軽量骨材を用いたコンクリートの破壊力学特性ならびに自己収縮に及ぼす短繊維の効果，コンクリート工学年次論文集，Vol.26，No.1，pp.1587-1592，(2004)

3.4.5)　河野克哉，大滝晶生，二羽淳一郎：混和材料と合成繊維を併用した高強度軽量骨材コンクリートの破壊力学特性，コンクリート工学年次論文集，Vol.27，No.1，pp.1369-1374，(2005)

3.4.6)　大滝晶生，河野克哉，二羽淳一郎：高品質軽量骨材を用いたコンクリート部材の力学特性に及ぼす自己収縮の影響，コンクリート工学年次論文集，Vol.27，No.1，pp.1459-1464，(2005)

3.4.7)　大滝晶生，河野克哉，二羽淳一郎：合成短繊維ならびに収縮低減剤を用いた高品質軽量コンクリートはり部材のせん断耐力，コンクリート工学年次論文集，Vol.28，pp.1495-1500，(2006)

3.4.8)　河野克哉，二羽淳一郎，大滝晶生，村田裕志：高強度軽量骨材コンクリートはりのせん断特性に及ぼす合成短繊維と

収縮低減材料の併用効果，土木学会論文集 第E部門，Vol.63，No.4，pp.575–589，(2007)
3.4.9)　河野克哉，二羽淳一郎，大滝晶生：ポリプロピレン短繊維で補強した高強度軽量RCはりのせん断強度式，コンクリート工学年次論文集，Vol.28，pp.1549–1554，(2007)
3.4.10)　河野克哉，二羽淳一郎，大滝晶生：ポリプロピレン短繊維と有機系収縮低減剤を併用した高強度軽量RCはり部材のせん断強度評価，コンクリート工学年次論文集，Vol.30，pp.1567–1572，(2008)
3.4.11)　舟橋政司，原夏生，横田弘，二羽淳一郎：高性能軽量コンクリートを用いたRC部材のせん断耐力評価手法，土木学会論文集，No.767/V-64，pp.211–226，(2004)

3.5　超高強度繊維補強コンクリートの特性と構造適用

3.5.1　超高強度繊維補強コンクリートの開発と特長

超高強度繊維補強コンクリート（以下UFC）は，圧縮強度が約200 N/mm^2，ひび割れ発生強度が約10 N/mm^{2}を有し，国内では2000年に開発された材料である．UFCは，ビーライト系のポルトランドセメントにポゾラン材を添加した結合材と細骨材（粒径2.5 mm以下）を高性能減水剤にて低水結合材比で練り混ぜたモルタルに対して，高引張強度を有する鋼繊維（直径0.2 mm×長さ15 mm程度）を体積で2%ほど分散させたものであり，早期に超高強度を発現させるために通常よりも高温で蒸気養生を行うことが標準となっている[3.5.1)]．UFCは，緻密な細孔構造を有するため，物質透過性がきわめて低く，塩化物イオンの浸入に対する抵抗性，凍結融解に対する抵抗性および中性化に対する抵抗性などの耐久性にすぐれている．なお，乾燥収縮はきわめて小さいものの，製造時における自己収縮が大きくなる傾向があるため，初期のひび割れや欠陥を防止する観点から，UFCの内部には異形鉄筋を用いないことを原則としている．そのため，せん断補強鉄筋を用いずに高い圧縮強度を活用する形で，プレストレストコンクリートとして構造物に利用されることが多い．国内では，2002年に外ケーブル方式PC箱桁歩道橋「酒田みらい橋」に初めてUFCが採用されたほか，現在では全国20橋以上の橋梁で適用されている．また，羽田空港拡張工事においてD滑走路の桟橋部着陸帯に面積で20万m^{2}程度のプレテンションPC床版としてUFCが大規模に適用されている．

3.5.2　超高強度繊維補強コンクリートの破壊力学特性

掛井らは，鋼繊維を2 vol.%もしくは1 vol.%で混入したUFCならびにPVA繊維を3 vol.%で混入したUFCについて，**図3.5-1**に示すように切欠き梁の3点曲げ試験結果を多直線近似法による逆解析，ならびに軟化域における除荷・再載荷パスを定めて弾性エネルギー解放分を控除した拡張J積分法にて引張軟化曲線を推定した[3.5.2)]．多直線近似法は，軟化域の途中の段階までし

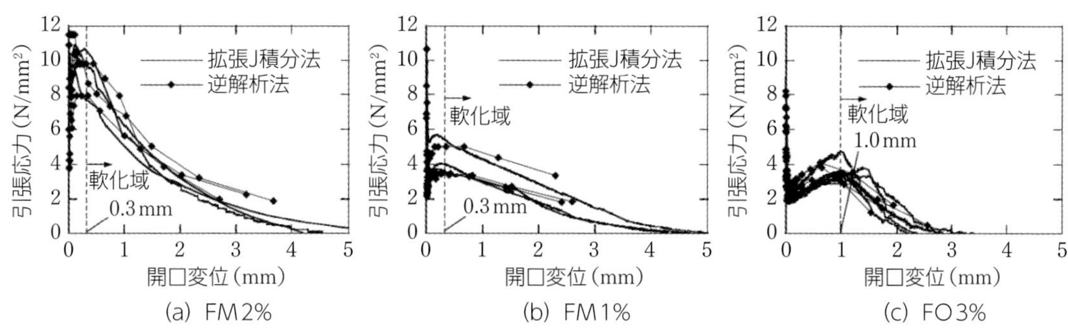

FM2%, FM1%：鋼繊維を体積比でそれぞれ2%, 1%混入したUFC
FO3%：PVA繊維を体積比で2%混入したUFC

図3.5-1　超高強度繊維補強コンクリートの引張軟化曲線[3.5.2)]

か解析計算ができないものの，拡張J積分法では，軟化域における長いテール部を含んだ軟化曲線全体の形状を決定できる．UFCの引張軟化挙動は，i）ひび割れ発生後にいったん応力が低下する領域，ii）再び応力が増加して一定の応力を保持する領域，iii）ひび割れの開口にともなって応力が徐々に低下する領域，に区分できる．それぞれの領域では，i）マトリクス部の応力分担の低下，ii）ひび割れ面で架橋した繊維の応力分担の増加，iii）引抜けによる架橋繊維の応力分担の低下，を生じている．鋼繊維で補強したUFCの場合は．繊維混入率を増やすことで保持できる応力レベルが増大し，また，繊維混入率にかかわらず開口変位が0.3〜0.5mm程度に達した時点から軟化が開始され，開口変位が4.5〜5.0mm程度になると応力が0となる．また，PVA繊維で補強したUFCの場合には，開口変位が1.0mm程度まで緩やかに応力増加を生じ，それ以降の開口変位では鋼繊維を用いた場合にくらべて急激に応力が低下し，開口変位が2.5〜3.0mm程度で応力が0となる．

3.5.3　超高強度繊維補強コンクリートを適用した梁部材のせん断特性

(1) RC梁に対する適用

掛井らは，鋼繊維を0vol.%ならびに2vol.%混入したUFCを用いたI型断面のRC梁の載荷試験を行い，せん断スパン有効高さ比a/d，鉄筋比p_w，有効高さdおよび繊維混入率V_fがRC梁のせん断強度に与える影響をそれぞれ評価した[3.5.3)]．**図3.5-2は**，せん断補強鉄筋が無い普通強度RC梁のせん断耐力算定式[3.5.4)]において，a/d，p_wおよびdの影響を表している（0.75＋1.4d/a)，$(p_w)^{-1/3}$および（1000/d)$^{-1/4}$の各項でUFC梁のせん断強度の実験値v_uを除した形で整理している．鋼繊維を混入していないUFCの場合，a/d，p_wおよびdのいずれも既往の算定式で評価できるものの，鋼繊維を2vol.%混入したUFCの場合にはp_wを除いたa/dならびにdでは，それらの値が増加するほど実験値は既往の算定値をよりも小さくなる傾向を示した．また，V_fの増加にともなってせん断強度は大幅に向上しており，スターラップのみで補強したUFC（せん断補強鉄筋比r_w＝1.56%）の場合よりも鋼繊維のみで補強したUFCの場合の方がせん断強度は高くなった．

また，鋼繊維で補強したUFCのせん断耐力を評価するため，斜めひび割れ発生後のひび割れ面で架橋した繊維の引張伝達応力（σ_p）を**図3.5-3**に示すように引張軟化曲線から算定し，さ

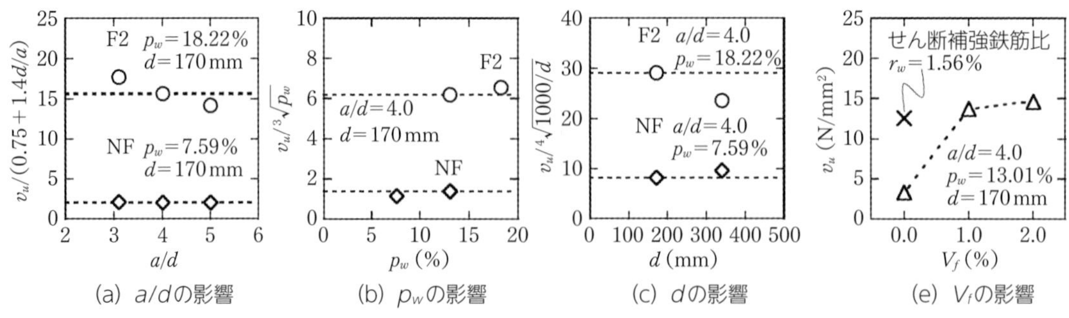

図3.5-2　UFCを用いたRC梁のせん断耐力に及ぼす各因子の影響[3.5.3)]

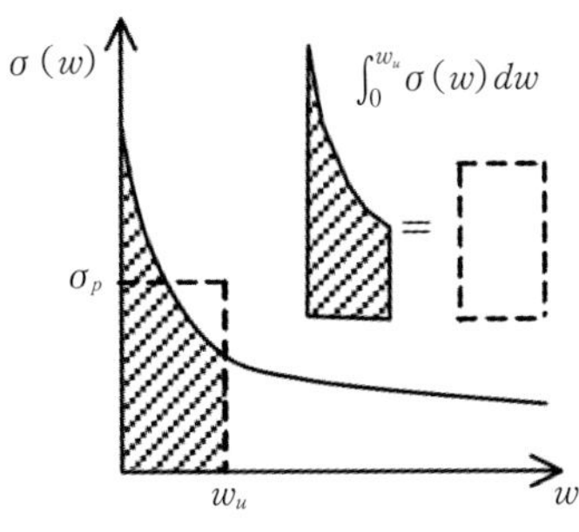

図3.5-3　σ_Pの算定法[3.5.3)]

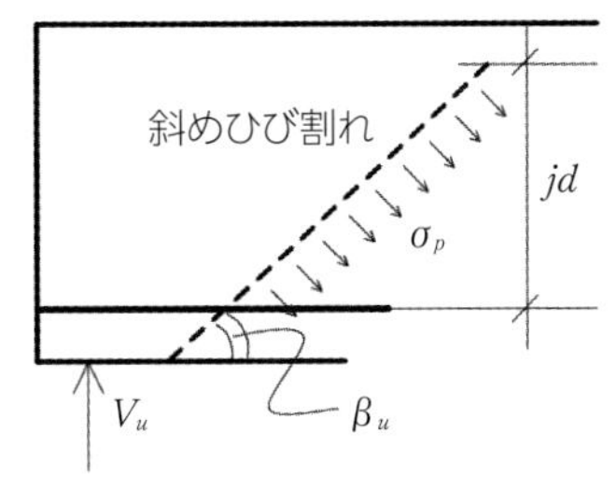

図3.5-4　ひび割れ面の力の釣合い[3.5.3)]

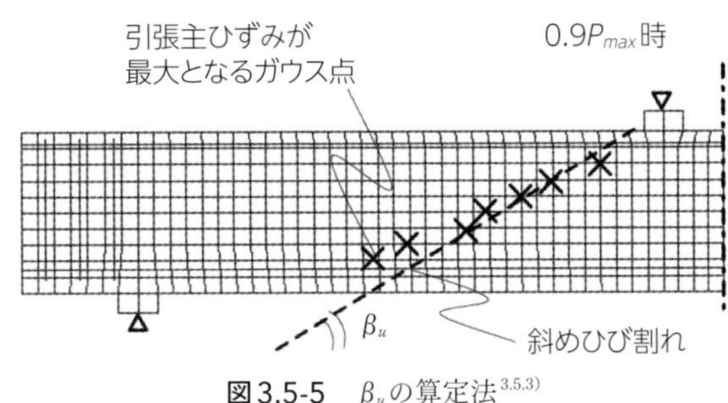

図3.5-5　β_uの算定法[3.5.3)]

らに**図3.5-4**に示すように斜めひび割れを生じたRC梁に作用する力の釣合いから導かれる $V_u=(\sigma_P/\tan\beta_u)b_w jp$ の式にて評価できることを示した．なお，斜めひび割れ角度（β_u）は，**図3.5-5**に示すような二次元非線形有限要素解析を用いる方法にて予測している．

(2) PC梁に対する適用

掛井らは，鋼繊維を1 vol.%と2 vol.%でそれぞれ混入したUFC，ならびにPVA繊維を3 vol.%で混入したUFCにて作製したI型断面のPC梁の載荷試験を行い，繊維の種類と混入率，軸方向圧縮応力および鋼材比の影響について検討した[3.5.2)]．その結果，**図3.5-6**に示すようにPC梁の最大荷重は，(a) 鋼繊維の混入率を2.0%とした場合がもっとも高く，鋼繊維の混入率を1.0%とした場合とPVA繊維の混入率を3.0 vol.%とした場合には同程度となること，(b) 軸方向圧縮応力が大きくなるほど増加すること，(c) 鋼材比が大きくなるほど増加して，破壊モードは曲げからせん断に移行すること，などがわかった．

また，これらの実験から得たPC梁のせん断耐力の値は，土木学会のUFCの設計施工指針(案) に記載されている算定式から求めた値よりもかなり大きくなっており，これは斜めひび割れ角度β_uの算定精度が低いことによるものと考察している．**図3.5-7**は，実験から得られたβ_uに及ぼす傾向を示したものであり，軸方向圧縮応力が増加するほど，また鋼材比が増加するほど，β_uは減少している．**図3.5-6(b)** ならびに **(c)** に示した最大荷重の増加は，このβ_uの減少によるものである．現行のβ_uの算定において，軸方向圧縮応力の影響は反映されているものの，鋼材比の影響は考慮されていないことがせん断耐力算定の精度低下につながっていることを指摘している．

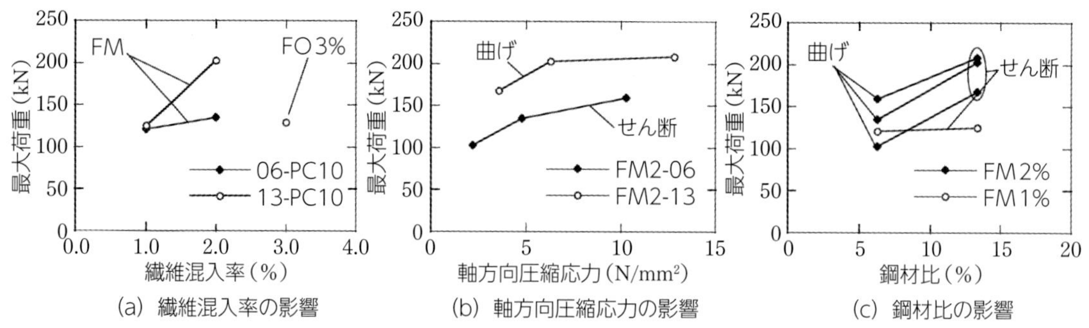

図3.5-6　UFCを用いたPC梁の最大荷重に与える各因子の影響[3.5.2)]

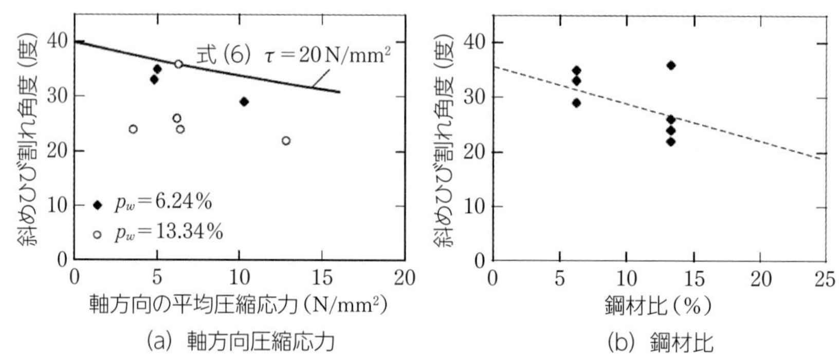

図3.5-7　UFCを用いたPC梁の斜めひび割れ角度に及ぼす軸方向圧縮応力と鋼材比の影響[3.5.2)]

〔参考文献〕

3.5.1)　土木学会：コンクリートライブラリー113 超高強度繊維補強コンクリートの設計・施工指針（案），p.1，(2004)

3.5.2)　掛井孝俊，村田裕志，二羽淳一郎，兵頭彦次：超高強度繊維補強コンクリートを用いたPCはり部材の力学特性，コンクリート工学年次論文集，Vol.27，No.2，pp.679–684，(2005)

3.5.3)　掛井孝俊，村田裕志，二羽淳一郎，兵頭彦次：超高強度繊維補強セメント系複合材料を用いたはり部材のせん断特性，コンクリート工学年次論文集，Vol.26，No.2，pp.787–792，(2004)

3.5.4)　二羽淳一郎，山田一宇，横沢和夫，岡村甫：せん断補強鉄筋を用いないRCはりのせん断強度式の再評価，土木学会論文集，第372号/V-5，pp.167–176，(1986)

3.6 無孔性コンクリートの特性と構造適用

3.6.1 無孔性コンクリートの開発と特長

超高強度コンクリートは，構造物の超長大化，超高層化および超高寿命化に寄与できる材料であり，最近では，その材料開発によって到達した圧縮強度は著しく向上している．国内では，前述したように，2000年ごろに開発された圧縮強度200 N/mm^{2}程度のUFCが橋梁の桁や滑走路の床版などのプレキャストPC部材に適用されている．また，2013年には圧縮強度300 N/mm^{2}程度の超高強度コンクリートが建築物のプレキャスト柱部材として適用されている．海外では，1990年ごろに圧縮強度673 N/mm^{2}を発現する反応性粉体コンクリート（Reactive Powder Concrete，以下RPC）が開発されているものの，特殊な型枠を用いたホットプレス成型（ファインセラミックスの製法）によるもので固定形状しか得られない．RPCは，型枠に打ち込むことで任意の形状が得られるコンクリートの大きな長所を犠牲にして強度を発現させたため，実用性が高い材料とはならなかった．**3.6**で取り上げる無孔性コンクリート（Porosity Free Concrete，以下PFC）は，通常の型枠に流し込んで成型しても圧縮強度400 N/mm^{2}以上の硬化マトリクスが得られるもので，2015年に開発された新材料である[3.6.1)]．

PFCは，最密粒度となる結合材を使用し，脱型直後の強制吸水処理とその後の2段階の熱養生によって，マトリクス中に存在するミクロ空隙を消失させている（顕微観察による空隙はPFCの場合1 vol.%未満，UFCの場合5～8 vol.%程度）．PFCの製造技術は，**図3.6-1**に示すように，i）結合材を構成する多成分粉体の粒度分布を考慮したシミュレーションにて混合粉体中の未充填となる空間を最小化する設計を採用していること，ii）流し込んだ型枠を脱型した直後に密閉容器中で煮沸による吸水あるいは開放容器中で煮沸による吸水に供して内部に水分を含ませる処理を行うこと，iii）含んだ水分と最密粒度結合材の反応を90℃程度となる高温の蒸気養生にて促進させること，iv）反応に使用されずに残存した内部の水分は常圧下で180℃程度の熱養生に供して逸散させて超強度を発現させること，を特徴とする[3.6.2)]．

PFCの硬化マトリクスによる強度発現を最大限に活用するため，PFCでは，UFCと同様に粗骨材を使用せず，そのために生じる脆性破壊の抑制には繊維によるマトリクス補強を基本としている．PFCは，脱型直後に吸水しやすいようにUFCよりも水結合材比をやや高くし，そのため，フレッシュ時の粘性が低下し，繊維の混入量を増加させることや，流動性が低下しやすい材質や形状の繊維も利用可能になることなどの特長がある．ただし，繊維を練り混ぜることで

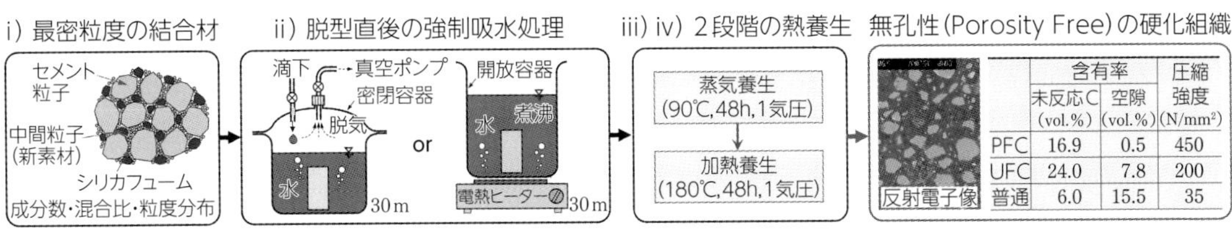

	含有率 未反応C (vol.%)	含有率 空隙 (vol.%)	圧縮強度 (N/mm²)
PFC	16.9	0.5	450
UFC	24.0	7.8	200
普通	6.0	15.5	35

図3.6-1 PFC製造技術の概要

気泡が混入し，マトリクス中には硬化後もマクロ空隙が残ることから，鋼繊維で補強したPFCの圧縮強度は最高でも380 N/mm^{2}程度となる．PFCは，水結合材比がUFCよりも高いことのほか，硬化促進前に吸水処理にて内部に水分を補給することで自己乾燥が生じにくく，UFCの2倍近い強度を有しながら自己収縮は同程度に抑えられている．このため，初期ひび割れなどの不具合を生じず，実際に構造部材の製造を可能にした新材料である．

コンクリートの限界への挑戦

河野　克哉

現在までのところ，文献上，もっとも高いコンクリートの圧縮強度は673 N/mm^{2}である．この記録は，1990年ごろ，フランスで達成されたものであり，特殊な型枠の中に打ち込んでから400℃の高温を与えて加圧する「ホットプレス成型」といわれる製法で作られたコンクリートであり，反応性粉体コンクリート（RPC）と呼ばれている．RPCには，セメントが用いられているものの，ファインセラミックスの製法を応用したもので，小型で固定の形状のものしかつくれない．学生時代に習ったコンクリート工学の教科書には，型枠に打ち込むことで任意の形状が得られることがコンクリートの長所として，はじめの章に挙げられていた．この大きな長所を犠牲にして世界最高の強度を達成しても，建設材料としての実用性は低いといえる．

無孔性コンクリート（PFC）は，型枠への「流し込み成型」で限界に近い高強度を得ることを目標に開発した材料である．PFCは，脱型時の吸水処理で，その後の熱養生による反応性を高めており，水結合材比をUFCよりも高く設定し，吸水しやすくして内部乾燥を防止したことが，UFCの約2倍の強度を有しながら自己収縮をUFCと同程度に抑えることにつながっている．このことが，製造時のひび割れを無くし，PFCによるモノづくりを可能にしたといえる．また，水結合材比を高めに設定することで，フレッシュ時の粘性が低く，使える繊維の種類や量にも余裕が生まれることもPFCの大きな特長である．

ところで，「ハイブリタイザー」という装置は，高速の気流に粉を乗せて回転ブレードにぶつけるもので，30年ほど前，セメント粒子の表面を削って球形化する技術として検討されていた．この装置を用いて球状化したセメントにシリカフュームのほか，さらにそれらの中間径となる粒子を適量加えて最密粒度にすると，混合粉体の空間率は大幅に低下し，脱型後の吸水処理と熱養生を施した寸法ϕ50×100 mmの円柱モルタル供試体は，最大容量1000 kNの耐圧機で壊すことができなかった．この装置を用いたセメント試作では，60 kgの球状化セメントを得るのに150万円の費用がかかったため，実用とはいかないが，強度発現に対する粉体充填の重要性を再認識させられることになった．

コンクリートの圧縮強度を向上させると，大きなプレストレスを蓄積させて長スパン化が期待できる．コンクリート製の長大橋では，アーチ橋や斜張橋の形式で，国内ではスパン250 m級，海外ではスパン500 m級のものまで建設されている．もっともスパンを飛ばせる吊り橋形式では，明石海峡大橋のスパン1991 mが世界最長であるものの，補剛桁は鋼製であって，コンクリート製の吊り橋は，まだ地球上に存在していない．これが現在のコンクリート技術の限界といえる．PFCを適用することで，鋼部材よりも軽量で高強度かつ高耐久なコンクリート部材となって，「世界初のコンクリート製吊り橋」がつくり出せたとしたら，この限界をコンクリートが超えたことになる．

3.6.2　繊維補強無孔性コンクリートの力学特性

柳田らは，2vol.%の鋼繊維で補強したPFCの引張ならびに圧縮特性について実験的に検討した[3.6.3]．鋼繊維補強PFCの引張特性は，**図3.6-2**に示すように，切欠きはりの3点曲げ試験の結果から引張軟化曲線を推定した結果，UFCと同等程度の引張軟化挙動を示すことがわかった．また，鋼繊維補強PFCの圧縮特性は，破壊直前まで圧縮載荷を繰り返す形で応力下降域を含めた挙動を計測した結果，**図3.6-3**に示すように，圧縮破壊ではUFCよりも大きなエネルギー消費が必要となるものの，ピーク以降は急激な応力低下を生じることがわかった．なお，引張ならびに圧縮を受ける鋼繊維補強PFCの力学特性は，数値解析に利用できるような形にモデル化されている[3.6.4]．

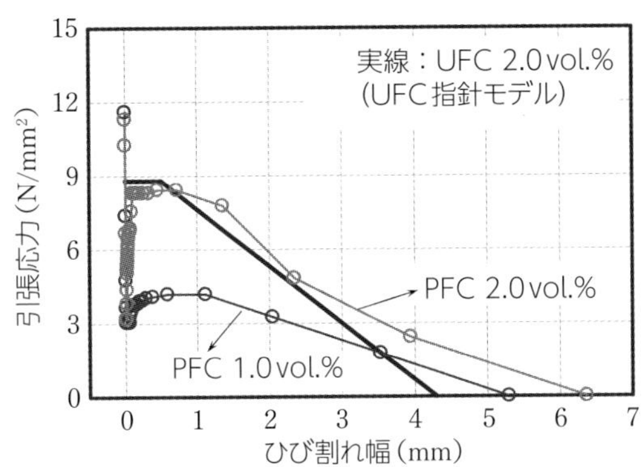

図3.6-2　鋼繊維補強PFCの引張軟化曲線

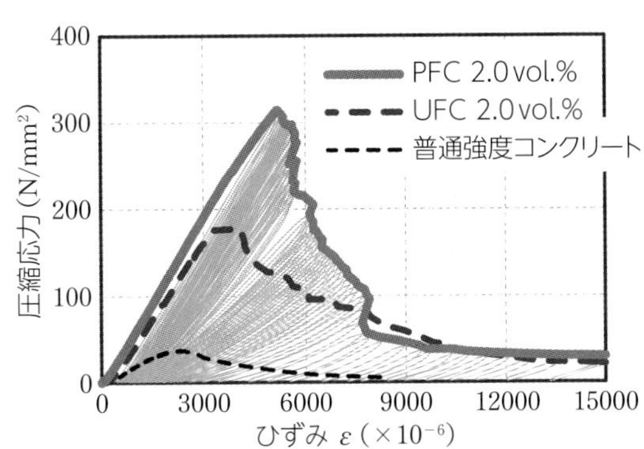

図3.6-3　鋼繊維PFCの圧縮応力－ひずみ曲線

また，林らは圧縮強度に対する応力比0.35，0.65および0.85の一定応力をそれぞれ繰返し作用させる形で鋼繊維補強PFCの圧縮試験を行い，繰返し載荷履歴がある鋼繊維補強PFCの圧縮特性について実験的に検討した[3.6.5]．**図3.6-4**に示すように，応力比0.85（圧縮応力271 N/mm^2）の高応力度にて100回の繰返し載荷した後の鋼繊維補強PFCの残存圧縮強度は，繰返し載荷履歴が無い場合の圧縮強度と同等であること，繰返し載荷中ならびに繰返し載荷重後においても圧縮応力－ひずみ曲線はほぼ線形を保持したままであること，などがわかった．なお，鋼繊維補強PFCは，**図3.6-5**に示すように，繰返し圧縮載荷回数の増加にともなって静弾性係数が徐々に低下するものの，この低下割合は普通強度コンクリートの場合にくらべて極めて小さいことから，鋼繊維補強PFCは繰返し圧縮載荷によっても，内部で微細ひび割れの発生や進展が生じにくいと推察できる．

3.6.3　繊維補強無孔性コンクリートを適用した梁部材のせん断特性

(1) RC梁に対する適用

若山らは，鋼繊維補強PFCを用いた逆T型梁の載荷試験を行い，せん断スパン有効高さ比（以下a/d），有効高さ（以下d），および引張鋼材比（以下p_w）がRC梁のせん断挙動に与える影響を検討した[3.6.6]．**図3.6-6**に示すように，鋼繊維補強PFCを用いたRC梁のせん断強度は，i）a/d

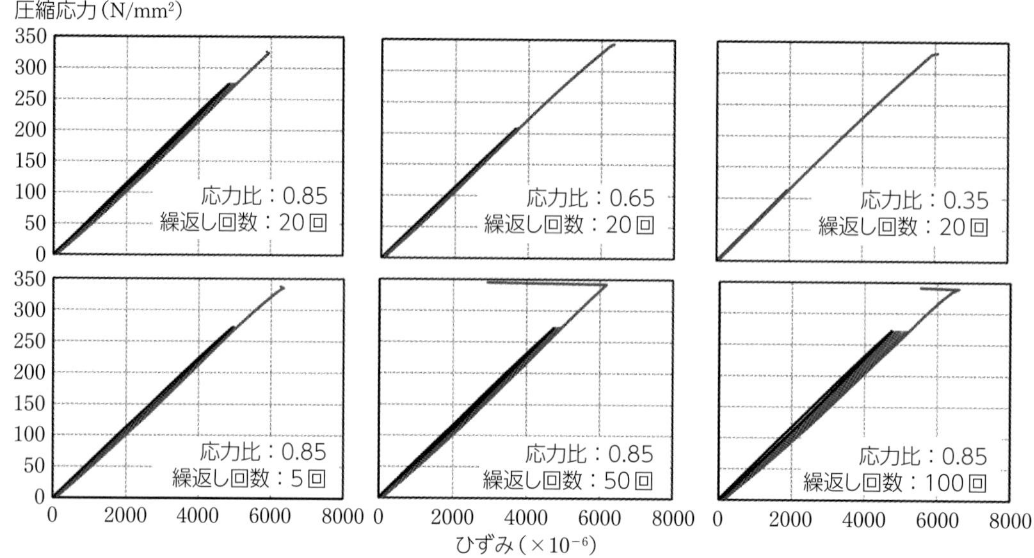

図3.6-4　鋼繊維補強PFCの定応力繰返し圧縮試験結果[3.6.5)]

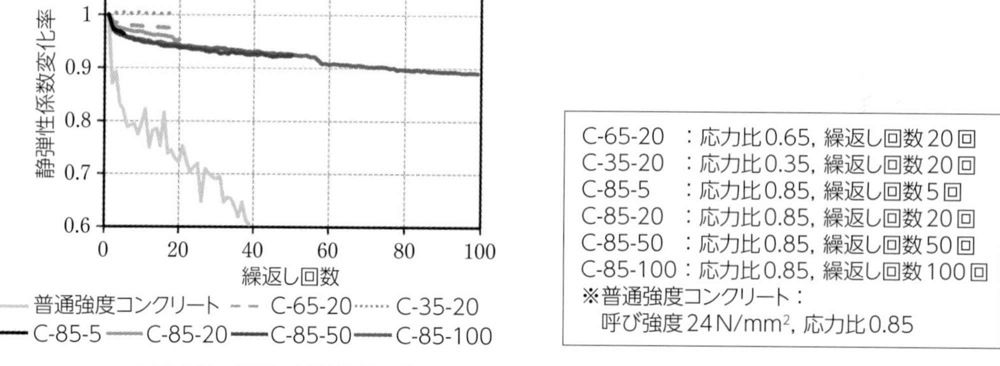

図3.6-5　繰返し圧縮載荷回数による鋼繊維補強PFCの静弾性係数の変化[3.6.5)]

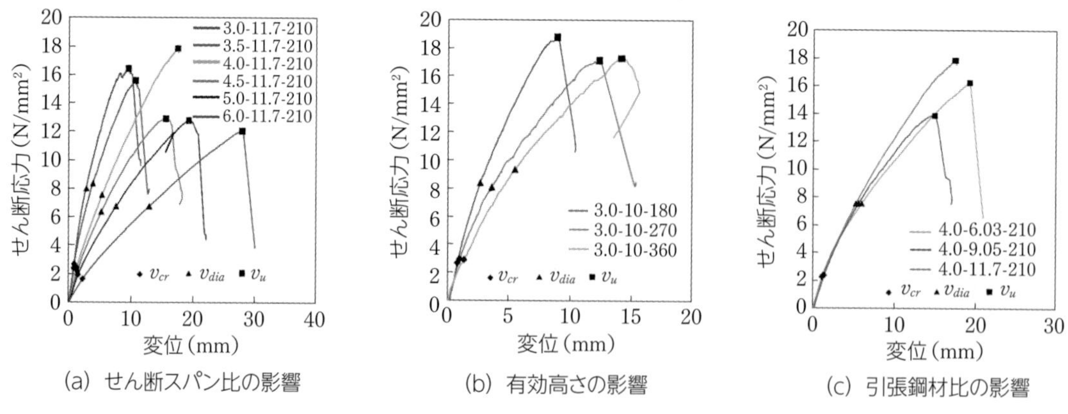

図3.6-6　鋼繊維補強PFCを用いたRC梁のせん断応力と変位の関係[3.6.6)]

が3.0から6.0まで増加するほど，また，dが180mmから360mmまで増加するほど，いずれも低下すること，ii）ウェブ幅よりも下フランジ幅が過大な逆T型断面としたことで，RC梁下縁の引張鋼材比を6.03%から11.7%まで増加させたときの影響は明確にならなかったこと，などの知見を得た．なお，鋼繊維補強PFCを用いたRC梁では，a/dならびにdがせん断強度に与えた影響は普通強度コンクリートを用いたRC梁の場合とくらべて同程度であり，斜めひび割れ角度はすべての場合で30°以下となった．

(2) PC梁に対する適用

林らは，プレストレスを導入した鋼繊維補強PFCを用いた逆T型梁の載荷試験を行い，プレストレス量ならびに引張鋼材比がPC梁のせん断挙動に与える影響を検討した[3.6.7]．鋼繊維補強PFCを用いた梁では，**図3.6-7**に示すように，下縁プレストレス量を増加させるほど斜めひび割れ発生荷重が増加し，下縁プレストレス量を48N/mm^{2}まで増大させた場合にはせん断耐力も著しく向上した．また，下縁プレストレス量を23～25N/mm^{2}でほぼ一定とした上で引張側のPC鋼材比を6.03%から11.7%まで増加させた場合には，せん断耐力への影響は明確でなかった．なお，土木学会のUFCの設計・施工指針（案）のせん断耐力式から求めた鋼繊維PFC梁のせん断耐力の算定値は，実験値に比較していずれも小さくなった．これは，UFCよりも大きな圧縮強度を有するPFCでは，圧縮部コンクリートの直接的なせん断抵抗が増加することに加えて，大きなプレストレスの導入によって斜めひび割れ角度が低下するためにひび割れ面での架橋繊維によるせん断抵抗が増加することが影響したものと考える．

上述の検討から，PFCの構造部材への適用では，この新材料の極めて高い圧縮強度を活用して大きなプレストレスを作用させ，繊維でマトリクスを補強することで内部に鉄筋を使用せずに薄肉軽量化ならびに長スパン化を図った新しい構造部材を実現できる可能性がある．柳田らは，このような観点から，ウェブの厚さをきわめて薄くしたT型の鋼繊維補強PFC製セグメントを外ケーブルで連結したPFC梁を考案し，その耐荷性能を載荷実験ならびに数値構造解析にて評価している[3.6.8]．なお，この外ケーブル方式プレストレスト鋼繊維補強PFCセグメント梁の概要については，**4.5.1(3)**に紹介されている．

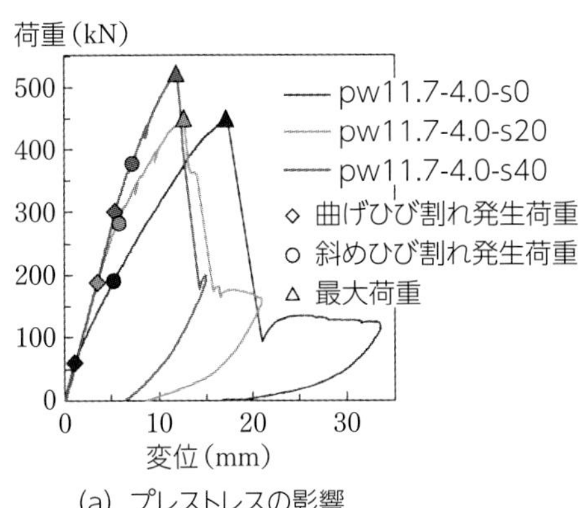

(a) プレストレスの影響

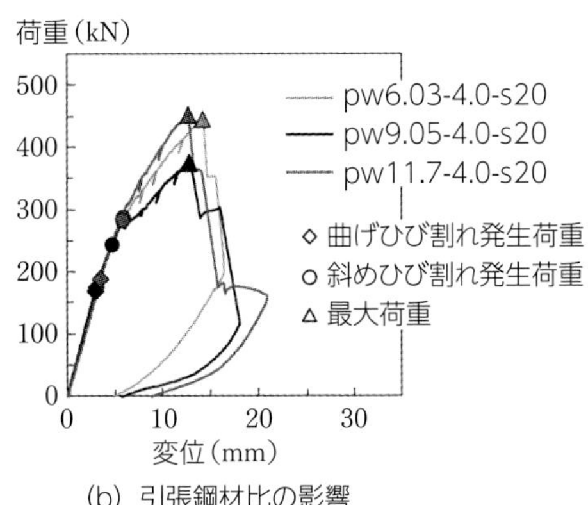

(b) 引張鋼材比の影響

図3.6-7　鋼繊維補強PFCを用いたPC梁の荷重と変位の関係[3.6.7]

〔参 考 文 献〕

3.6.1）河野克哉，森香奈子，多田克彦，田中敏嗣：世界最高強度を発現するコンクリートの開発ならびに更なる性能向上の可能性，コンクリート工学，Vol.54，No.7，（2016）
3.6.2）河野克哉，中山莉沙，多田克彦，田中敏嗣：450 N/mm^2 以上の圧縮強度を発現するセメント系材料の製造方法と硬化組織の変化，コンクリート工学年次論文集，Vol.38，No.1，pp.1443-1448，（2016）
3.6.3）柳田龍平，中村拓郎，河野克哉，二羽淳一郎：圧縮強度400 N/mm^2 の最密充填マトリクスを有する繊維補強コンクリートの力学特性，コンクリート工学年次論文集，Vol.38，No.1，pp.279-284，（2016）
3.6.4）柳田龍平，中村拓郎，河野克哉，二羽淳一郎：鋼繊維で補強した無孔性コンクリートの圧縮・引張に対する力学モデル，土木学会論文集E2（材料・コンクリート構造），Vol.74，No.1，pp.10-20，（2018）
3.6.5）林佑希子，中村拓郎，安田瑛紀，二羽淳一郎：定応力繰返し圧縮載荷を受けたPFCの圧縮特性，コンクリート工学年次論文集，Vol.40，No.2，pp.429-434，（2018）
3.6.6）若山大幹，柳田龍平，河野克哉，二羽淳一郎：鋼繊維補強無孔性コンクリートを用いたはり部材のせん断挙動，コンクリート工学年次論文集，Vol.42，No.2，pp.1039-1044，（2020）
3.6.7）林佑希子，柳田龍平，河野克哉，二羽淳一郎：プレストレス量と鋼材比が異なる繊維補強PFCはりのせん断挙動，コンクリート工学年次論文集，Vol.41，No.2，pp.1465-1470，（2019）
3.6.8）柳田龍平，中村拓郎，河野克哉，二羽淳一郎：繊維補強した無孔性コンクリートを用いた外ケーブル方式セグメントはりの耐荷性能，コンクリート工学論文集，Vol.29，pp.41-54，（2018）

世界最高の圧縮強度を何に活かすか

柳田　龍平

464 N/mm^{2}という極めて高い圧縮強度のコンクリートが開発されたことが世に報じられた直後の2015年6月16日，四ツ谷の土木学会会議室において無孔性コンクリート（PFC）の力学特性に関する研究に着手することが決定した．圧縮強度が既存の超高強度材料であるUFCの2倍にもなる材料であり，これまでにはなかったような橋梁が実現するのではないかと当事者ながらにワクワクしたことは，いまだに記憶に新しい．私自身はその力学特性を明らかにし，構造利用の可能性を探る研究を進めることで博士号の取得に至ったわけであるが，スタートした当初から「極薄肉のPFCセグメントを用いたプレキャストPCはり部材」という具体的な構造がイメージできていたわけではなかった．

筆者自身はコンクリートの「せん断」に関する研究に惹かれて二羽研究室の門をくぐっていたことから，まず最初に頭に浮かんだのは，大きなプレストレスを導入した一体物のはり部材のせん断特性について研究するものであった．UFCの研究が始まった当初にも二羽研で同様の研究が行われていたため，PFCの構造利用の拡大を見越した場合にも同様に重要な基礎研究になると考えてのものだったが，その実験をするには至らなかった（※）．それから，その耐久性の高さを活かして既設RC構造部材の補強に適用するという案，アーチ橋のアーチリブに用いる案などいくつかアイデアが浮かんだがなかなかピンとくるものはなく，そんな期間には，何かヒントは得られないかとPFCの力学特性を知るためのテストピースの試験を行うなどしていた．最終的には，PC橋にPFCを適用すれば極めて小さな断面でも大きなプレストレスを導入できる点，フレッシュ時の流動性が極めて良いために極薄肉でも品質の良いプレキャスト部材が製作可能な点などに着目し，打合せを重ねて，外ケーブル方式のプレキャストPCはり部材の実験的研究に取り組むこととなった．博士課程から二羽研に飛び込んできた筆者であり，外ケーブル構造は研究のスタート時には想像もしていなかったものであったが，いざ実験計画を立てようと文献を探すと，二羽研の先輩の論文に行きつく．それらを参考としながら，さらに多くの方々の手を借り，実験を安全に行うことができた．

PCはりの結果の詳細は本文を参照いただきたいが，他に類を見ない研究を行った結果，「UFCであれば曲げ圧縮破壊が先行するような構造であっても，PFCを用いれば圧壊することなく外ケーブルの降伏が先行する曲げ引張破壊になる」ということも明らかになっており，圧縮強度が高いというPFCの特徴を活かした実験的検討ができた．

なお，プレストレスはPFCの圧縮強度の1/10程度の応力度までしか導入しておらず，まだその圧縮強度を最大限に活かすには至っていないため，個人的には今後の動向が大変気になる研究領域の一つだと考えている．

※2018年度以降，逆T形のPFCはりのせん断耐力について研究が進められている．

4章
特殊構造・新構造の研究開発

4.1 はじめに

最も代表的な建設材料はコンクリートと鋼であり，それぞれの材料は異なる特徴を持つ．コンクリートの長所のひとつとして，形状の自由度が高いことが挙げられる．型枠や打込み時のコンクリートの性状等を工夫することにより，様々な形状のコンクリート構造物を生み出すことができるからである．近年では，高流動コンクリートや自己充填コンクリート等が開発されたことにより，型枠内の狭窄部にもコンクリートをある程度充填することが可能となり，コンクリート構造物の形状の自由度は，ますます高まっているものと思われる．形状の自由度が高まれば，構造物の状況に応じた，より柔軟な設計が可能になると考えられる．しかし同時に，既存の設計手法の適用性に注意すべきである．設計で使われる多くの式や数値は，過去の実験，計測，解析データを基に定められており，それらの検討範囲を逸脱した特殊な構造物に対して，適用できるとは限らないからである．たとえば，現行の土木学会コンクリート標準示方書で示されている棒部材のせん断耐力照査式は，矩形断面を有する単純支持はりの実験データに基づいて定められたものであるし，コンクリートや鉄筋の強度に関する適用限界もある．

UFCに代表される高性能材料が登場したことにより，長寿命化や生産性向上のための新構造の開発も進められている．部材を工場で製作して現場で組み立てるプレキャストコンクリートや，外ケーブルを用いたセグメント桁等は，その代表例である．インフラの老朽化と少子高齢化が同時に進みつつあるわが国において，安全で長持ちする構造物を，いかに効率よく作り上げるかということは，極めて重要な課題であろう．

本章では，特殊構造の例として，形状の影響（変断面，円形・T形・L形断面），また，新構造の例として，プレキャストコンクリート（モルタル充てん継手），UFCを利用した構造（埋設型枠，合成構造），外ケーブルを使用した構造（セグメント桁，床版拡幅工法）について紹介する．基本的な破壊性状に加えて，耐荷力等の構造性能の予測方法を検討している．本章の内容が，将来的な特殊構造・新構造の研究・開発と適用の推進に貢献できることを期待したい．

4.2 特殊形状を有する部材

4.2.1 変断面RCはり，PCはり

本書では，有効高さ（圧縮縁から引張鉄筋の重心までの距離）が部材軸方向に変化する部材を「変断面」，有効高さが部材軸方向に変化しない部材を「定断面」と呼ぶ．変断面は橋台，橋脚横梁の張出し部，フーチング等に多く見受けられ，作用曲げモーメントの大きさに応じて断面の有効高さを変化させることで経済的な設計としたり，美観等の観点から採用される．変断面はりは，曲げ耐力に関しては比較的容易に算定が可能である．定断面RCはりと同様に平面保持の仮定を用いて，軸方向鉄筋の勾配に応じた部材軸方向の力成分を算出し，力の釣合いから曲げ耐力を求めることができる．一方，せん断耐力に関しては，定断面部材の耐力予測式や設計式を，単純に変断面部材に適用できるとは限らない．これは，有効高さがせん断スパン内で変化することが，斜めひび割れの形成過程やコンクリートの分担せん断力，軸方向鉄筋のダウエル作用に及ぼす影響等を評価することが容易ではないためである．

過去に行われた変断面RCはりに関する研究として，石橋ら[4.2.1)]，角田ら[4.2.2)]，MacLeodら[4.2.3)]の実験等があり，せん断スパン比に応じて，変断面の影響が異なることが示されている．これらの実験的研究は1970年代から行われており，比較的古くから検討が進められていたようである．2004年制定の土木学会コンクリート標準示方書までは，断面に生じる圧縮力および引張力の鉛直成分を考慮することによりせん断耐力を算定する手法が示されていたが，2007年制定の示方書で本項目は削除された．上述したように，変断面部材のせん断耐力に及ぼす要因は様々であり，適切な評価が容易ではないことが一因と思われる．このように，以前から検討が進められているにもかかわらず，現行の設計方法が必ずしも適切ではないものもあるのである．近年，FEMや画像解析等，数値解析や計測等の技術が進歩しているが，このような最新の技術を駆使して，従来から未解決であった問題に取り組むことは，チャレンジングな研究と言ってよいだろう．

画像解析を利用し，ひび割れの形成過程を明らかにすることで，変断面RCはりのせん断破壊メカニズムが検討されている[4.2.4)]．**図4.2-1**のような上面に勾配を有する変断面RCはりについて，**図4.2-2**に示すようにカメラを設置し，側面の画像解析を実施して載荷実験を行っている．**図4.2-3**は，画像解析により得られた主引張ひずみ分布の例である．変断面RCはりは，定断面RCはりよりも曲げひび割れ幅が小さい傾向にあり，骨材の噛み合わせ効果に影響を及ぼすことから，せん断耐力に寄与する可能性が示されている．このように，すべての位置と方向の変形を計測することができるという画像解析の特徴を活かすことで，ひび割れの進展経路だけでなく，主ひずみの方向や開口変位，ずれ変位を捉えることができるのである．

また，耐荷機構の解明や耐力算定モデルの構築には，数値解析も有用である．変断面RCについて，FEMによる数値解析も実施されている[4.2.5)]．**図4.2-4**に，FEMで得られた主圧縮ひずみ分布の例を示す．各高さに対して，最も大きい主圧縮応力が発生しているガウス点（図中の

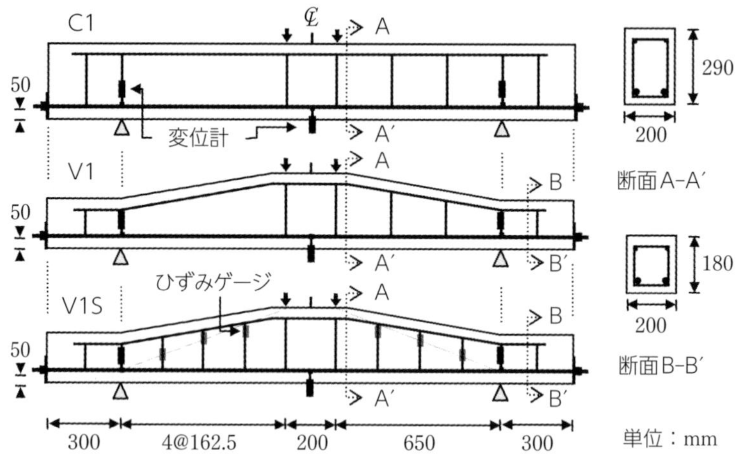

図4.2-1　上面に勾配を有する変断面RCはり試験体[4.2.4)]

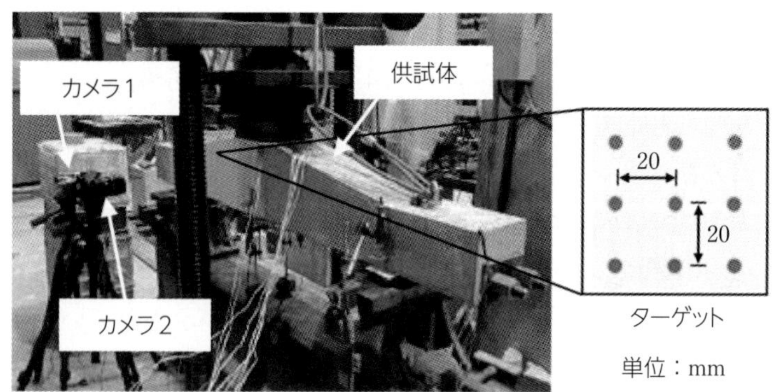

図4.2-2　変断面RCはり試験体の載荷実験の様子[4.2.4)]

●）を抽出し，その位置関係を直線近似することで，圧縮ストラットの形成位置を評価している．また，圧縮ストラットの角度を定式化し，既存の式に組み込むことで，変断面RCはりのせん断耐力の予測手法が提案されている．**図4.2-5**に，実験値と計算値の比較を示す．提案された手法により，実験値を精度よく算定できることがわかる．数値解析の利用目的は様々であるが，このように実験では得られない情報を整理して，マクロモデルの構築に活用することができるのである．

変断面PCはりについても同様の検討が行われており，**図4.2-6**に示すように，プレストレス量，せん断スパン比，上面の勾配が異なるPCはり試験体の載荷実験が実施されている[4.2.6)]．実験で得た変断面PCはりの荷重－スパン中央たわみ関係を**図4.2-7**に示す．得られた主な結論として，変断面はりは定断面はりよりも，プレストレスによりせん断耐力が大きく向上する傾向にあること，変断面PCはりのせん断耐力は，せん断スパン比が比較的小さい場合は大きく向上するが，せん断スパン比が比較的大きい場合は影響が少ない傾向にあること，等が示されている．

また，変断面PCはりに対するせん断耐力算定式の適用性についても，検討が行われている．対象としたせん断耐力算定式は，2012年制定土木学会コンクリート標準示方書で採用された，

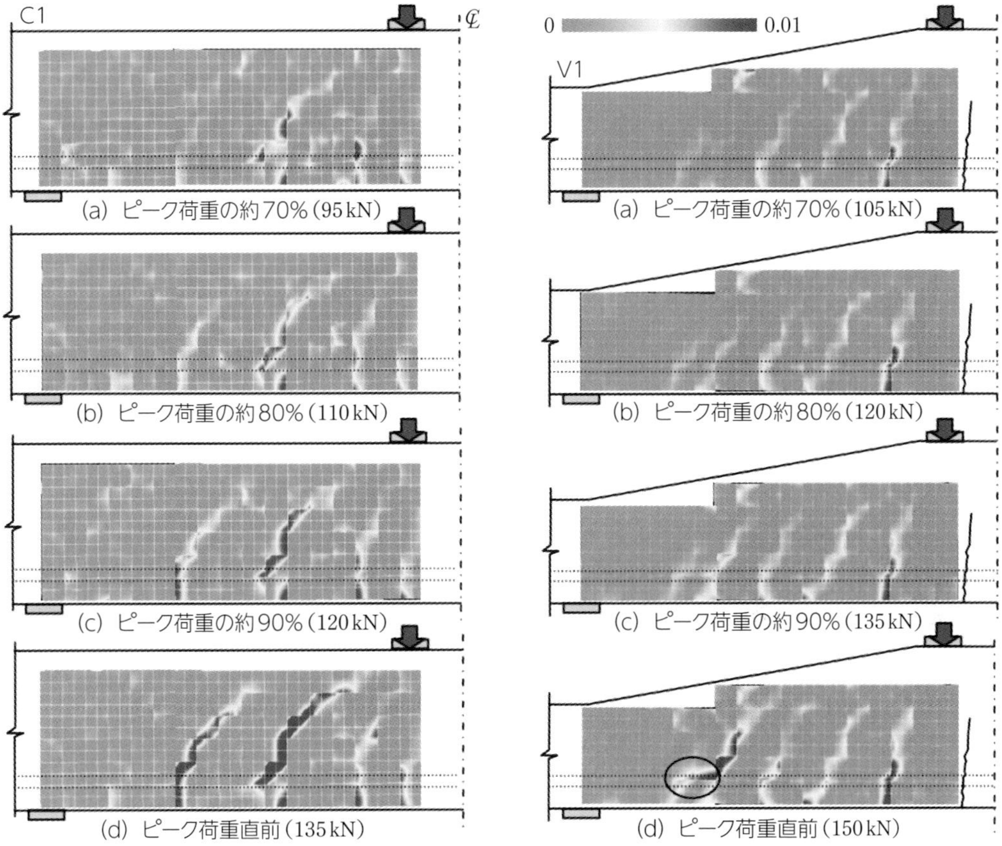

C1　　V1　　0　0.01

(a) ピーク荷重の約70%(95 kN)　　(a) ピーク荷重の約70%(105 kN)

(b) ピーク荷重の約80%(110 kN)　　(b) ピーク荷重の約80%(120 kN)

(c) ピーク荷重の約90%(120 kN)　　(c) ピーク荷重の約90%(135 kN)

(d) ピーク荷重直前(135 kN)　　(d) ピーク荷重直前(150 kN)

図4.2-3　画像解析で得られた主ひずみ分布（左：定断面RCはり，右：変断面RCはり）[4.2.4)]

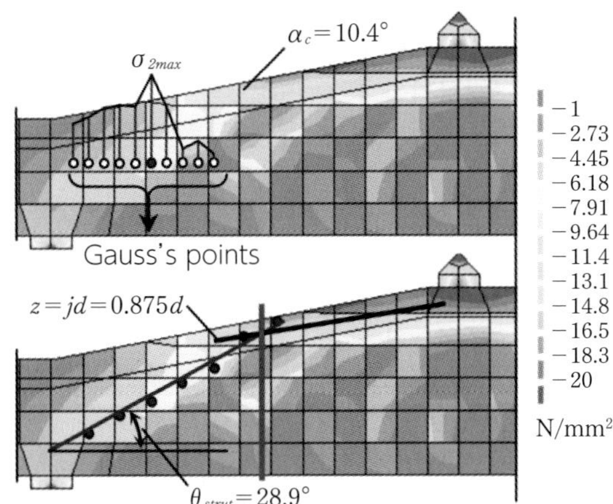

図4.2-4　主圧縮ひずみ分布と圧縮ストラットの評価[4.2.5)]

修正圧縮場理論に基づく以下の式である．

$$V_{y\_cal} = V_{c\_cal} + V_{s\_cal} \tag{4.2-1}$$

$$V_{c\_cal} = \beta_d \cdot \beta_p \cdot \beta_n \cdot f_{vc} \cdot b_w \cdot d_m \tag{4.2-2}$$

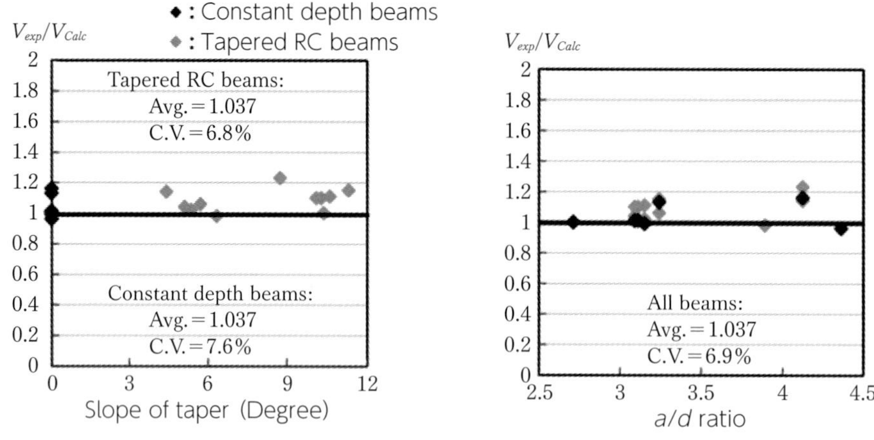

図4.2-5　変断面RCはりのせん断耐力の計算値と実験値[4.2.5)]

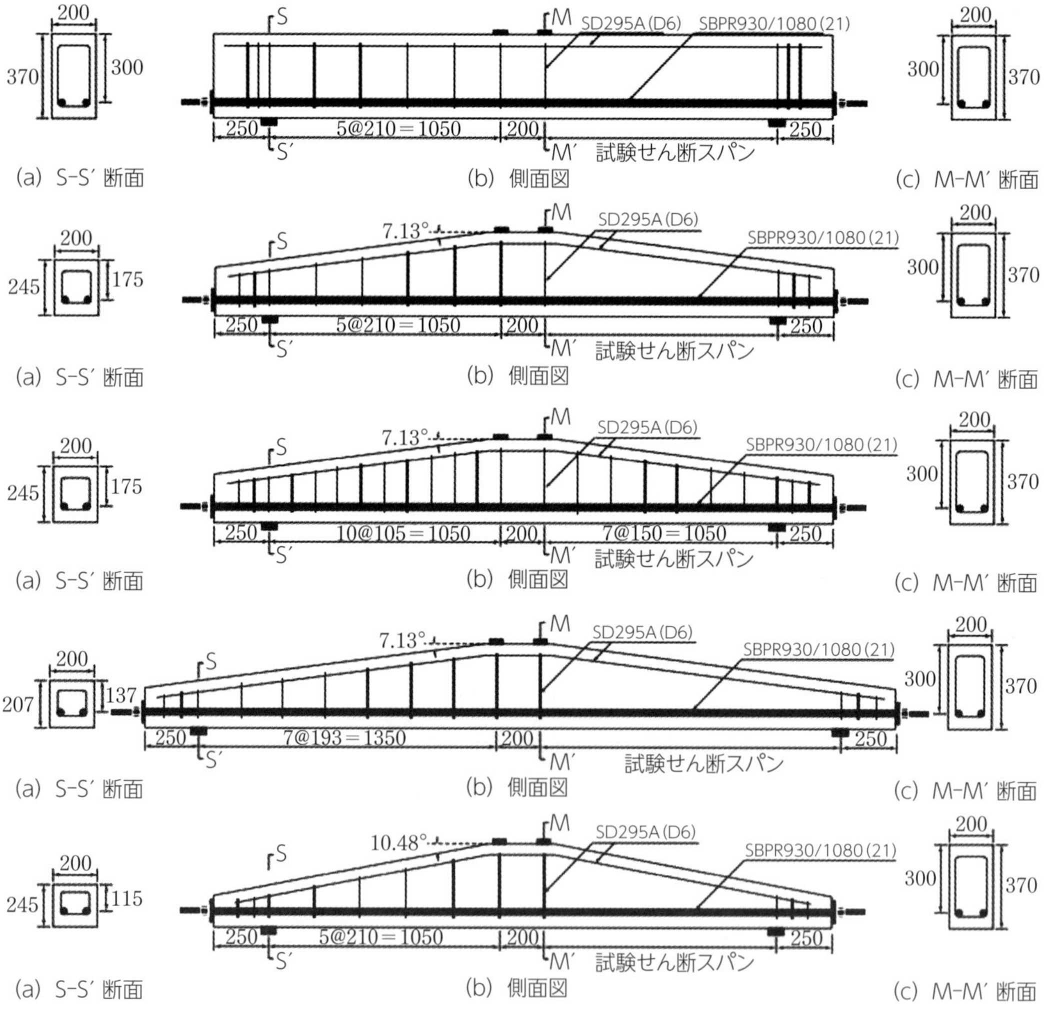

(a) S-S′ 断面　(b) 側面図　(c) M-M′ 断面

(a) S-S′ 断面　(b) 側面図　(c) M-M′ 断面

(a) S-S′ 断面　(b) 側面図　(c) M-M′ 断面

(a) S-S′ 断面　(b) 側面図　(c) M-M′ 断面

(a) S-S′ 断面　(b) 側面図　(c) M-M′ 断面

図4.2-6　変断面PCはり試験体[4.2.6)]

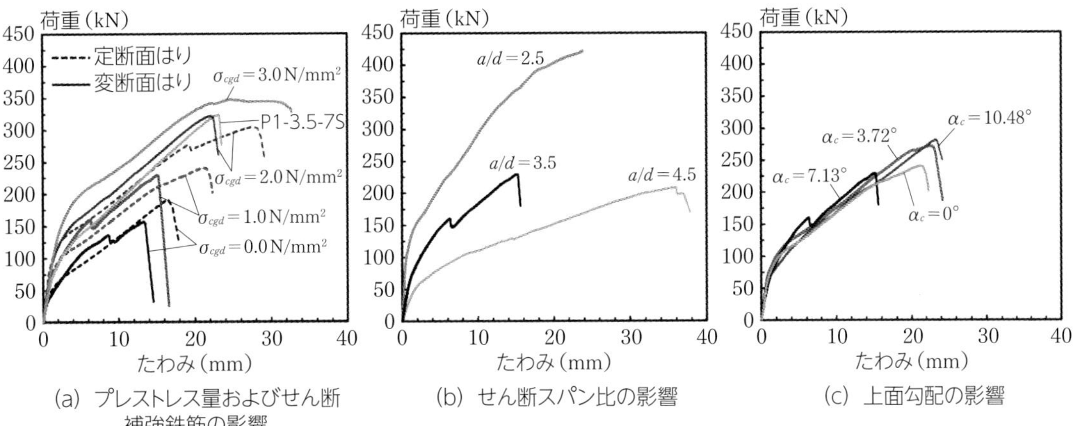

図4.2-7　変断面PCはりの荷重－スパン中央たわみ関係[4.2.6)]

$$\beta_d=\sqrt[4]{1000/d_m} \tag{4.2-3}$$

$$\beta_p=\sqrt[3]{100A_p/(b_w\cdot d_m)} \tag{4.2-4}$$

$$\beta_n=\sqrt{1+\sigma_{cg}/f_{vt}}\,(=\cot\theta) \tag{4.2-5}$$

$$f_{vt}=0.23f'^{\,2/3}_c \tag{4.2-6}$$

$$f_{vc}=0.2\sqrt[3]{f'_c} \tag{4.2-7}$$

$$V_{s\_cal}=A_w f_{wy} z\cot\theta/s \tag{4.2-8}$$

ここに，b_w：ウェブ幅，d_m：最大断面における有効高さ，A_p：PC鋼材の総断面積，σ_{cg}：有効プレストレス，A_w：せん断補強鉄筋一組の断面積，f_{wy}：せん断補強鉄筋の降伏強度，z：断面抵抗モーメントのアーム長（$=d_m/1.15$），s：せん断補強鉄筋の配置間隔，である．

上式による算定の結果，せん断耐力の計算値は実験値を1.20～1.99倍に過大評価する傾向にあった．PCはり部材のせん断耐力に対する現行の設計方法は余裕度が高いことが過大評価の一因と考えられるが，経済的かつ合理的な設計の実現に向けて，このような検討は重要と考えられる．

〔参 考 文 献〕

4.2.1)　石橋忠良，斎藤啓一，寺田年夫，渡辺忠朋：有効高さの変化する鉄筋コンクリートはりのせん断耐力について，コンクリート工学年次講演会論文集，Vol.9，No.2，pp.305–310，1987.

4.2.2)　角田與史雄，松井司：変断面RC桁のせん断破壊実験，第32回土木学会年次講演会概要集，1977.

4.2.3)　MacLeod, I. A. and Houmsi, A.: Shear Strength of Haunched Beams without Shear Reinforcement, ACI Structural Journal, pp.79–89, 1994.

4.2.4)　岩永崇志，松本浩嗣，二羽淳一郎：ひび割れの形成過程に着目した変断面RCはりのせん断破壊メカニズムの評価，コンクリート工学年次論文集，Vol.33，No.2，pp.49–54，2011.

4.2.5)　Hou C., Matsumoto K., Iwanaga T. and Niwa J.: Evaluation Method for Shear Capacity of Tapered RC Beams without Shear Reinforcement, Proceedings of JCI, Vol.37, No.2, pp.19–24, 2015.

4.2.6)　川原崇洋，中村拓郎，二羽淳一郎：変断面PCはりのせん断耐荷挙動に関する実験的検討，コンクリート工学年次論文集，Vol.40，No.2，pp.409–414，2018.

4.2.2　円形・T形・L形断面はりのせん断耐力

橋脚や杭等に用いられることの多い円形断面のRC部材では，断面を等積の正方形に置換して矩形断面のRCはりのせん断耐力の設計式が適用されている．また，T桁やスラブと一体化している桁などのT形断面を有するRCはりや，水門や樋門等にみられるL形断面を有するRCはりの場合には，フランジの張出し部を考慮せずに矩形断面としてせん断耐力が算定されているのが一般的である．こうした矩形とは異なる断面を有するRCはりでは，いずれも安全側の設計となるようなせん断耐力の評価手法が適用されている一方で，建設・維持管理コストの縮減が避けられない社会情勢において，新設時や既設構造物の補修補強設計において，安全性を損なうことなく，より合理的な構造設計を可能とする技術が求められている．

円形断面を有するRCはりのせん断耐力の評価手法に関する検討として，大石ら[4.2.7),4.2.8)]は，せん断補強鉄筋比をパラメータとして単純支持された円形断面のRCはりの載荷実験を行っており，せん断補強鉄筋のない場合のせん断耐力は，断面全周に配置された軸方向鉄筋の効果により現行の設計式による算定値を大きく上回ることを確認している．また，軸方向鉄筋とせん断補強鉄筋のひずみから，円形断面のRCはりのせん断耐力には，軸方向鉄筋に沿ったひび割れおよびせん断補強鉄筋の形状が影響することを示している．これらの指標を考慮した円形断面RCはりのせん断耐力の評価方法として，せん断補強鉄筋の貢献分については**図4.2-8(a)**に示すように斜めひび割れ角度，せん断補強鉄筋に作用する応力，せん断補強鉄筋の形状を組み込んだ算定法を提案し，現行の設計式による算定値と比較して，**図4.2-8(b)**に示すように実験値をより精度よく再現できることを示している．また，せん断補強鉄筋のない円形断面のRCはりの場合，断面形状の相違がコンクリートの貢献分の算定に及ぼす影響が少ないことも明らかにしている．円形断面のRCはりは，矩形断面RCはりに比べてせん断補強鉄筋の貢献が低減することを実験的に確認し，これはせん断補強鉄筋の引張力の垂直成分を考えることで説明で

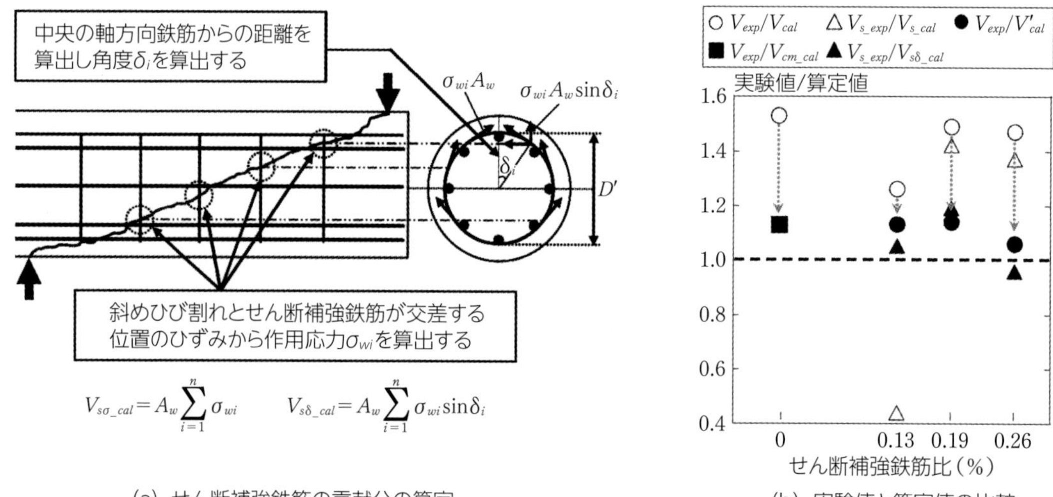

(a) せん断補強鉄筋の貢献分の算定　　(b) 実験値と算定値の比較

図4.2-8　円形断面RCはりのせん断耐力へのせん断補強鉄筋の貢献[4.2.7)]

きるとしている．こうしたせん断補強鉄筋の形状による効果を考慮したせん断補強鉄筋の貢献分の算定方法として，**図4.2-9(a)** に示す算定モデルを提案している．渡辺ら[4.2.9)]は，せん断補強鉄筋のない円形断面のRCはりのせん断耐力について，円形断面を等積の正方形断面に置換した際の有効幅および有効高さを用いて，軸方向鉄筋が多段に配置されたRCはりの引張鉄筋断面積による評価方法を提案した．前述のせん断補強鉄筋の貢献分の算定法と併せることで，**図4.2-9(b)** に示すように，現行の設計式よりも精度よく円形断面のせん断耐力を評価できていることがわかる．

円形断面を有する実構造物の中には，a/dが2.0を下回るショートビームあるいはディープビームも数多く見受けられる．米花ら[4.2.10)]は，単純支持条件下で円形断面のRCディープビームの載荷実験を行っており，円形断面のRCディープビームのせん断耐力は，等積の正方形断面を有するRCディープビームのせん断耐力よりも大きくなることを確認している．また，**図4.2-10** に示す圧縮応力分布を実験的に確認し，円形断面RCディープビームのせん断補強鉄筋による補強効果は矩形断面RCディープビームに比べて大きくなることを示した．さらに，円形断面RCディープビームのせん断耐力をより正確に予測するためには，せん断補強鉄筋の拘

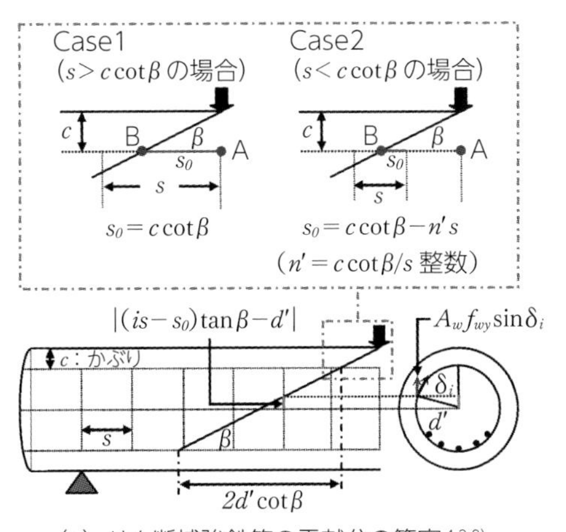

(a) せん断補強鉄筋の貢献分の算定[4.2.8)]

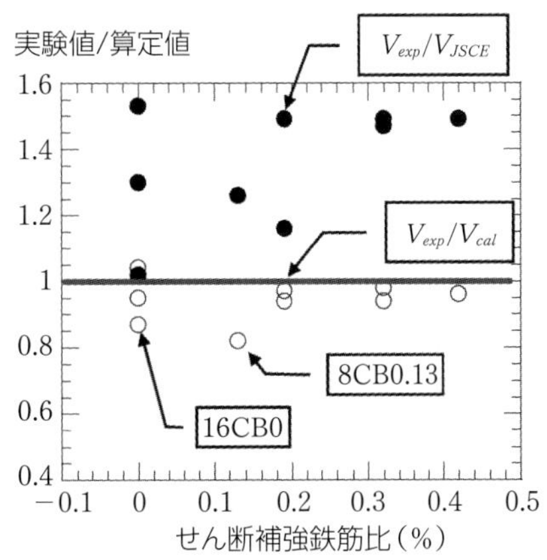

(b) 実験値と算定値の比較[4.2.9)]

図4.2-9　円形断面RCはりのせん断耐力へのせん断補強鉄筋の貢献

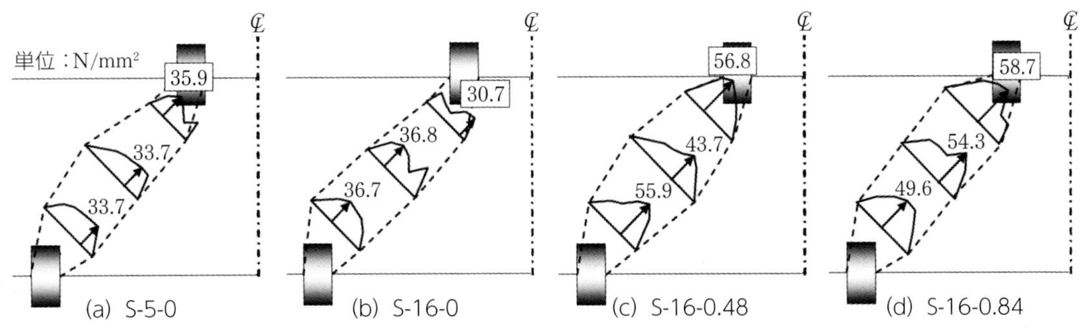

※四角内の数値：試験体内部に設置したアクリルバーのひずみより算出した各断面の最大応力（N/mm²）

図4.2-10　単純支持の場合の圧縮応力分布[4.2.10)]

4章　特殊構造・新構造の研究開発

束効果を考慮したコンクリートの圧縮強度を用いる必要があるとしている．松本ら[4.2.11)]は，逆対称曲げモーメントを受けるせん断スパン比1.0の中実円形断面を有するRCディープビームの載荷実験を追加し，逆対称曲げモーメント作用下では圧縮ストラットが支間の対角を結ぶ方向に形成され，せん断耐力が単純支持条件下よりも低下することを示した．また，支持条件にかかわらず，全周に配置した軸方向鉄筋によりせん断耐力が増加することを明らかにしている．矩形断面のRCディープビームに対する既往のせん断耐力予測式は，せん断スパン長を支間長と同一とすることで逆対称曲げモーメント作用下のせん断耐力を評価できることを示すとともに，せん断補強鉄筋は，単純支持条件下ではコンクリートの拘束効果，逆対称曲げモーメント作用下では拘束効果に加えて，斜めひび割れ面での抵抗力を作用させることを明らかにした．

T形断面を有するRCはりのせん断耐力の評価手法に関する検討として，中村ら[4.2.12)]は，せん断スパン比とせん断補強鉄筋比の異なるT形RCはりの静的曲げ載荷試験を行っており，T形RCはりのせん断耐力はフランジ幅を無視したせん断耐力の設計値を上回り，せん断スパン比が小さいほど圧縮フランジの存在によるせん断耐力の増加が大きくなることを示した．**図4.2-12**に示すように，せん断スパン比によってウェブと圧縮フランジの斜めひび割れの連続性が異なることも明らかにしている．また，支点直上の引張鉄筋のひずみを用いてビーム機構とアーチ機構の負担するせん断抵抗を提案するとともに，**図4.2-13**に示すように，T形RCはりでは最大荷重時にアーチ機構が負担するせん断抵抗が矩形はりと比較して大きくなること，せん断補強鉄筋の配置間隔が広いほどビーム機構によるせん断抵抗が失われやすくなることを示している．また，中村ら[4.2.13)]は，圧縮フランジ幅や厚さがT形RCはりのせん断破壊挙動に及ぼす影響

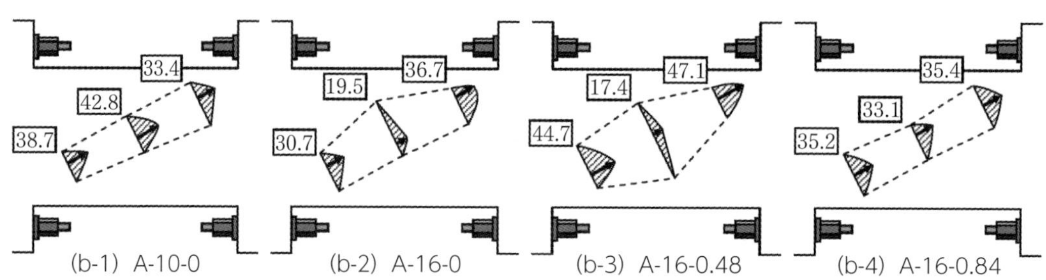

※四角内の数値：試験体内部に設置したアクリルバーのひずみより算出した各断面の最大応力 (N/mm²)

図4.2-11　逆対称モーメント作用下の場合の圧縮応力分布[4.2.11)]

(a) a/d=2.5 のはり

(b) a/d=3.5 のはり

図4.2-12　圧縮フランジへのひび割れの進展状況の違い[4.2.12)]

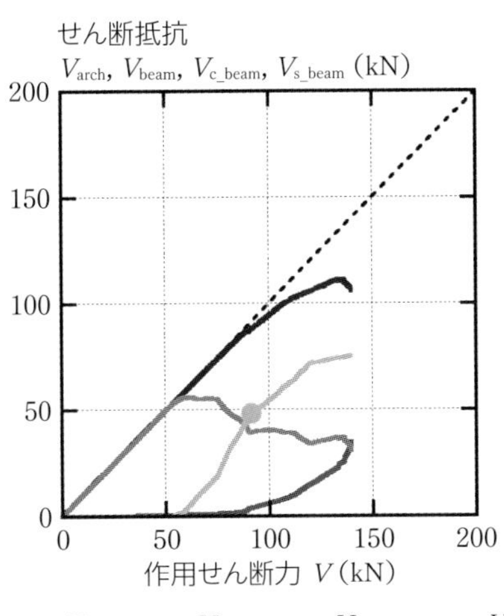

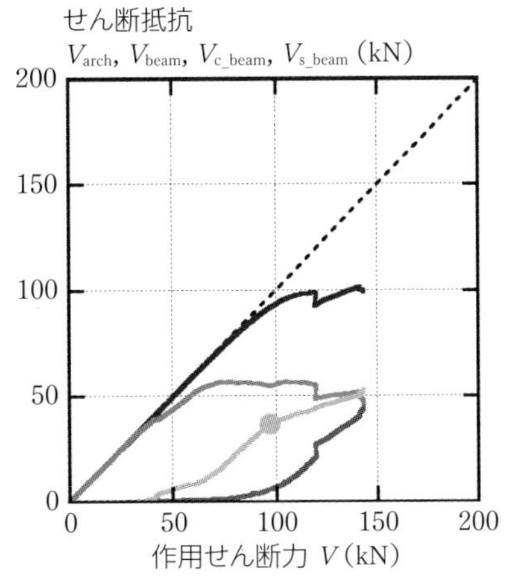

— V_{arch}　— V_{beam}　— V_{c_beam}　— V_{s_beam}　● 1本目のせん断補強鉄筋の降伏

ここで，V_{arch}：アーチ機構によるせん断抵抗，V_{beam}：ビーム機構によるせん断抵抗，V_{s_beam}：ビーム機構においてせん断補強鉄筋が負担するせん断抵抗，V_{c_beam}: ビーム機構においてせん断補強鉄筋以外が負担するせん断抵抗

図4.2-13　断面形状の違いによるビーム・アーチ機構の分担の違い[4.2.12)]

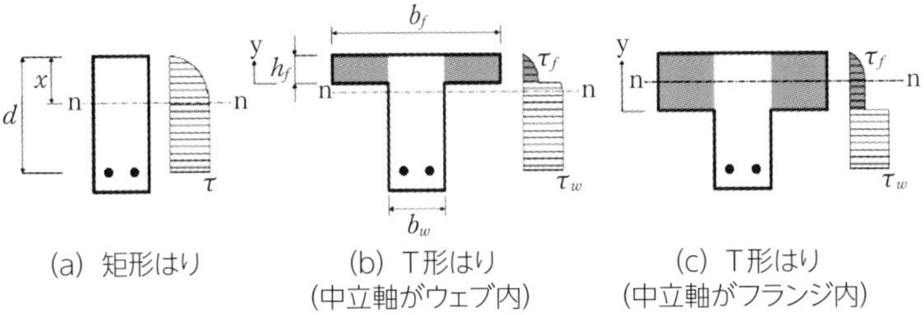

図4.2-14　フランジ貢献分の算定モデル[4.2.13)]

に関する実験的検討にFEMによる解析的検討を追加し，**図4.2-14**に示すフランジ貢献分の算定モデルを基に圧縮フランジの張出し部のコンクリート分担分を考慮したT形RCはりのせん断耐力の推定式を提案した．**図4.2-15**に示すように，提案式によるT形断面のRCはりのせん断耐力の推定精度は，フランジの張出し部を考慮しない従来式よりも向上していることがわかる．

L形断面を有するRCはりのせん断耐力の評価手法に関する検討として，熊谷ら[4.2.14)]は，フランジ位置に対する載荷方向，せん断補強鉄筋比，せん断スパン比をパラメータとした載荷実験を行い，L形断面のRCはりのせん断耐力が矩形断面として算定されたせん断耐力よりも大きくなり，その倍率は荷重の作用方向に対するフランジの張出し方向によって異なることを確認している．また，張出し部が引張側か圧縮側かによってもひび割れ性状は異なることから，荷重の作用方向に応じて，**図4.2-16**に示すようなひび割れ性状を基にした多直線モデルを設定し，コンクリート貢献分を考慮せずにせん断補強鉄筋の貢献分のみからせん断耐力を評価する可変角トラス理論を応用した算定手法によってせん断耐力を評価できる可能性を示している．

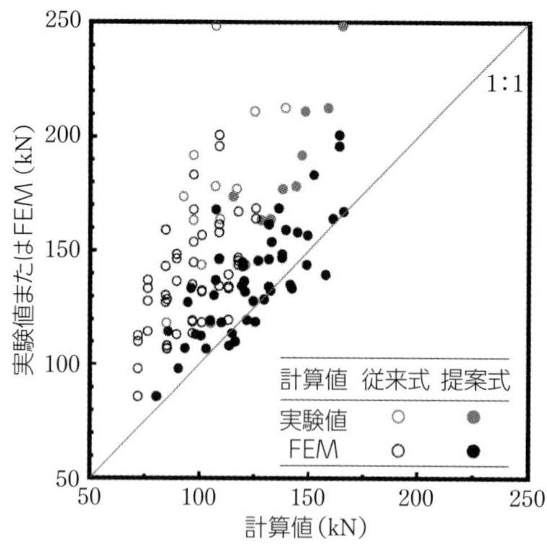

図4.2-15　提案式と従来式の比較[4.2.13)]

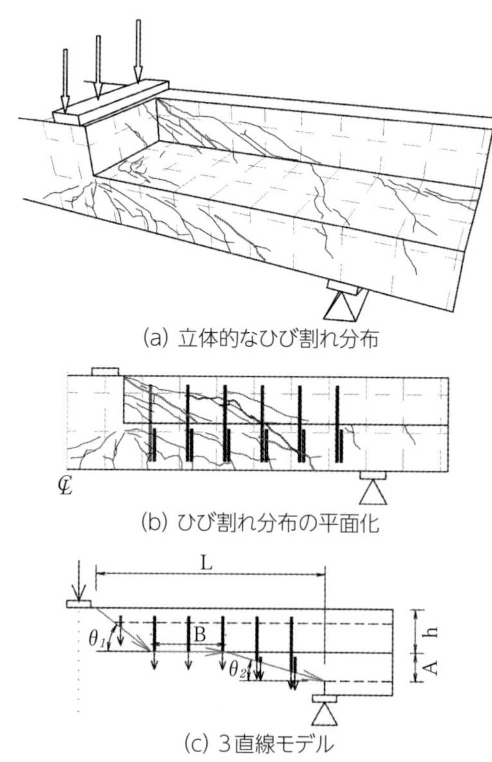

図4.2-16　ひび割れのモデル化[4.2.14)]

〔参 考 文 献〕

4.2.7） 大石峻也，渡辺健，米花萌，二羽淳一郎：せん断補強鉄筋を有する円形断面RCはりのせん断耐力評価，コンクリート工学年次論文集，Vol.31，No.2，pp.13-18，2009.

4.2.8） 大石峻也，渡辺健，二羽淳一郎：円形断面RCはりに対するせん断補強鉄筋の貢献度評価，コンクリート工学年次論文集，Vol.32，No.2，pp.31-36，2010.

4.2.9） 渡辺健，大石峻也，米花萌，二羽淳一郎：中実円形断面鉄筋コンクリートはりのせん断耐力評価に関する実験的研究，土木学会論文集E2（材料・コンクリート構造），67巻，2号，pp.200-212，2011.

4.2.10） 米花萌，松本浩嗣，二羽淳一郎：円形断面を有するRCディープビームのせん断耐力評価，コンクリート工学年次論文集，Vol.33，No.2，pp.709-714，2011.

4.2.11） 松本浩嗣，米花萌，二羽淳一郎，単純支持および逆対称曲げモーメントを受ける中実円形断面RCディープビームのせん断性状，土木学会論文集E2（材料・コンクリート構造），68巻，4号，pp.343-355，2012.

4.2.12） 中村麻美，中村拓郎，二羽淳一郎：せん断スパン比とせん断補強鉄筋比の異なるT形RCはりのせん断耐荷機構，土木学会論文集E2，Vol.73，No.3，pp.337-347，2017.

4.2.13） 中村拓郎，中村麻美，Devin GUNAWAN，小林研太，二羽淳一郎：圧縮フランジの抵抗力を考慮したT形RCはりのせん断耐力の評価方法，土木学会論文集E2（材料・コンクリート構造），75巻，4号，pp.279-292，2019.

4.2.14） 熊谷祐二，大窪一正，中村拓郎，二羽淳一郎：フランジ部を有するL形RCはりのせん断破壊性状，コンクリート工学論文集，30巻，pp.21-34，2019.

壊れないための設計と壊すための設計

中村　拓郎

構造設計は，極端な表現をすると，構造物が壊れない（安全に使用できる）ように諸性能を検討することである．一方，載荷実験用の試験体の場合には，想定した破壊に至るように設計する．はりのせん断破壊機構に関する研究であれば，せん断破壊が先行するように配筋や寸法等を決定していく．はりの載荷実験では，材料のばらつき，せん断補強鉄筋の有無，フランジの有無などの断面形状，せん断スパン比などの影響で，現行の規・基準類に準拠した設計せん断耐力よりも実験値が大きくなる場合が多い．いわゆる安全側の設計となっているため，ある作用で壊れない条件を見つけるよりも，ちょうど壊れる条件を見つける方が難易度は高くなる．

この余裕度を推測して実験計画を立てるためには，破壊までの過程をきちんと想像できる知識と経験が必要となる．やってみないとわからないという実験計画は望ましくないが，十分に練り込んだ（と思い込んでいる）場合でさえ，想定と異なる耐力や破壊形態に至ることもあり，これが次なる課題に発展する好機にもなりうる．大学等における実験では，なかなか破壊に至らずに帰宅時間が遅くなったなどは笑い話となるが，卒業や修了が問われる実験での想定外の結果（人為的ミスも含めて）は様々な緊張が高まるので，時には勘や運も大切である．もちろん，実構造物を対象とした設計では，勘や運に頼るわけにはいかない．

近年，激甚化と称されるほどに自然災害による大きな被害が見受けられ，将来的に起こりうる超過外力に対する危機管理意識も高まっている．緊急輸送道路等の地域の防災計画において期待される機能を担うことが求められる道路橋の場合，災害等においてもその被害を最小化し，早期復旧や早期機能確保の観点から致命的な損傷を回避する必要がある．このため，補修しやすい部位に損傷を誘導・制御するような設計方法も検討されはじめている．この設計方法は，道路橋を構成する各部材がそれぞれ安全側に設計されているだけでは成立せず，部材間の影響や様々な不確実性も考慮した「壊すための設計」が求められ，既設構造物を対象とした場合には，その難度はさらに高まる．

すべての構造物に対して高い技術水準が求められる煩雑な設計が適用されるわけではないが，「壊れないための設計」「壊すための設計」のいずれの設計においても，破壊に至る過程をきちんと想像できることが重要であると考えている．実構造物が破壊に至る過程を観察できる機会など縁起でもないが，大学や研究機関では載荷実験によって破壊の過程を観察する機会を得やすい．限られた財源での工夫は必要となるが，数値計算による解析的検討に頼り過ぎず，載荷実験によって破壊に至る過程をきちんと観察する機会を設けて，それを公表していくことを大切にしたいと思う．ただし，管理者としての立場としては，破壊に至る過程の観察対象は試験体であって，試験装置や計測機器ではないことを切に願う．

4.3　鉄筋継手とプレキャスト部材

社会資本の基盤であるコンクリート構造物の経年劣化が深刻化する中，コンクリート構造物のこれまで以上の品質確保とそれを支える技術者・研究者の減少への対応が喫緊の課題となっている．工場製品であるプレキャストコンクリート（以下，PCa）には，工場での厳しい管理体制による品質安定性や高耐久性などによるコンクリートの高品質化にくわえて，建設現場における工期短縮，省力化，省資源化が期待される．その一方で，PCaを構造部材として適用する際には，鉄筋をつなぎ合わせる継手の存在や，PCa部材あるいは既設コンクリート部材との境界部となる目地の存在による耐荷力や変形性能等の構造性能への影響，例えば，現場打ちコンクリートでは生じ得ない構造部材としての一体性に関する諸問題が危惧される．

Wangら[4.3.1)]は，PCa部材と現場打ちコンクリート部材の接合部を有するコンクリート部材の曲げ性能を検証するために，**図4.3-1**に示すような継手種類（重ね継手，機械式継手，モルタル充てん継手）や接合部位置が異なるRCはり試験体を用いた載荷試験を行っている．曲げモーメントが最大となる等曲げ区間に接合部を有する場合には曲げ耐力がやや小さくなる場合があるが，継手種類の違いによって破壊モードが変化することはなかったとしている．また，曲げモーメントの大きい区間に接合部を配置した場合には，最大ひび割れ幅を有するひび割れが継手端部に発生するなど，接合部がない場合と比較すると，ひび割れ性状や接合面の開口幅が異

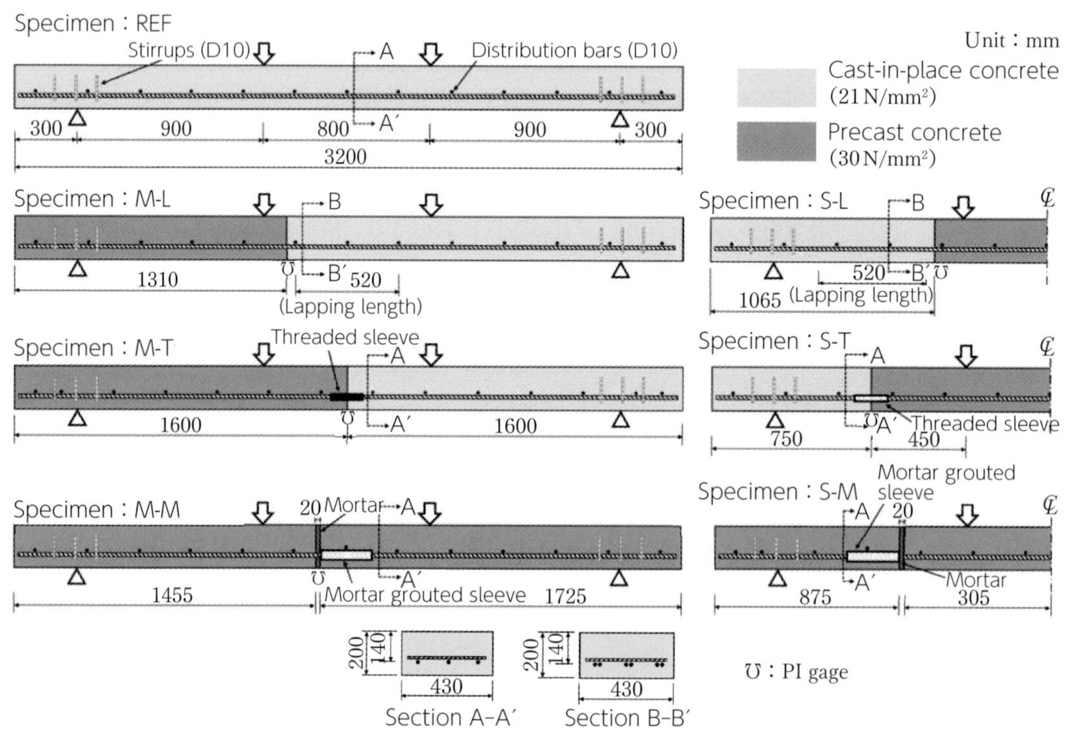

図4.3-1　Wangらの載荷試験の概要[4.3.1)]

なること示している．

機械式継手の一種であるモルタル充てん継手（**図4.3-2**）は，あらゆる形状の鉄筋を接合でき，接合時に鉄筋の伸びや縮みが生じず，かつ，施工誤差も吸収できることから，現場打ちにおける国内外の施工実績が増加している．安田ら[4.3.2)]は，モルタル充てん継手の利点を生かした鉄筋先組工法やプレキャスト工法において継手が同一断面に配置されることに着目し，RCはりの曲げ性状に及ぼす影響を載荷試験によって検証している．その結果，モルタル充てん継手の存在がRCはりの曲げ性状に及ぼす影響は小さく，継手のないRCはりと同程度以上の曲げ耐力と剛性を有すること，同一断面に継手を配置した場合であってもひずみ分布や変形性状に大きな差が認められないことを示している．ただし，最大ひび割れの発生個所については，**図4.3-3**に示すようにスリーブ端部近傍に発生しやすくなる可能性を示唆している．Tanaponら[4.3.3)]は，モルタル充てん継手を有するRCはりに設けた接合目地の存在が曲げ性状に及ぼす影響を検討している．従来のRCはりと同様のRC計算によって曲げ耐力を推定できる一方で，はりの変形は接合目地の影響を受け，接合目地の開口幅は接合部が存在しないRCはりのひび割れ幅よりも大きくなる傾向となることを示している．

こうしたPCa部材の接合部の開口に対する課題に対して，Huangら[4.3.4)]は，Non-Abutment Pretensioning Prestressing Method（以下，NAPP，**図4.3-4**）によって，PCa部材の接合部に局所的にプレストレスを加える試みを行っている．接合目地の存在とプレストレスを考慮した静

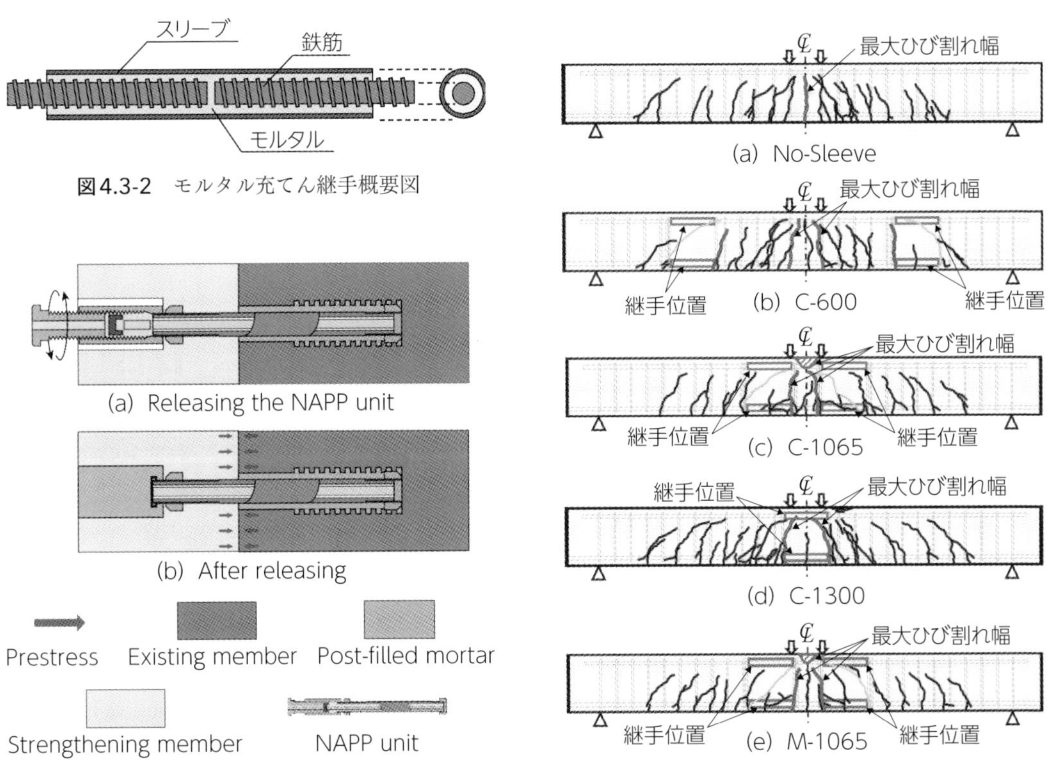

図4.3-2　モルタル充てん継手概要図

図4.3-4　NAPPの概要[4.3.4)]

図4.3-3　安田らの載荷試験の概要[4.3.2)]

的繰返し載荷試験の結果，プレストレスの導入がPCaはりのたわみと接合面の開口を効果的に低減し，靭性とひび割れの開口を改善できることを示している．その一方で，PCaはりの降伏荷重と曲げ耐力にはプレストレスの影響がないことを報告している．

また，継手に主鉄筋より径の太いスリーブを使用するモルタル充てん継手などを用いる場合には，スリーブ部に配置されたせん断補強鉄筋によってかぶり厚が決定され，最小かぶり厚を確保するためには主鉄筋をさらに内側に配置するなどの工夫が必要となる．安田ら[4.3.5)]は，せん断補強鉄筋をスリーブ端部に集約して配置（以下，集約配筋）する工法のせん断補強効果への影響を確認するために，スリーブ位置，スリーブの有無，集約配筋の有無をパラメータに**図4.3-5**に示すようなRCはりの載荷試験を行っている．その結果，集約配筋とした場合であっても，せん断補強鉄筋によるせん断抵抗が修正トラス理論によって算定した耐力を下回ることなく安全側にせん断耐力を評価できることや，スリーブと集約配筋を併用することで集約区間へのひび割れの集中を防ぐことができることを示している．特に，スリーブ位置がせん断スパンの一端側に配置されると破壊がせん断スパン内の残り区間に集中し，耐力が大きく向上することを明らかにしている．森ら[4.3.6)]は，接合目地がモルタル充てん継手と集約配筋を有するRCはりのせん断性状に与える影響について，接合目地の有無，せん断補強方法，継手スリーブの位置をパラメータに載荷試験を行い，接合目地を有することで一時的に荷重が低下するおそれがあるものの，修正トラス理論式によってRCはりのせん断耐力を安全側に評価できることを確認している．また，**図4.3-6**に示すように，スリーブの配置箇所によってはひび割れの発生順序が変化し，せん断耐力にも影響する可能性を示唆している．さらに，引張側スリーブ数，圧縮側スリーブの有無，せん断スパンに占めるスリーブ長をパラメータとした載荷試験[4.3.7)]から，引張側や圧縮側へのスリーブの配置本数およびせん断スパンに対するスリーブの長さによってひび割れ性状が変化し，場合によっては集約されたせん断補強鉄筋が十分なせん断補強効果を発揮しない可能性を示唆している．

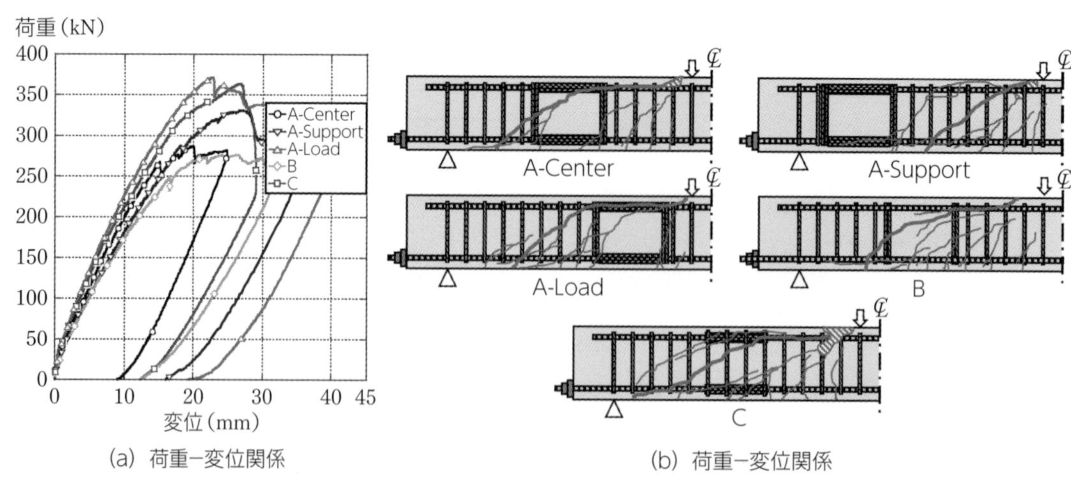

（a）荷重−変位関係　　（b）荷重−変位関係

図4.3-5　安田らの集約配筋に関する載荷試験の概要[4.3.5)]

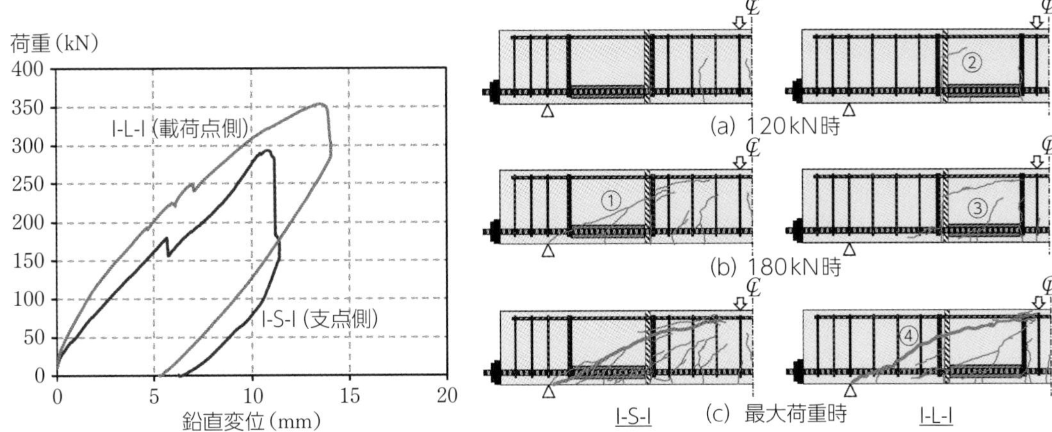

図4.3-6 森らの接合部の位置を変えた載荷試験の概要[4.3.6)]

〔参 考 文 献〕

4.3.1) Huimin WANG, 中村拓郎, 髙松芳徳, 二羽淳一郎：FLEXURAL PERFORMANCE OF RC BEAMS WITH INTERFACE AND VARIOUS CONNECTIONS, コンクリート工学年次論文集, Vol.39, No.2, pp.421–426, 2017.

4.3.2) 安田瑛紀, 中村拓郎, 松本智夫, 二羽淳一郎：モルタル充填式継手を同一断面に配置したRCはりの曲げ性状に関する研究, コンクリート工学年次論文集, Vol.38, No.2, pp.595–600, 2016.

4.3.3) Tanapon PATIPONG, Teng SHUO, Takuro NAKAMURA, Toshio MATSUMOTO and Junichiro NIWA: FLEXURAL BEHAVIOR OF RC BEAMS WITH CONNECTION USING MORTAR GROUTED SLEEVES, EASEC-15, 1399–1405, 2017.

4.3.4) Zheming HUANG, 大窪一正, 二羽淳一郎：EFFECTS OF PRESTRESSING METHOD ON FLEXURAL PERFORMANCE OF PCa BEAMS, コンクリート工学年次論文集, Vol.41, No.2, pp.535–540, 2019.

4.3.5) 安田瑛紀, 松本浩嗣, 松本智夫, 二羽淳一郎：モルタル充填式継手と集約配筋がRCはりのせん断性状に与える影響, コンクリート工学年次論文集, Vol.37, No.2, pp.517–522, 2015.

4.3.6) 森敬倫, 中村拓郎, 松本智夫, 二羽淳一郎：接合目地とモルタル充てん継手を有するRCはりのせん断性状, コンクリート工学年次論文集, Vol.39, No.2, pp.469–474, 2017.

4.3.7) 森敬倫, 中村拓郎, 松本智夫, 二羽淳一郎：モルタル充てん継手が接合目地を有するRCはりのせん断性状に及ぼす影響, コンクリート工学年次論文集, Vol.40, No.2, pp.517–522, 2018.

4.4 UFCを活用した構造

4.4.1 UFC埋設型枠

埋設型枠は，英語でPermanent formworkと表記されるように，恒久的に使用される型枠であり，コンクリートを打設する際に型枠として使用するが，養生後に取り外しはせず，内部のコンクリートおよび補強鋼材と一体の部材として，構造物の一部として用いるものである．埋設型枠に用いる材料の特性による高耐久化や，型枠の取り外し作業がないことから省力化が可能である．UFCが持つ特性を活かすことができる適用例のひとつは，埋設型枠であろう．UFCを用いた埋設型枠に関して，これまでは主に耐久性の向上効果が検討されてきたが，高い強度特性を踏まえれば，力学性状の改善も期待されるところである．

このような背景から，UFC埋設型枠を用いたRCはりの載荷実験が行われ，力学性能の向上効果が検討された[4.4.1]．RCはり試験体の概要を**図4.4-1**に示す．実験パラメータは，埋設型枠の厚さ，せん断スパン比，貫通ボルトの有無，である．貫通ボルトの設置（図中のScrews and boltsで，埋設型枠の表面にワッシャとナットを締め込むことにより固定）は，本実験の特色の

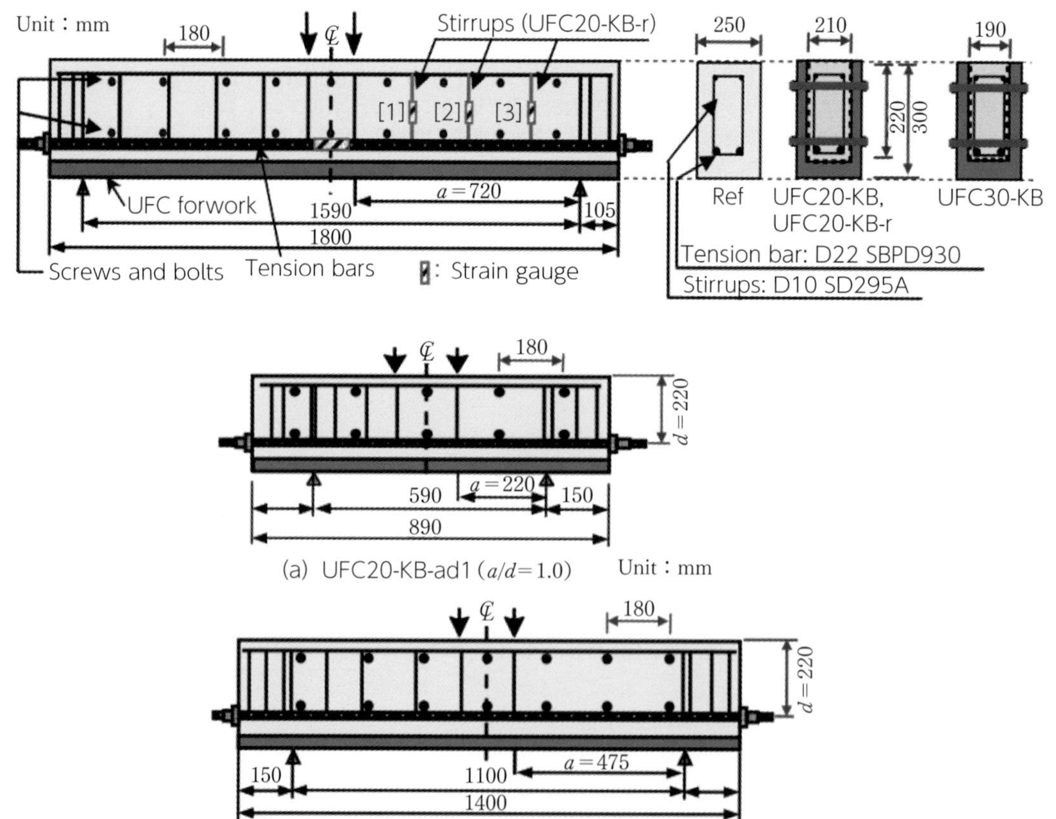

図4.4-1　UFC埋設型枠を用いたRCはり試験体[4.4.1]

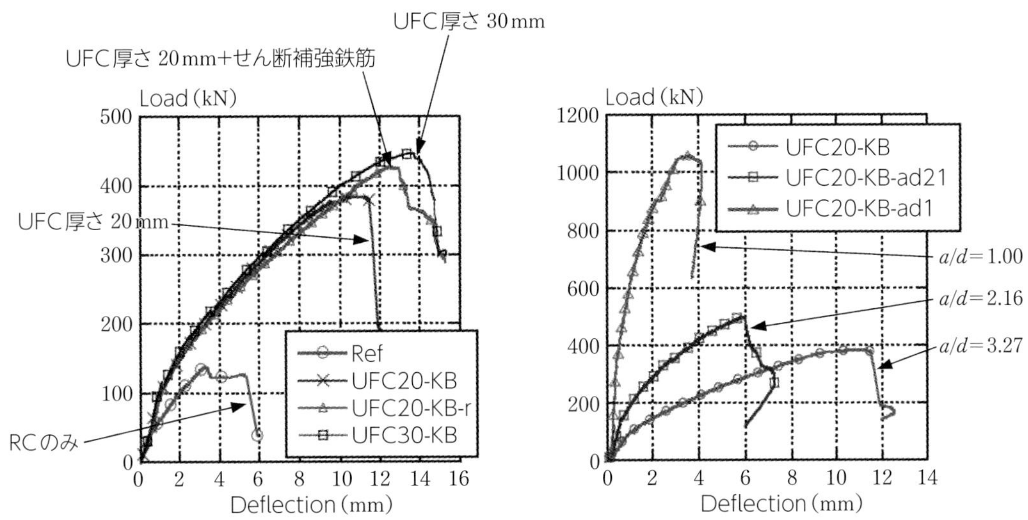

図4.4-2 UFC埋設型枠を用いたRCはりの荷重－変位関係[4.4.1)]

ひとつであり，埋設型枠と内部RC部材との一体性の向上を図ったものである．本実験で使用した埋設型枠には，内側壁面部にせん断キーが配置されているが，界面の剥離を抑えるためには面外方向の拘束が重要となるからである．**図4.4-2**に，実験で得られた荷重－変位関係を示す．比較用に用意したRCのみのケースと比較すると，UFC埋設型枠を用いたケースはいずれもせん断耐力が大幅に向上していることがわかる．埋設型枠の厚さとせん断スパン比もせん断耐力に影響を及ぼすが，特にせん断スパン比が1.0のディープビームのせん断耐力が大きかった．圧縮ストラットによる耐荷機構を形成するディープビームに対して，UFCの高い圧縮強度特性が耐荷力の向上に大きく寄与したためと考えられる．**図4.4-3**に，載荷実験終了後の破壊性状の例を示す．埋設型枠表面と内部RCのひび割れパターンがほぼ一致しており，破壊の直前まで，一体性が保持されていたものと推察される．また，**図4.4-4**に示すフリーボディの力の釣合いから，UFC埋設型枠の分担せん断力を算定する手法が示されている．実験で計測した斜めひび割れ幅の分布を，既存のUFCの引張軟化モデル（架橋応力－ひび割れ開口変位関係）を用いて架橋応力分布に変換し，その鉛直成分をひび割れ全長にわたって積分することにより求めている．

近年，耐久性等の観点から，合成繊維を用いたUFCも開発されている．合成繊維の中でもPBO（ポリパラフェニレン・ベンゾビス・オキサゾール）繊維は，極めて高い引張強度を有することで知られており，新材料の適用性に関する研究として，PBOを用いたUFC埋設型枠に関する実験が行われている[4.4.2)]．**図4.4-5**に，PBOを用いたUFC埋設型枠とRCの合成はり試験体を示す．埋設型枠はRC部の側面に配置されており，UFCに用いた短繊維は，長さ8mm，15mm，22mmのPBO繊維と，比較用の鋼繊維である．**図4.4-6**に，曲げ試験から得られた各種繊維を用いたUFCの引張軟化曲線を示す．鋼繊維を用いたケースが最も高い強度とじん性を示しているものの，特に繊維長の大きいケースでは，PBOはほぼ遜色のない引張軟化性状を示

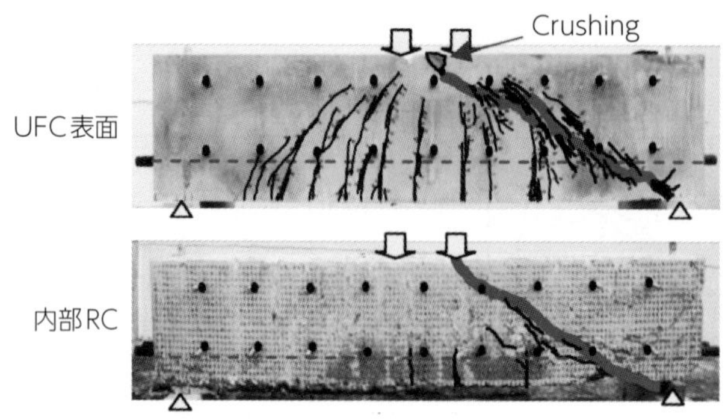

(a) UFC厚さ 20mm, a/d＝3.27

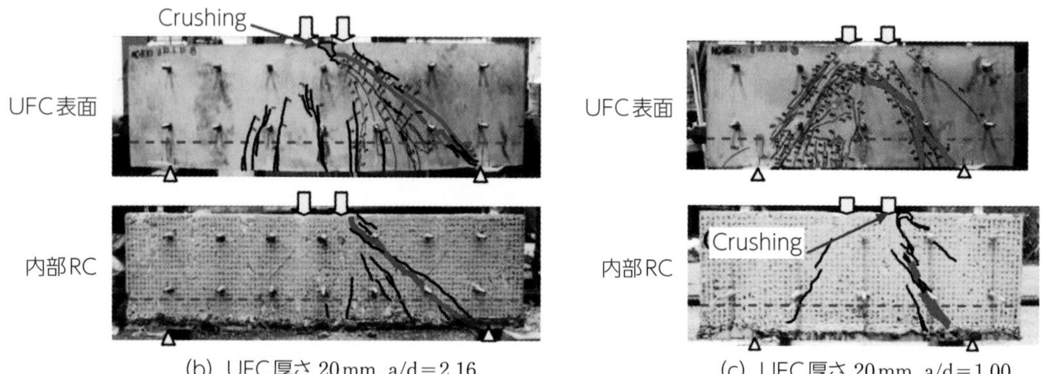

(b) UFC厚さ 20mm, a/d＝2.16　　(c) UFC厚さ 20mm, a/d＝1.00

図4.4-3　実験終了後の破壊性状の例[4.4.1)]

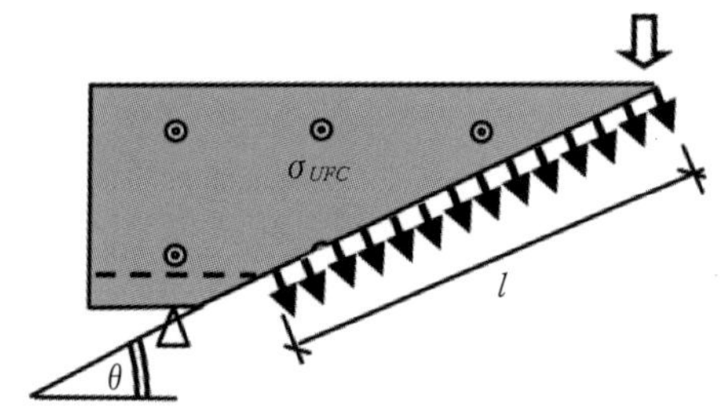

図4.4-4　UFC埋設型枠の分担せん断力の考え方[4.4.1)]

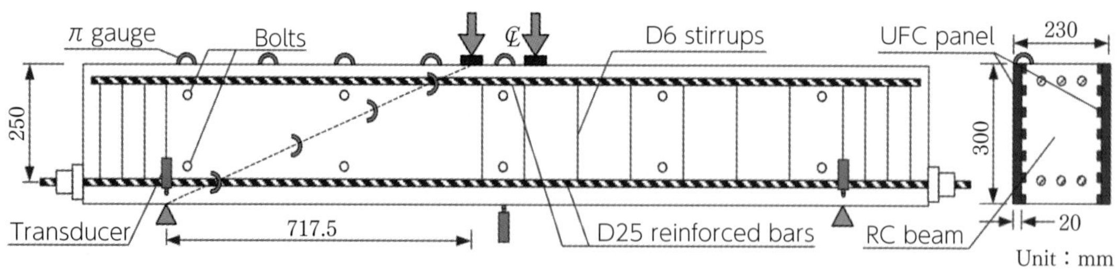

図4.4-5　PBOを用いたUFC埋設型枠とRCの合成はり試験体[4.4.2)]

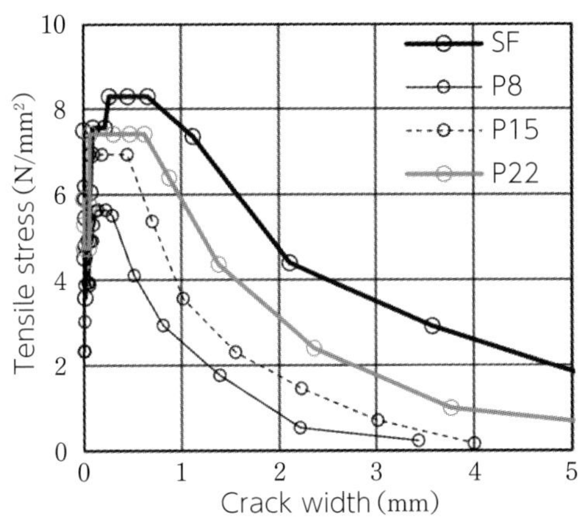

図4.4-6 PBOを用いたUFCの引張軟化曲線[4.4.2]
(SF：鋼繊維，P8：PBO繊維（長さ 8mm），P15：PBO繊維（長さ 15mm），P22：PBO繊維（長さ 22mm））（繊維量はいずれも，体積比で1.75%）

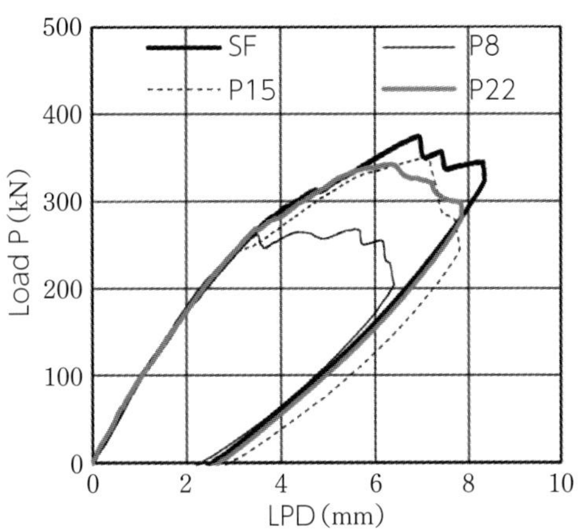

図4.4-7 PBOを用いたUFC埋設型枠とRCの合成はりの荷重－変位関係[4.4.2]
(SF：鋼繊維，P8：PBO繊維（長さ 8mm），P15：PBO繊維（長さ 15mm），P22：PBO繊維（長さ 22mm））（繊維量はいずれも，体積比で1.75%）

している．**図4.4-7**に，PBOを用いたUFC埋設型枠とRCの合成はりの荷重－変位関係を示す．部材のせん断耐荷力の点では，特に繊維長の大きいケースでは，PBOは鋼繊維とほぼ同等の性能を有していることがわかる．また，分担せん断力に関する検討も行っており，以下の式のようにマトリクス貢献分と繊維貢献分の和で表すことにより，せん断耐荷力を評価できることが示されている．

$$V_y = V_{rpc} + V_f \tag{4.4-1}$$

$$V_{rpc} = 0.18 f_c'^{\,1/2} \cdot b_w d \tag{4.4-2}$$

$$V_f = (f_v / \tan \beta_u) \cdot b_w z \tag{4.4-3}$$

ここに，V_y：UFCの分担せん断力（kN），V_{rpc}：マトリクス貢献分（kN），V_f：繊維貢献分（kN），f_c'：UFCの圧縮強度（N/mm^2），f_v：斜めひび割れの直角方向のUFCの引張強度の平均値（N/mm^2），b_w：ウェブ幅（mm），d：有効高さ（mm），β_u：斜めひび割れが部材軸と成す角度，z：モーメントアーム長（mm），である．

〔参 考 文 献〕

4.4.1) Puvanai Wirojjanapirom, Koji Matsumoto, Katsuya Kono and Junichiro Niwa: Evaluation on Shear Capacity of RC Beams using U-shaped UFC Permanent Formwork, Proceedings of JCI, Vol.35, No.2, pp.1513–1518, 2013.

4.4.2) Chihhsuan Chang, Takuro Nakamura, Shinichi Usuba and Junichro Niwa: Shear Behavior of UFC-RC Hybrid Beams with PBO Fiber, Proceedings of JCI, Vol.39, No.2, pp.1345–1350, 2017.

4.4.2　UFC合成構造

これまでにない性能を有する新材料は，新しい構造形式を生む可能性を秘めている．UFCは，その高い強度特性とフレッシュ時の流動性，耐久性により，従来のコンクリートでは不可能であった薄肉断面の構造部材を実現した．これにより，長大スパン化，長寿命化，耐震性の向上等，様々な恩恵を得ることができる．

UFCを用いた新しい合成構造として，UFCウェブを有する複合PCはりが提案されている[4.4.3),4.4.4)]．ウェブ部にUFC製のプレキャスト部材を用いて，接合部でフランジと一体化したPCはりである．**図4.4-8**に試験体，**図4.4-9**に接合部の概要を示す．様々な形状のUFCウェブが検討されており，接合部の形式も，ウェブの形状に合わせて考えられている．すべての形状に対してウェ

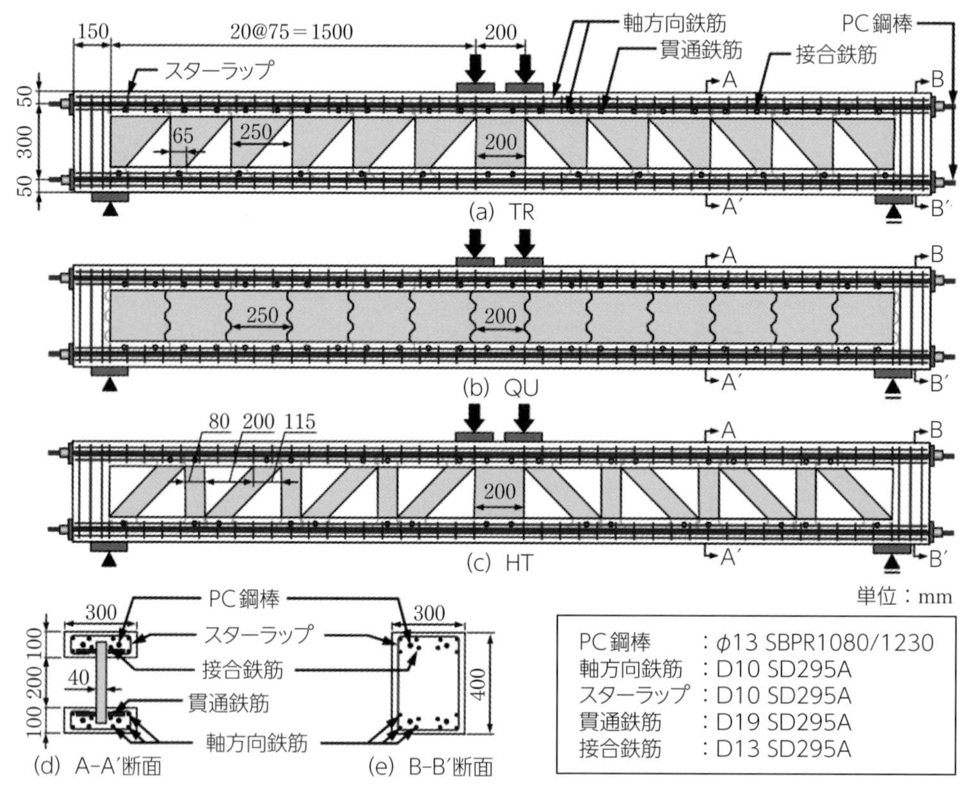

図4.4-8　UFCウェブを有する複合PCはり試験体[4.4.3)]

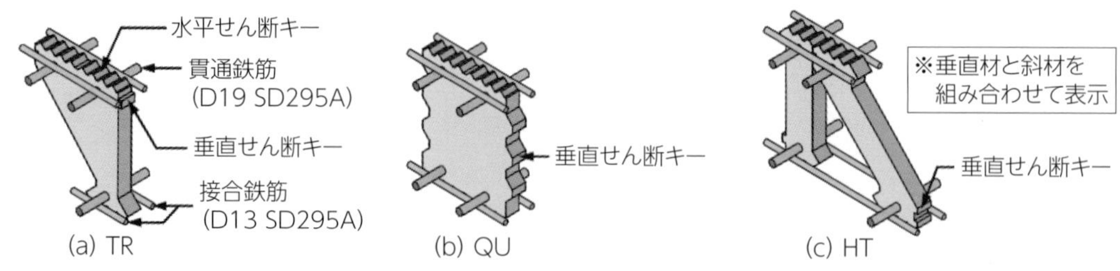

図4.4-9　複合PCはりの接合部[4.4.3)]

ブ幅は40mmであり，通常のコンクリート部材よりも極めて薄肉であることに着目すべきであろう．フランジのコンクリートを打設後，ポストテンション方式によりプレストレスを導入しており，PC鋼棒を緊張後，グラウトをシースに注入している．また本研究では，FEMによる解析的検討を重点的に行っている．新しい材料・構造形式を採用する際は，破壊挙動や耐荷機構に未知な部分が多く，実験で観察，計測できる情報のみでは不十分な場合もある．数値解析を利用することによって，応力の大きさや方向，各位置の応力－ひずみ挙動等のより詳細な情報が得ることができ，現象の解明に貢献することができる．**図4.4-10**と**図4.4-11**に，実験と解析で得られた荷重－たわみ関係，ひび割れパターンをそれぞれ示す．全体挙動である荷重－たわみ関係に加えて，トラス部の局所的な破壊等，終局に至るまでのプロセスを解析が良好に再現されている．

さらに本検討では，UFCトラスにプレストレスを導入した新たな格子構造（**図4.4-12**）を提案しており，実橋レベルでの検討も行われている[4.4.4)]．この格子構造は，移動荷重によってトラス部材に発生する応力が圧縮と引張に反転するという実橋梁の状況を考慮したもので，引張斜材だけでなく，圧縮斜材にもプレストレスが導入されている．試験体の載荷実験の結果，引張

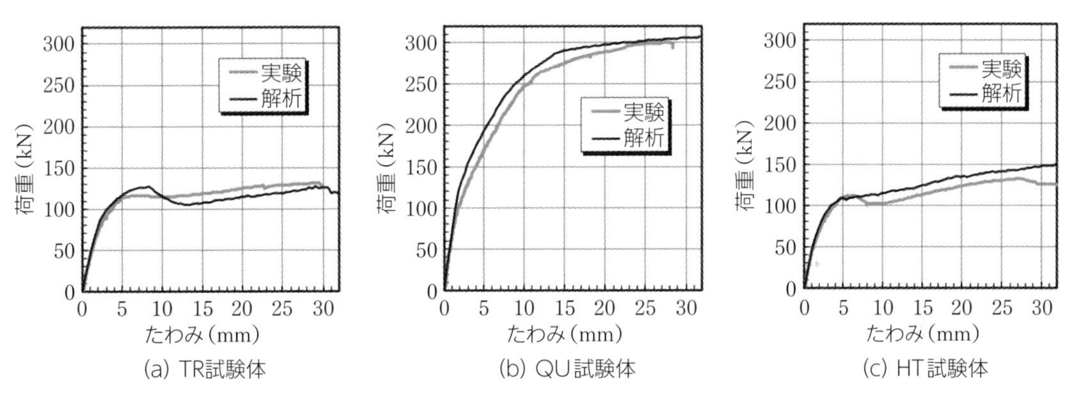

図4.4-10 複合PCはりの荷重－たわみ関係（解析と実験の比較）[4.4.3)]

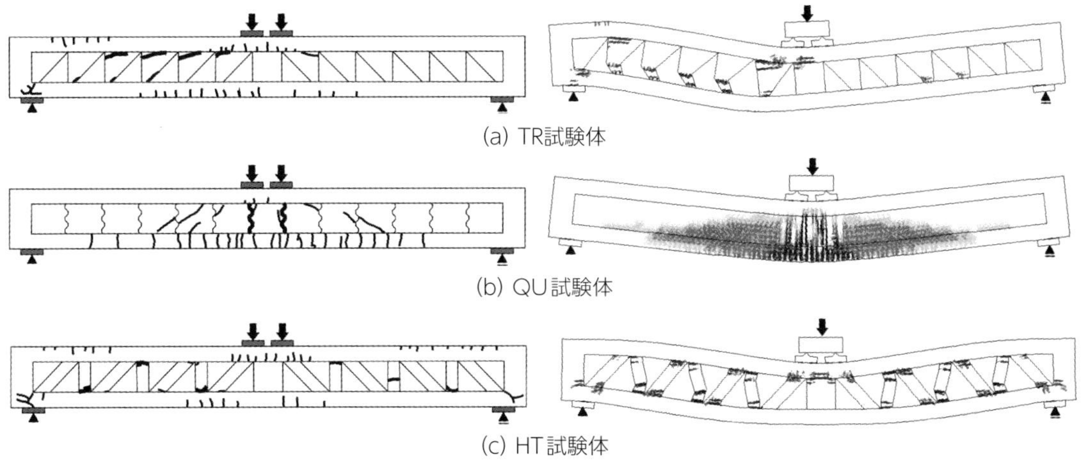

図4.4-11 複合PCはりのひび割れ性状（左：実験，右：解析）[4.4.3)]

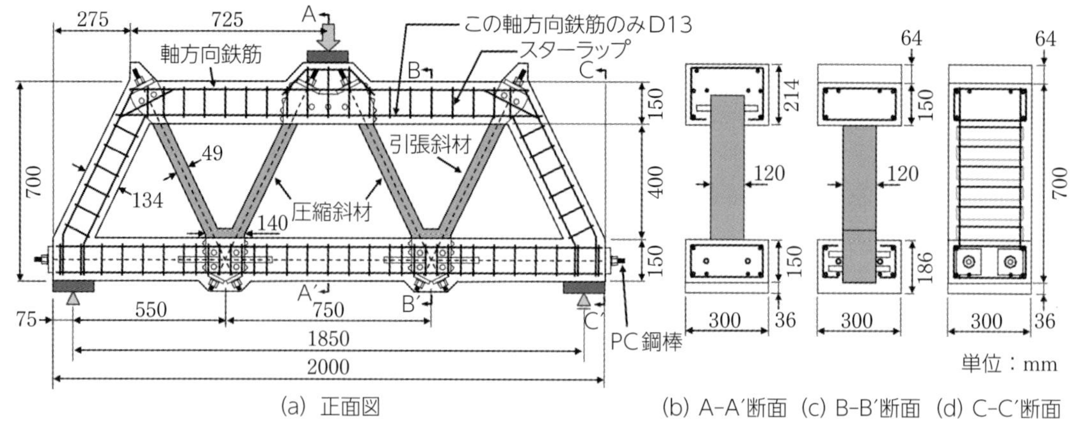

図4.4-12　プレストレスを導入したUFCトラスを用いた格子構造試験体[4.4.4)]

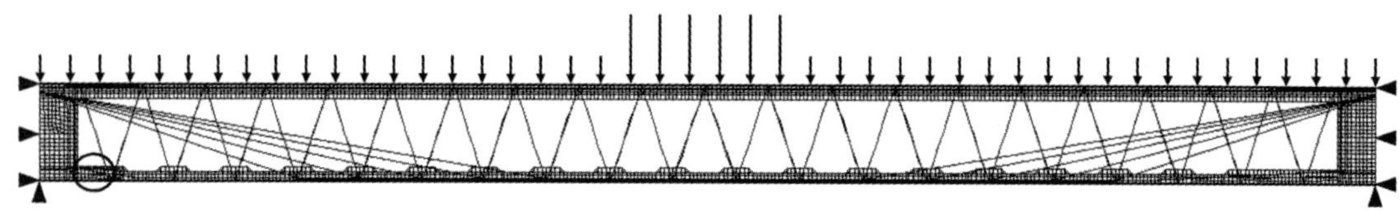

図4.4-13　鋼ウェブをUFCトラスで置き換えた実橋梁のFEMモデル[4.4.4)]

斜材のみにプレストレスを導入したケースと比べて耐荷性能に遜色はなく，せん断力に対して十分に抵抗できることが確認されている．実橋レベルでの検討では，**図4.4-13**に示すように，実際の鋼トラスウェブ複合PC橋梁と，ウェブをUFCトラスに置き換えた橋梁のFEMモデルについて，数値解析を行っている．**図4.4-14**の荷重－たわみ関係に示されているように，UFCトラスで置き換えた橋梁の力学性状は鋼ウェブ橋梁とほとんど差がなく，本構造形式が有用であることが示されている．

その他のUFCを用いた合成構造として，UFC-PC複合連続構造が考えられる．異なる材料の桁を連結した鋼-PC複合連続桁として木曽川橋・揖斐川橋があり，エクストラドーズド橋の形式をとるタワー近辺ではPC桁，それ以外の部分には鋼桁が採用されている．同等の重量で鋼桁とほぼ同じ曲げ耐力が実現できるというUFC桁の利点を活かして，鋼桁部分をUFC桁で置き換えたUFC-PC複合連続構造とすることにより，軽量かつ高耐久な構造にするという着想を得たのである（**図4.4-15**）．

異種桁を長手方向に連結する際に問題となるのが接合部であり，UFC桁とPC桁の接合方法の確立と，接合部の照査方法が必要となる．このような背景から，**図4.4-16**に示すUFC-PC接合部試験体の載荷実験が実施された[4.4.5)]．連結方法には，孔開き鋼板（PBL）と場所打ちUFCを用いた方法を採用している．実験パラメータは，PBLの厚さ，PBLの孔径，PBL孔内に設置する貫通鉄筋の径，PBLの設置間隔（図中のs），プレストレス量，である．荷重－相対変位関係の一例として，プレストレスの影響を**図4.4-17**に示す．本実験で検討したパラメータの中では，プレストレス量が最も接合部のせん断耐力に及ぼす影響が大きく，15 N/mm^{2}のプレストレ

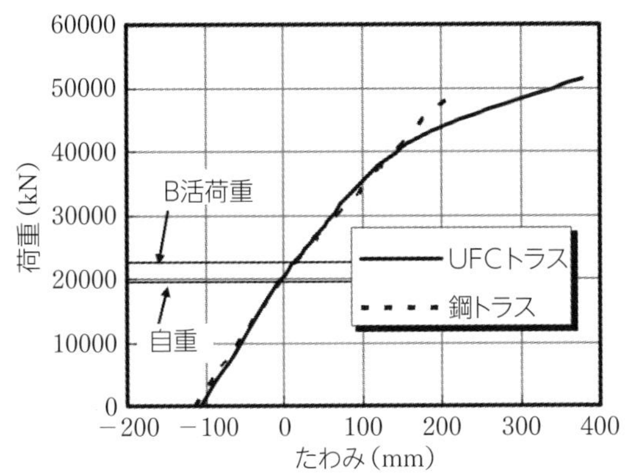

図4.4-14 荷重－たわみ関係（実橋梁の検討）[4.4.4]

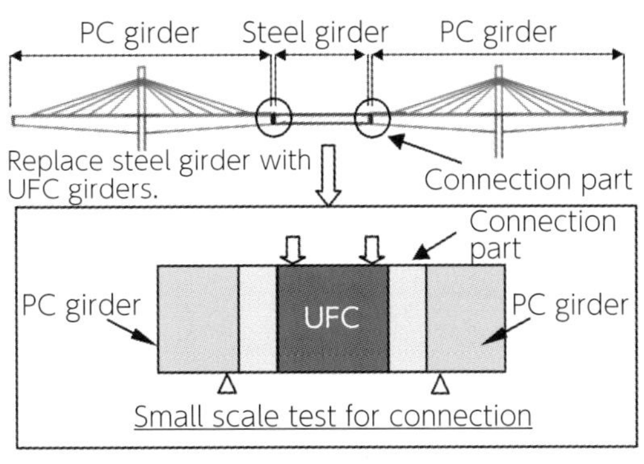

図4.4-15 UFC-PC複合連続構造の発想[4.4.5]

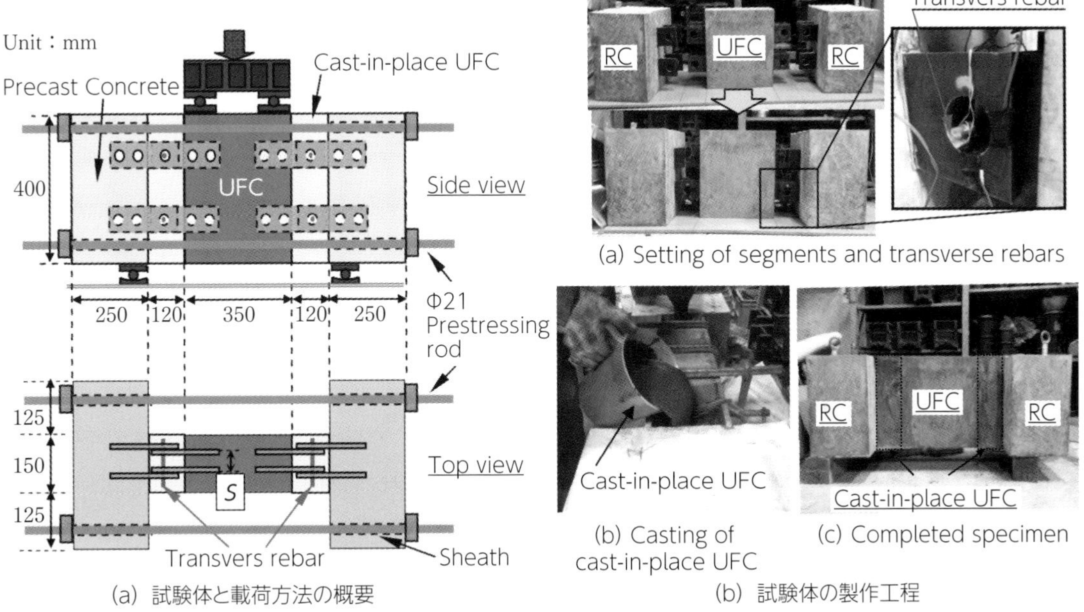

(a) 試験体と載荷方法の概要　(b) 試験体の製作工程

図4.4-16 UFC-PC接合部試験体[4.4.5]

スを加えることにより，接合部のせん断耐力が2.7倍以上に増加した．また，PBLを用いたUFC-PC接合部のせん断耐力に関して，以下の算定式が提案されている[4.4.5]．

$$V_{PBL}=\sum_{i=1}^{n_{PBL}}\left[0.80(h_i t_i E_{UFC})+\sum_{j=1}^{n_{hole}}\left\{0.95A_{sj}E_{sj}+2.8\frac{\pi}{4}(d_j^{\,2}-\text{Ø}_{stj}^{\,2})\sqrt{f_{c\_UFC}'}\right\}\right]+0.67A_c\sigma_c' \tag{4.4-4}$$

ここに，V_{PBL}：UFC-PC接合部のせん断耐力（N），n_{PBL}：PBLの枚数，h_i：接合部におけるi番目のPBLの埋込長さ，t_i：i番目のPBLの板厚，E_{UFC}：場所打ちUFCの弾性係数（kN/mm^2），

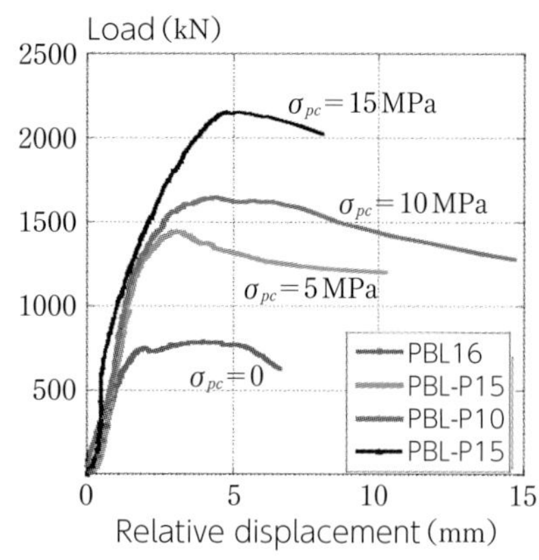

図4.4-17　UFC-PC接合部の荷重－相対変位関係（プレストレス量σ_{pc}の影響）[4.4.5)]

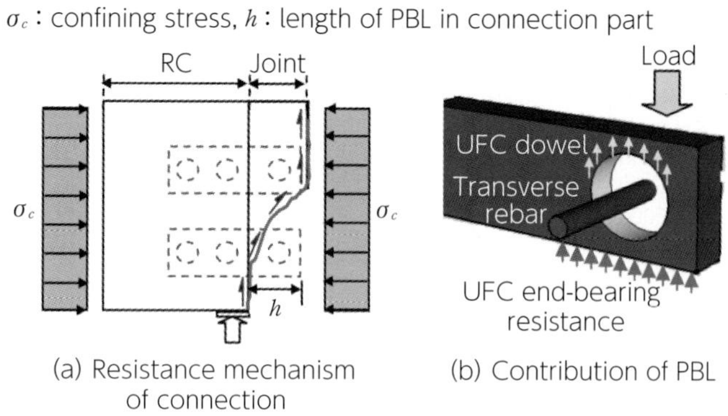

σ_c : confining stress, h : length of PBL in connection part

(a) Resistance mechanism of connection　(b) Contribution of PBL

図4.4-18　PBLを用いたUFC-PC接合部のせん断抵抗機構[4.4.5)]

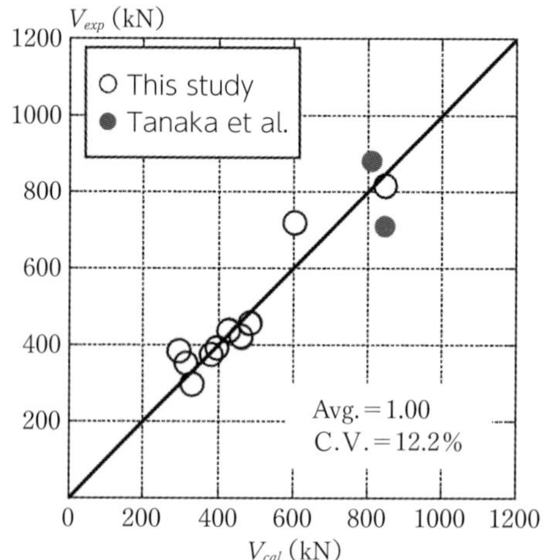

図4.4-19　UFC-PC接合部のせん断耐力に関する実験値と計算値の比較（n = 14）[4.4.5)]

n_{hole}：PBLの孔の数，A_{sj}：j番目の孔の貫通鉄筋の断面積（mm^2），E_{sj}：j番目の孔の貫通鉄筋の弾性係数（kN/mm^2），d_j：j番目の孔の径（mm），$Ø_{stj}$：j番目の孔の貫通鉄筋の径，f_{c_UFC}'：場所打ちUFCの圧縮強度（N/mm^2），A_c：プレストレス導入部の断面積，σ_c'：プレストレスによる接合部の応力（N/mm^2），である．

式（4.4-4）は，接合部のせん断抵抗力がPBLの抵抗分とプレストレスによる抵抗分の和で表され，さらにPBLの抵抗分がPBL本体の支圧力，孔内UFCの抵抗分，貫通鉄筋の抵抗分の和で表されるという考え（**図4.4-18**）に立脚している．式やモデルを構築する際は，単に実験結果を近似するのではなく，メカニズムに基づく構成とすることが望ましい．**図4.4-19**に，実験値と式（4.4-4）による計算値の比較を示す．図中には，貫通鉄筋を用いていない既往の実験データ（Tanaka et al.）も含まれている．本式は実験結果を精度良く表しており，UFC-PC接合部のせん断耐力を良好に評価できていることがわかる．

〔参 考 文 献〕
4.4.3)　村田裕志，千明英祐，二羽淳一郎，片桐誠：様々な形状のUFCウェブを有する複合PCはりの数値解析的研究，コンクリート工学年次論文集，Vol.27，No.2，pp.1261–1266，2005.
4.4.4)　村田裕志，二羽淳一郎，田中良弘，片桐誠：プレストレスを導入したUFCトラス部材を用いた複合PC構造に関する研究，土木学会論文集E，Vol.63，No.1，pp.92–102，2007.
4.4.5)　Puvanai Wirojjanapirom, Koji Matsumoto, Katsuya Kono, Takeshi Kitamura and Junichiro Niwa: Experimental Study on Shear Behavior of PBL Joint Connections for UFC-PC Hybrid Girder, Journal of JSCE, Vol.2, pp.285–298, 2014.

実験祭り

村田　裕志

私は2001年度～2006年度の6年間二羽研究室に在籍していた．その間に実にたくさんの試験体の打設や載荷を経験した（正式用語では「打込み」であるが，ここではあえてみんなが使っていた「打設」を使わせていただく）．おそらく，この6年間でもっとも1回あたりの打設量が多かったのは，1学年下の児玉君の繊維補強コンクリートの大型はりだったと思う（たしか600～700ℓであったと記憶している）．卒論や修論のための実験が本格化してくる秋以降になると，毎日のように200～300ℓの打設をするような時もあった．

二羽研究室流の試験体製作は，骨材準備（細骨材も粗骨材もふるい分けをやり直す）→鉄筋加工・組立て（工場のベンダーで曲げられない加工は外注）→ゲージ貼り→型枠製作→打設という流れになっており，1年経験すればみんな多能工となっている．練り上がった生コンクリートはハンドパレット上のフネで受け，打設場所まで運び，あとはスコップやバケツによる打設だった．このように，基本的に人海戦術による打設なので，300ℓオーバーの打設となると，研究室メンバー総出の「祭り」状態だった．

載荷実験に関しても，毎日はおろか，1日に2体以上の大型はりの載荷実験をやる学生もいた．なお，載荷実験の前にはコンクリートゲージを貼付するのだが，一時期はコスト削減のため，ゲージ部分だけを購入し，リード線についてはリサイクルしてはんだ付けをしていた．

このような実験祭りの日々を過ごしてあっという間に6年間が過ぎた．この経験は今でも非常に役立っているし，なにより研究室生活が楽しかった．今思い返せば本当に良い思い出である．

コンクリート練混ぜの1シーン（2004年）
（意図しないフレッシュ性状のモノができた!?）

4章 特殊構造・新構造の研究開発

4.5　外ケーブル方式PCはり部材の構造性能に関する研究

4.5.1　外ケーブル方式PCはり部材のケーブル応力の推定および曲げ耐力に関する研究

外ケーブル方式のPC構造は部材自重を低減できること，ケーブルの配置をシンプルにできることなどから施工期間の短縮に有効であり，それゆえに建設コストの縮減に大いに貢献できる．また，コンクリート部材内部にケーブルを配置する場合と異なり，目視での点検や張力のモニタリング，ケーブルの配置変更やプレストレスの再導入もできるなど，維持管理においても利点を有している．

一方，そのような構造では，外ケーブルの張力変化は構造全体の挙動や外ケーブルの配置位置（部材図心からの偏心量）に依存することなどから，コンクリート部材内部にケーブルが配置されているはり部材などの既存のPCはりに比べ，設計時に設計荷重時のケーブル張力を推定する際には，その分析が複雑になる．また，外ケーブルはコンクリートとの付着が無く，通常の断面計算のように平面保持の仮定にもとづくケーブル応力の計算ができない．すなわち，部材の曲げ変形に応じてアンカー部分やデビエータを介して外ケーブルの張力が変化するため，部材全体の変形に基づいて外ケーブルの張力を算定する必要がある．この外ケーブル方式ならではの課題に関する研究は従来から行われていたものの，外ケーブルの応力に影響する要因が明確ではなかった．

そこでSivaleepunthら[4.5.1)]は，外ケーブル方式のPCはりの曲げ耐力ならびに耐力時のケーブル応力に対する影響因子を明確にすることを目的に，実験と解析の両面からその設計手法を検討した（**図4.5-1, 図4.5-2**）．それまでの曲げ耐力時の外ケーブル応力に関する既往の研究では，ケーブル応力は部材のスパンLと桁高d_{ps}の比による影響を受けるものと考えられてきたものの，実験的にL/d_{ps}はそれほど顕著に影響しないことを解析的に考察している．加えて，デビエータの配置間隔とスパンの比S_d/L，等曲げモーメント区間長とスパンの比L_d/Lの影響についてもパラメトリックに解析を行っている（**図4.5-3**）．パラメトリック解析の結果から，外ケーブルの応力増加に関して影響を与えた等曲げモーメント区間長とスパンの比L_d/Lにより，既存の

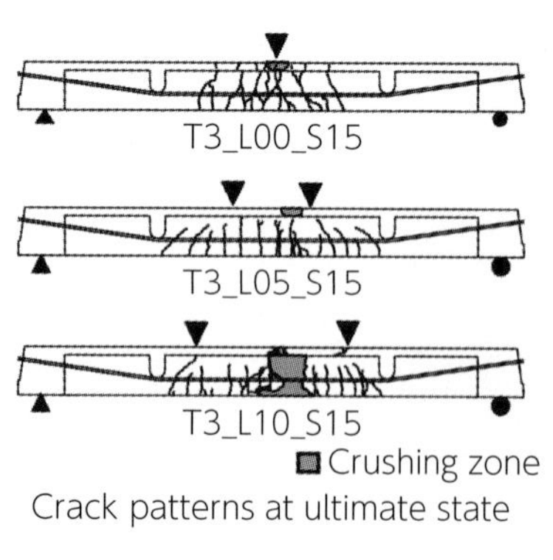

図4.5-1　はりのひび割れ性状[4.5.1)]

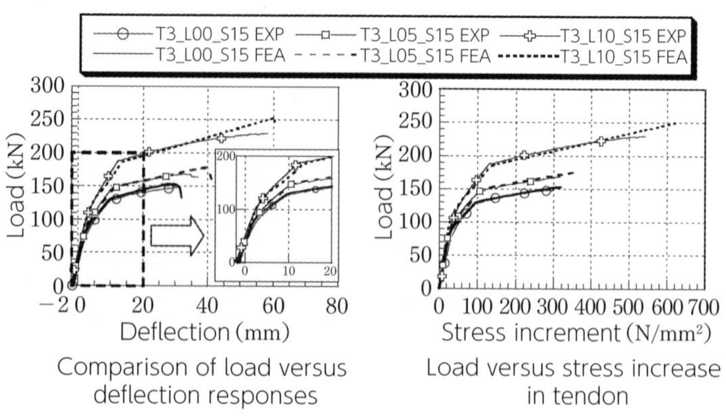

図4.5-2　変形とケーブル応力に対する載荷点の影響[4.5.1)]

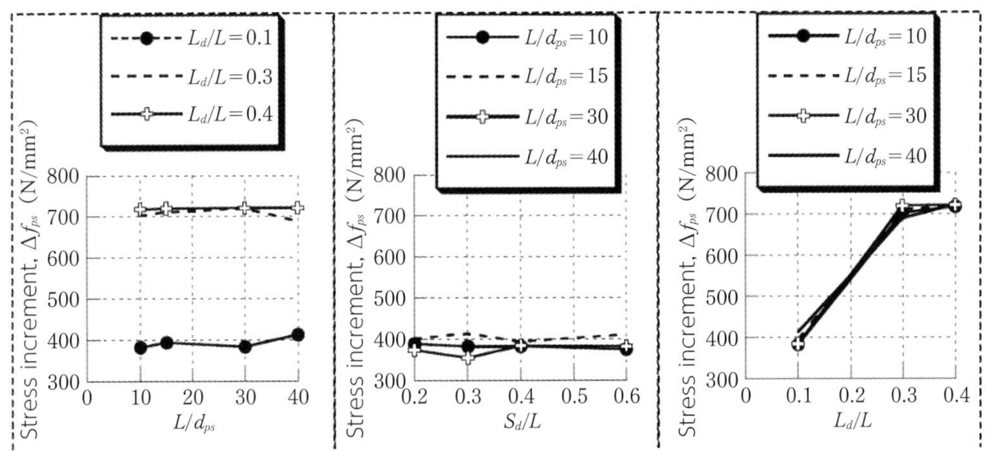

※S_d/L：デビエータの配置間隔とスパンの比，L_d/L：等曲げ区間とスパンの比

図4.5-3　外ケーブル方式PCはりのケーブル応力の増分に対する各パラメータの影響[4.5.1)]

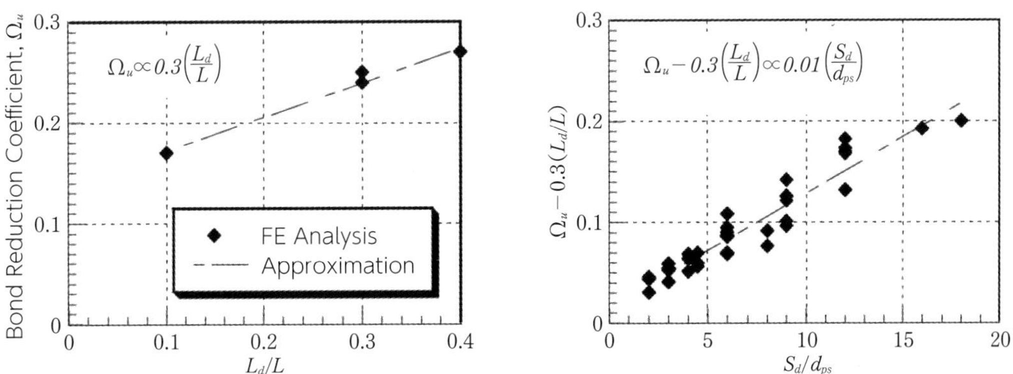

図4.5-4　外ケーブルの付着低減係数と各パラメータの関係[4.5.1)]

ケーブル張力の算定式でも考慮されているケーブル付着低減係数を修正することを提案しており（**図4.5-4**），これによって外ケーブル張力を妥当な範囲で推定できることを明らかにしている．

このように，外ケーブル方式の一体物のはり部材を対象に，そのケーブル応力を推定する手法が明らかになってきた．一方近年では，施工期間の短縮や工場製作による品質の向上などの優位性から土木構造物のプレキャスト化が進んでおり，プレキャストのコンクリートセグメント部材を外ケーブルによるプレストレス導入により一体化する際には，セグメント接合部の開口の影響に留意する必要がある．そこでSivaleepunthら[4.5.2)]は，提案した設計手法の適用可能性を検討するため，セグメント長さの異なる外ケーブル方式セグメントPCはりを対象に，その曲げ挙動および外ケーブル応力について実験と解析の両面から検討している．実験の結果，セグメント接合部の開口により部材の剛性が大きく低下すること，セグメント長の曲げ耐力への影響は小さいこと，セグメント接合部の無い一体物のはりに比べて曲げ耐力が小さくなることを明らかにしている．また，その破壊性状は，セグメント接合部の上端部で圧縮破壊する傾向になることを明らかにしている．

4.5.2　外ケーブル方式PCはり部材のせん断耐荷機構に関する研究

Sivaleepunthら[4.5.3]は，外ケーブル方式のPCはりに関して，簡易トラスモデルに基づきせん断耐力を推定する手法を提案している．その検討では，T形の外ケーブル方式PCはり部材のせん断耐荷機構に影響を与える因子を明確にするために，単純支持されたはりのFEM解析を行い，プレストレス量とせん断補強鉄筋量が影響することを確認している．また，解析的にせん断スパン内の応力分布とその影響因子を分析し，それに基づき簡易トラスモデルにおける圧縮斜材角度を予測する式を提案することで，簡易トラスモデルを外ケーブル方式のPC部材のせん断耐力評価に適用するための修正を試みている．

さらに，本検討に続いて，セグメントはりに関してもそのせん断耐力を予測する式の修正が試みられている．外ケーブル方式セグメントPCはりのせん断耐力に関する既往の研究では，セグメント接合部にごく近い領域の局所的な破壊性状についてよく考察されており，接合部の開口に応じて，圧縮ストラットが接合部にまたがって形成される場合があることなどを説明している．しかしながら，一体物の外ケーブル方式PCはりを対象に提案したせん断耐力の簡易トラスモデルでは，せん断力が接合部を横切って伝達されることが直接的に考慮されていない．そこで，Sivaleepunthら[4.5.4]は実験と解析により，圧縮ストラットの傾斜角度と位置がせん断耐荷機構やせん断耐力に影響することに着目し，各セグメントのストラット角度と位置に影響するセグメント接合部の開口について制限を設けることで対応している．

さらに，Nguyenら[4.5.5]は，接合部の開口程度によっては圧縮ストラットの分布が変化し，それがせん断耐荷機構に影響する可能性があることに着目している．**図4.5-5**のように，接合部の開口の程度が接合部位置とプレストレス量によって変化することを実験的に検討した上で，Sivaleepunthら[4.5.4]と同様に以下のようにFEM解析によってパラメトリックにその傾向を把握することとした．

Nguyenら[4.5.5]は，まず接合部位置とプレストレス量のせん断耐荷機構への影響を検討するために外ケーブル方式セグメントPCはりの曲げせん断載荷実験を行った．この実験では，片方

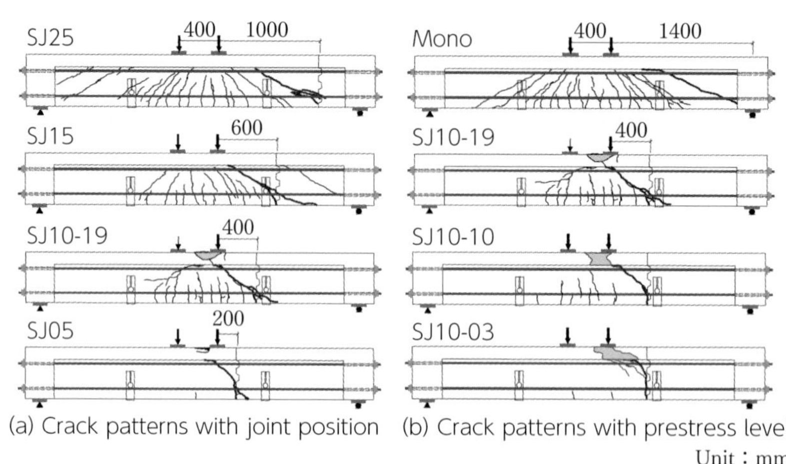

図4.5-5　接合部とプレストレス量に関する実験的検討[4.5.5]

のせん断スパン内にのみセグメントの接合部を設け，外ケーブルを直線配置してプレストレスを導入している．また，その接合部位置を4段階に，プレストレス量も3段階に変化させている．実験の結果，特に接合部をせん断スパンの中央よりも載荷点寄りに有している供試体では接合部が大きく開口すること（**図4.5-6**），接合部位置とプレストレス量は部材に生じた圧縮ストラットの傾斜角度に大きく影響することを明らかにしている．続いて，実験の試験パラメータに加えて，せん断スパン比，有効高さ，載荷点から接合部までの距離と有効高さの比などいくつかのパラメータを用意し，解析的にそれらの影響を確認した．これにより，セグメント接合部を横切って集中的に分布する圧縮応力の流れやその傾斜角度と接合部開口がせん断耐荷機構に影響することを説明した．最終的には，接合部位置の変化に伴い，2つのせん断耐荷機構があることを明らかにしている．**図4.5-7**のように，1つ目は載荷点から2つのストラットがせん断スパン内の接合部を横切って卓越する場合，2つ目は，支点から1つのストラットのみが接合部を横切って卓越するが，載荷点から接合部に向かって分布する応力は接合部を横切らない場合である．これにより，載荷点から接合部に向かって分布する圧縮応力分布の角度を考慮し，簡易トラスモデルの修正方法を提案した．

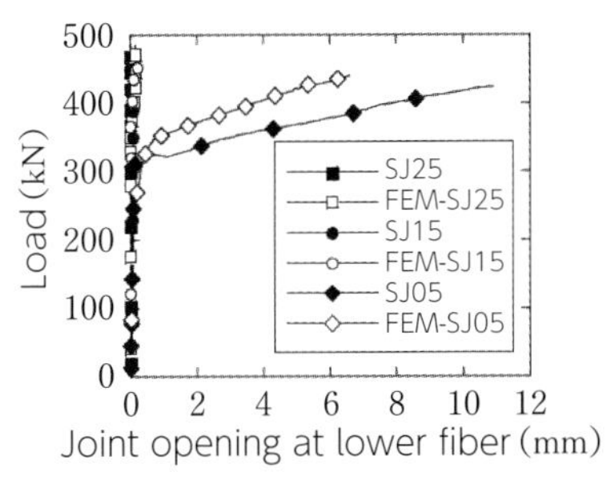

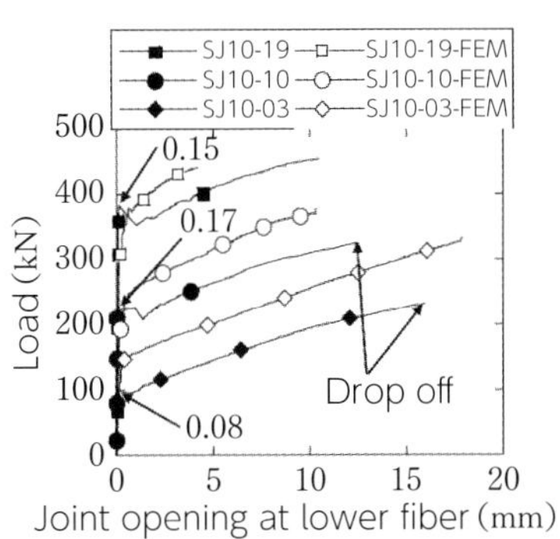

横軸：接合部最下部（引張縁）の開口変位（mm）
縦軸：荷重（kN）

図4.5-6　接合部の開口挙動[4.5.5)]

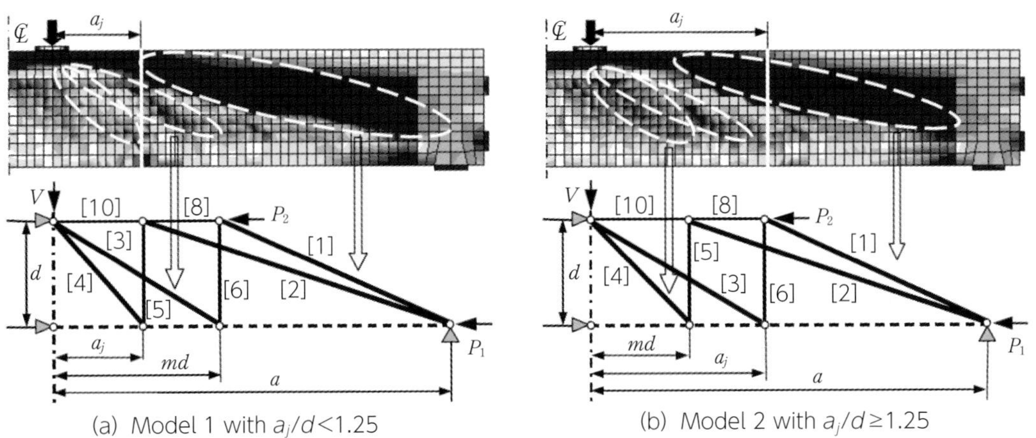

(a) Model 1 with $a_j/d<1.25$　　(b) Model 2 with $a_j/d\geq1.25$

図4.5-7　接合部位置に応じた2つのせん断耐荷機構[4.5.5)]

さらに，実構造物においては外ケーブルが直線配置のみならず曲げ上げ配置される．それまでに実施してきた供試体の曲げせん断試験においても，外ケーブルが曲げ上げ配置される場合においては，デビエータを介して外ケーブルから部材に伝達される力は直線配置した場合と異なることが容易に推察される．そこでNguyenら[4.5.6)]は，外ケーブルを曲げ上げ配置する場合のケーブルの傾斜角度，デビエータの位置をパラメータとして実験及びFEM解析を実施し，それらがせん断耐荷機構に与える影響を明確にしている．最終的には，ケーブルが曲げ上げ配置されることでアンカー部分でのプレストレスの伝達機構が変化すること，セグメント接合部周辺での局所的な破壊が起こることなどを考慮した**図4.5-9**のようなトラスモデルを提案している．

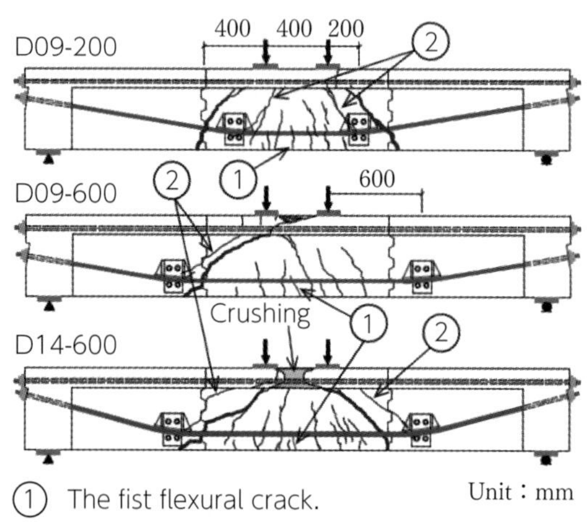

図4.5-8　ケーブル配置角度がせん断耐荷機構に与える影響の検討[4.5.6)]

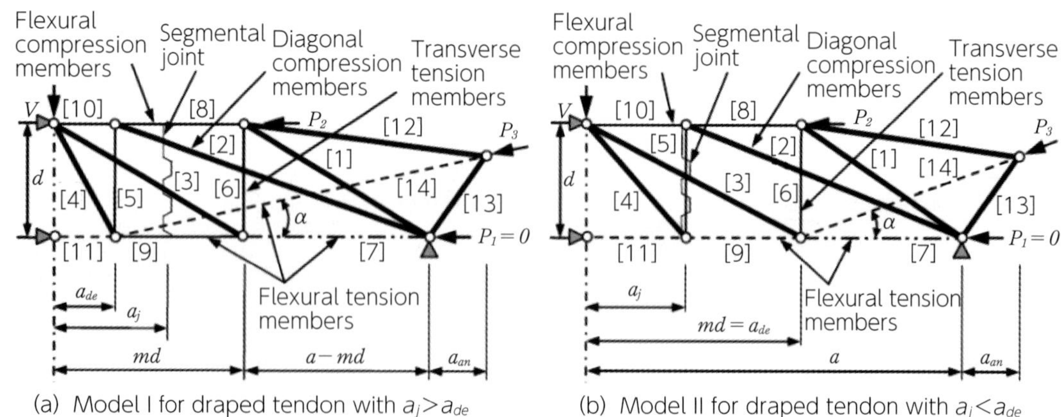

図4.5-9　簡易トラスモデルの改良[4.5.6)]

4.5.3　外ケーブル方式セグメントPCはり部材への繊維補強PFCの適用

普通強度コンクリートの約10倍，UFCの約1.5倍となる圧縮強度を有するPFCは，フレッシュ時に高い流動性を有し，様々な形状の構造部材に成型が可能な実用的な材料である．これを部材内部に普通鉄筋を用いないPC構造物に適用することで画期的な薄肉・軽量化が可能となると考えられることから，PFCはコンクリート構造の可能性を大きく広げ得るものと期待できる．そこで柳田ら[4.5.7)]は，PFCの優れた圧縮強度を活かした薄肉かつ軽量な構造について検討するため，**図4.5-10**のようにフランジとウェブの厚さが40mmと極めて薄いPFCセグメントを用いて，せん断スパンならびに曲げスパンにそれぞれ接合部を有する，20, 40N/mm^{2}と極めて大きなプレストレスを与えたセグメントPCはりを製作し，曲げ試験によりPFCの構造利用可能性を検討している．

供試体の破壊性状を比較した結果，下縁プレストレスを20N/mm^{2}とした供試体では，最大荷重以降にせん断キーから生じた斜め方向のひび割れが載荷点まで一気に進展・拡幅する脆性的な破壊挙動を示す反面，プレストレスを40N/mm^{2}とした供試体の場合には，せん断スパンの接合部を跨ぐように多数の分散した斜めひび割れが発生してせん断スパン全体にわたって一体的な挙動を示している（**図4.5-11**）．また，最終的にたわみが50mmに達するまで変形し，外ケーブルの応力が公称の降伏耐力に到達するまで大きな耐荷力を発揮した．このことから，本形式のようにPFCを用いて薄肉で軽量なPC構造を実現するには，積極的に大きなプレストレスを導入することが有効となることが実験的に明らかとなった．

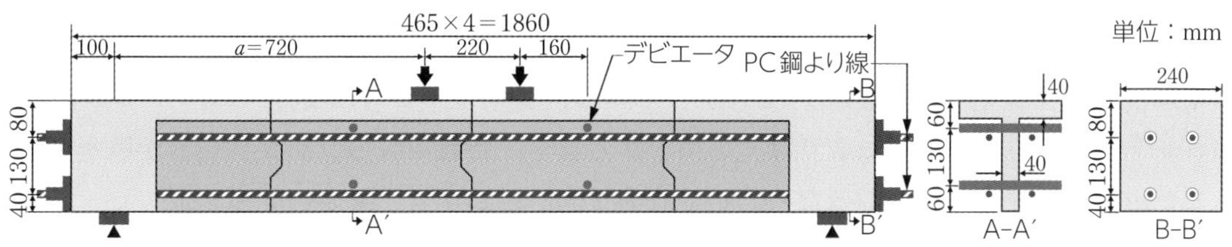

図4.5-10　プレキャストPFCセグメントPCはり[4.5.7)]

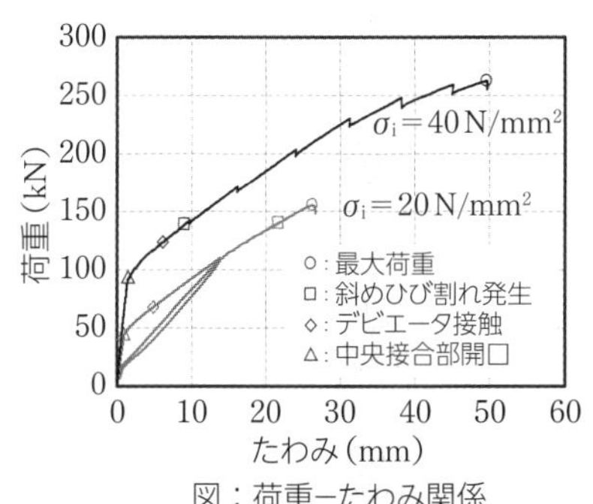

図：荷重ーたわみ関係

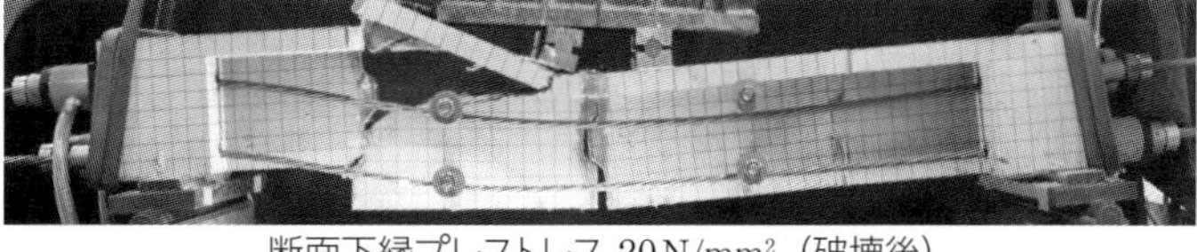

断面下縁プレストレス 20N/mm^2（破壊後）

断面下縁プレストレス 40N/mm^2（最大荷重時）

図：外ケーブル方式PFCセグメントPCはりの破壊性状

図4.5-11　プレキャストPFCセグメントPCはりの荷重変位曲線と破壊性状[4.5.7)]

〔参 考 文 献〕
4.5.1）Chunyakom Sivaleepunth, Junichiro Niwa, Bui Khac Diep, Satoshi Tamura and Yuzuru Hamada: Prediction of Tendon Stress and Flexural Strength of Externally Prestressed Concrete Beams, Journal of JSCE (E), Vol.62, No.1, pp.260–273, 2006.
4.5.2）Chunyakom Sivaleepunth, Junichiro Niwa, Satoshi Tamura and Yuzuru Hamada: Flexural Behavior of Segmental Concrete Beams Prestressed with External Tendons, Proceedings of JCI, Vol.29, No.3, pp.433–438, 2007.
4.5.3）Chunyakom Sivaleepunth, Junichiro Niwa, Bui Khac Diep, Satoshi Tamura and Yuzuru Hamada: Simplified Truss Model for Externally Prestressed Concrete Beams, Journal of JSCE (E), Vol.63, No.4, pp.562–574, 2007.
4.5.4）Chunyakom Sivaleepunth, Junichiro Niwa, Hung Nguyen Dinh, Tsuyoshi Hasegawa and Yuzuru Hamada: Shear Carrying Capacity of Segmental Prestressed Concrete Beams, Journal of JSCE (E), Vol.65, No.1, pp.63–75, 2009.
4.5.5）Hung Nguyen Dinh, Ken Watanabe, Junichiro Niwa and Tsuyoshi Hasegawa: Modified Model for Shear Carrying Capacity of Segmental Concrete Beams with External Tendons, Journal of JSCE (E), Vol.66, No.1, pp.53–67, 2010.
4.5.6）Hung Nguyen Dinh, Koji Matsumoto, Ken Watanabe, Tsuyoshi Hasegawa and Junichiro Niwa: Shear Carrying Capacity of Segmental Concrete Beams with Draped External Tendons, Journal of JSCE (E), Vol.67, No.4, pp.564–577, 2011.
4.5.7）柳田龍平，中村拓郎，河野克哉，二羽淳一郎：繊維補強した無孔性コンクリートを用いた外ケーブル方式セグメントはりの耐荷性能，コンクリート工学論文集，Vol.29，pp.41–54，2018.

4.5.4　床版拡幅工法

首都高をはじめとした比較的長期にわたって使用されている道路橋は，車両の大型化や交通量の増加に伴って，車線数の追加等のために幅員を拡大する必要が生じることがある．幅員を拡大するためには既設床版を橋軸直角方向に拡幅するか，新たな床版を追加する必要があるが，特に都市部では道路橋に隣接した土地が国道等の用途で占有されていることが多く，新たな床版を支えるための下部構造物を設置することが困難な場合が多い．下部工を必要としない床版拡幅工法として，既設床版のPCケーブルに新たなPCケーブルを連結することで延長し，新設床版のコンクリートを場所打ちした後，橋軸直角方向にプレストレスを与えることで，新旧床版を接合する手法がある（**図4.5-12(a)**）．しかし，従来のこの方法では，PCケーブル連結部のコンクリートを広い範囲で取り除く必要があること，新設床版のコンクリートが場所打ちであるために品質管理が容易ではなく，型枠等のコストがかかること等の問題があった．

従来の工法の問題点を解決すべく，PCケーブルとプレキャスト部材を活用した新たな床版拡幅工法が開発されている．新たな工法では，**図4.5-12(b)** に示すように，以下の①～⑥の工程を経る．

①下側のPCケーブルのみを通してプレストレスを与えることで，プレキャストリブ部材を橋

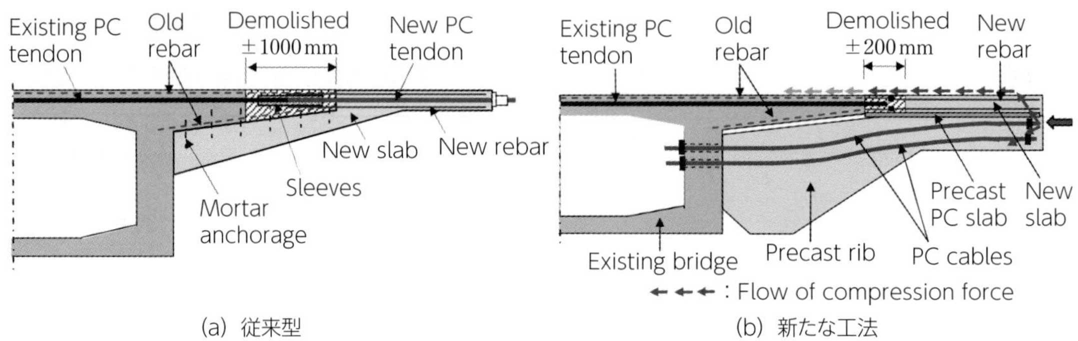

(a) 従来型　(b) 新たな工法

図4.5-12　従来型と新たな床版拡幅工法の比較[4.5.8)]

軸方向に一定の間隔で設置する．
②隣接するプレキャストリブの上面にプレキャストPCパネルを設置する．
③既設床版のコンクリートの一部を取り除き，橋軸直角方向の鉄筋を露出させる．
④新たな鉄筋を既設鉄筋に連結し，橋軸直角方向に延伸する．
⑤コンクリートを場所打ちし，新設床版を設置する．
⑥上側のPCケーブルをプレキャストリブに通してプレストレスを与えることで，新旧床版の打継ぎ部に圧縮力を与える．

拡幅部に荷重が作用すると，新旧床版の打継ぎ部には負の曲げモーメントが作用する．本工法により一定の大きさの圧縮力を打継ぎ部に与えれば，負の曲げモーメントが作用しても上縁の応力は常に圧縮側となり，引張応力による打継ぎ目の開口が接合部のせん断耐力に及ぼす影響を考慮する必要がなく，簡便である．

上記の新たな床版拡幅工法の実現性を検討するために，新旧床版を接合した試験体の載荷実験が行われた[4.5.8)]．**図4.5-13**に示すように，試験体は隣接するプレキャストリブの新旧床版の一部をモデル化したものであり，接合部に作用する圧縮力を再現するためにPC鋼棒を用いてプレストレスを与えている．**図4.5-14**に試験体の詳細を示す．プレキャストリブと新旧床版，既設床版とウェブとの接合状況を踏まえて，実験では支持条件をボルト締めによる剛結構造としている．載荷位置は接合部に隣接する新設床版側の位置とし，床版の面外方向に荷重を作用させている．本実験のパラメータは，プレストレス量の初期値（載荷中にプレストレス量が変

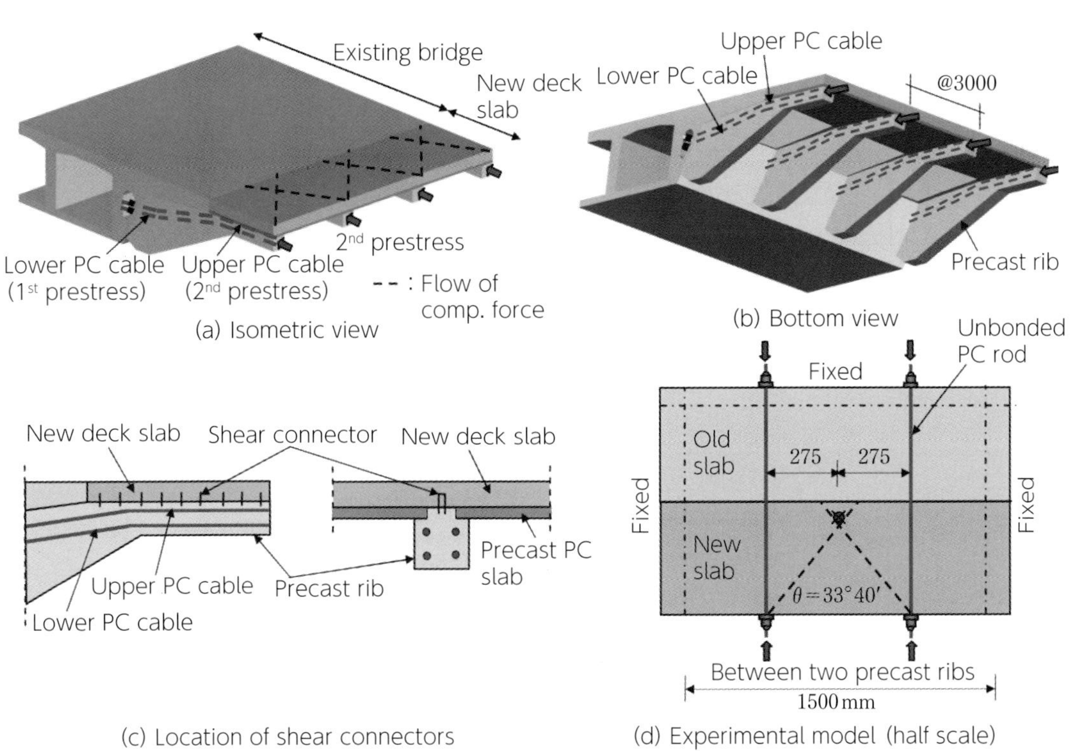

図4.5-13　床版拡幅工法のための試験体の設定[4.5.8)]

化する)，新設床版のコンクリート強度，打継ぎ目の目粗らしの有無，である．**図4.5-15**に，実験で得た荷重－変位関係を示す．コンクリート強度や打継ぎ目の処理と比べて，プレストレス量の初期値の影響が大きい傾向にあった．また，プレストレス量の初期値が耐荷力に及ぼす

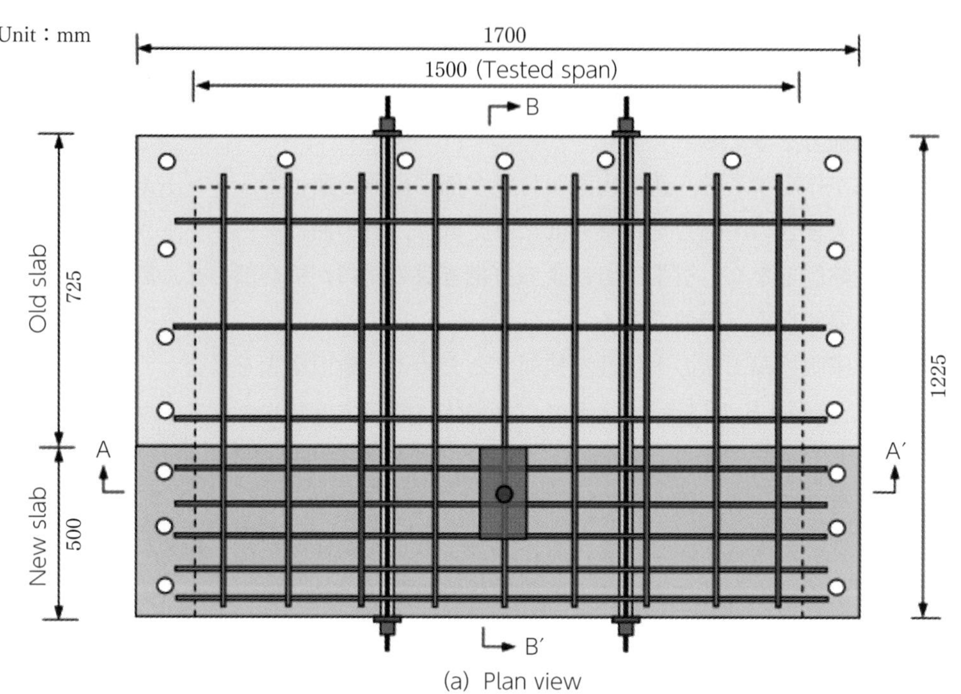

(a) Plan view

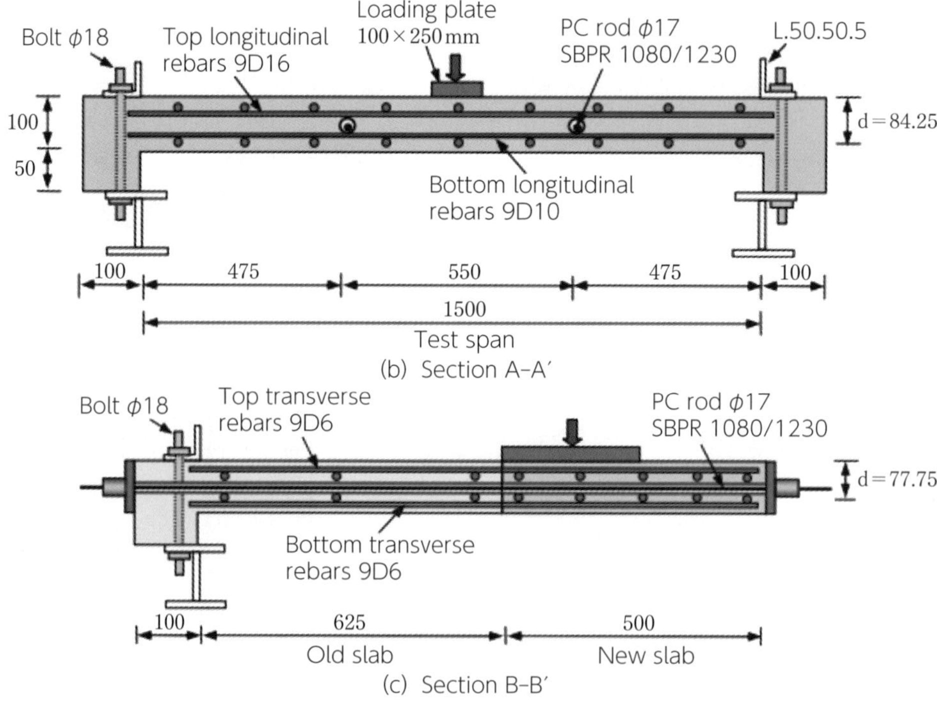

(b) Section A–A′

(c) Section B–B′

図4.5-14　床版拡幅工法のための試験体の詳細[4.5.8)]

影響は頭打ちになる傾向があり，ある程度のプレストレスを導入すれば，安全性を確保できると考えられる．

本研究では，FEMによる解析的検討も行っている．**図4.5-16**に，FEMモデルを示す．コンクリートには寸法50mm×50mm×50mmの20節点ソリッド要素を採用し，鉄筋だけでなく，PC鋼棒も埋込要素でモデル化している．**図4.5-17**に，実験で得られた下面のひび割れパター

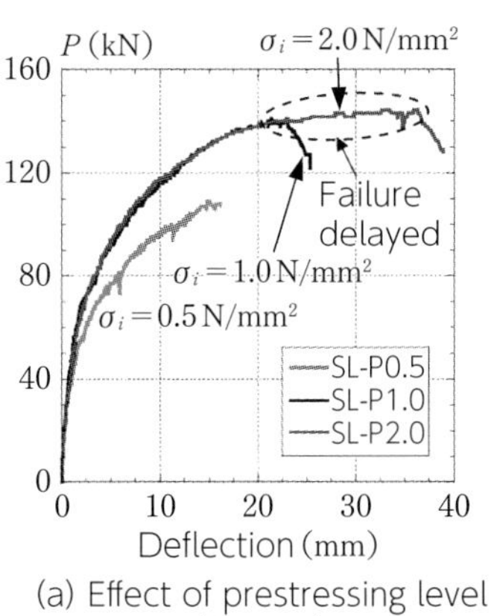

(a) Effect of prestressing level (Series-I)

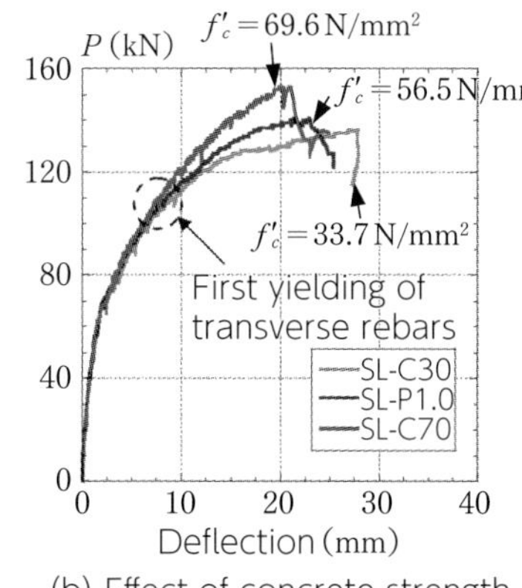

(b) Effect of concrete strength (Series-II)

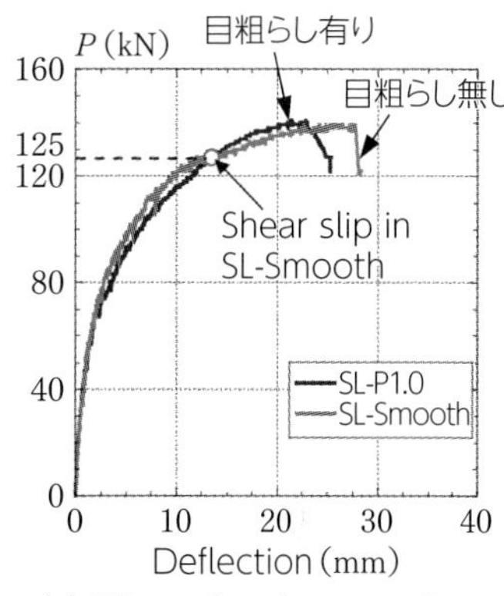

(c) Effect of surface roughness (Series-III)

図4.5-15　床版拡幅工法のための載荷実験で得た荷重－変位関係[4.5.8)]
（左：初期プレストレス量σ_iの影響，中：コンクリート圧縮強度f'_cの影響，右：打継ぎ目処理の影響）

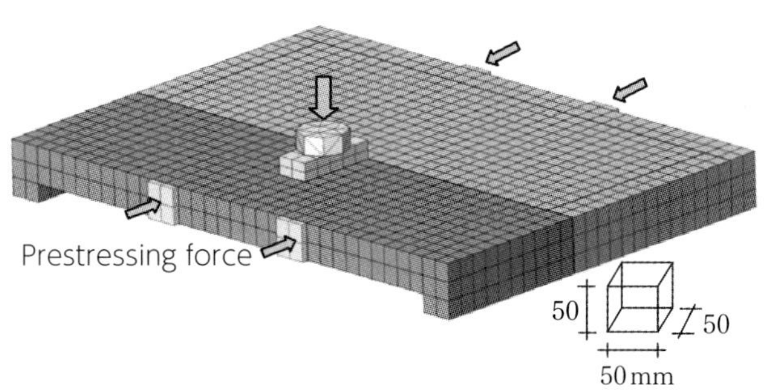

図4.5-16　床版拡幅工法試験体のFEMモデル[4.5.8)]

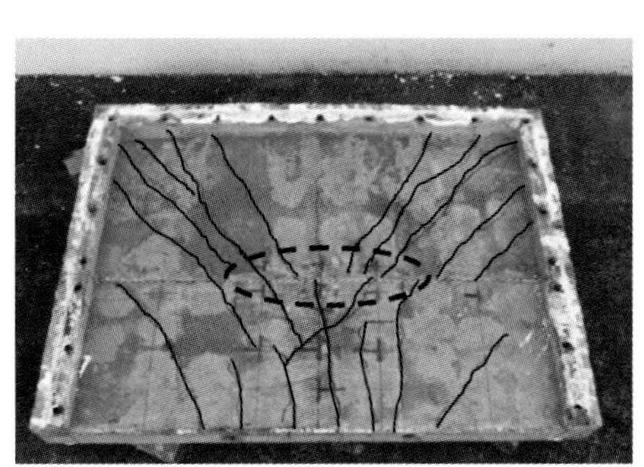
(a) Experimental crack pattern

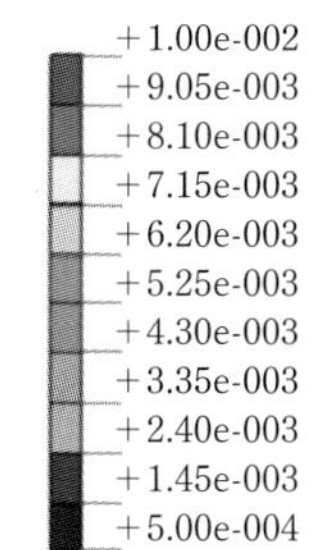

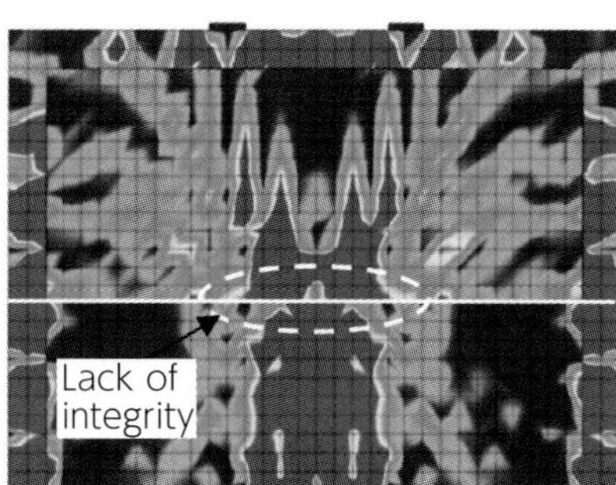

(b) FEM analysis

図4.5-17　床版下面のひび割れパターン（左：実験）と主引張ひずみ分布（右：解析）[4.5.8)]

ンと，解析で得られた主引張ひずみ分布の比較を示す．全体的なひび割れ性状に加えて，接合部でひび割れやひずみ分布が不連続性となる傾向が解析で再現されている．この不連続性から，接合部では全断面が有効とはならず，ある割合の有効断面が存在することを指摘しており，**図4.5-18**に示すように，FEMで得た主ひずみ分布と鉄筋が降伏した領域から有効断面を決定する方法が提案されている．決定した有効断面を土木学会式，AASHTO式，fibモデルコード式に

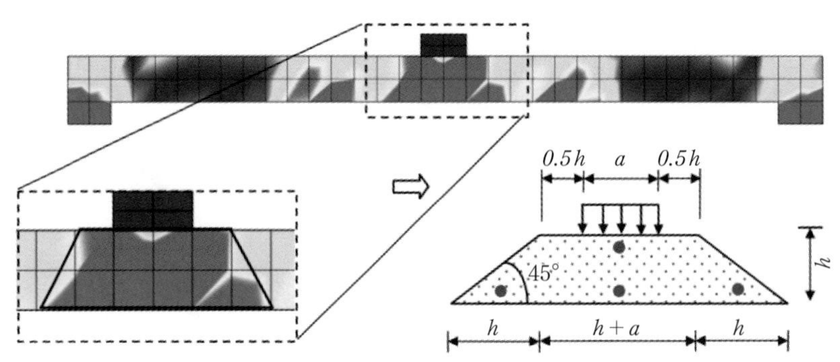

(a) Rouge surface (SL-P0.5, SL-P1.0, SL-P2.0, SL-C30 and SL-C70)

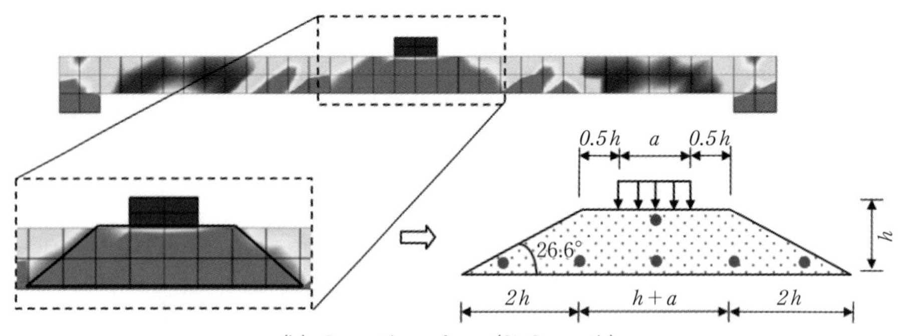

(b) Smooth surface (SL-Smooth)

h: thickness of the slab; a: length of rectangular consentrated loading;
: transverse rebars which have yielded at the failure

図4.5-18　床版拡幅工法における接合部の有効断面積の決定方法[4.5.8)]

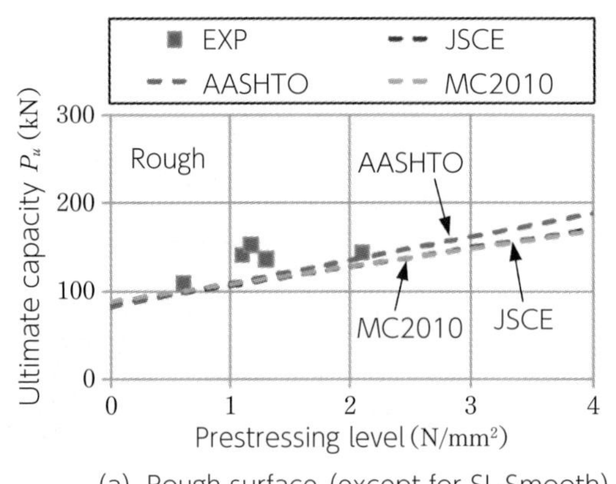

(a) Rough surface (except for SL-Smooth)

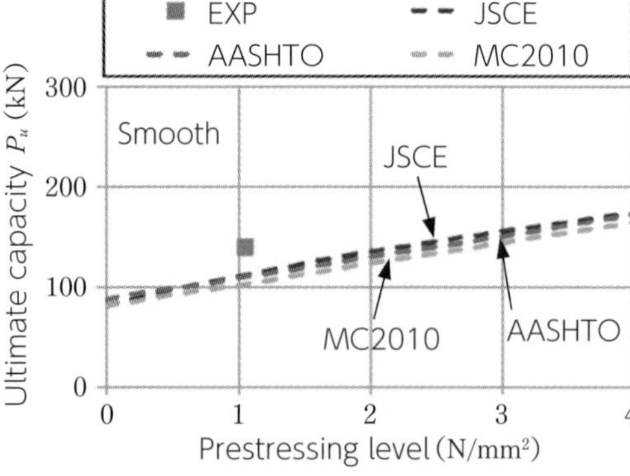

(b) Smooth surface (SL-Smooth)

図4.5-19　有効断面を用いた接合部のせん断耐力の算定結果[4.5.8)]

用いて接合部のせん断耐力を算定した結果，**図4.5-19**に示すように，計算値は実験値の下限値をおおむね評価できており，本手法の有用性が示されている．

〔参 考 文 献〕

4.5.8) Fakhruddin, Takuro Nakamura, Yuji Sato, Masahiko Yamada and Junichiro Niwa: Mechanical Behavior of Widening Prestressed Concrete Deck Slabs under Concentrated Load, Journal of Advanced Concrete Technology, Vol.15, pp.38–54, 2017.

適材適所

松本　浩嗣

「適材適所」という言葉を辞書で引くと，「人を，その才能に適した地位・任務につけること.」とある．つまり，適材適所の「材」は「人材」の意であり，本来，この言葉は人に対して使うものである．これを，本項ではあえて拡大解釈して，人だけでなく「モノ」にも言い表すことができるとしよう．

建設分野における「材」といえば，もちろん「人材」も忘れてはならぬが，「材料」を思い浮かべる方が多いだろう．「適材適所」で言えば，「適した材料」となる．では，「適所」とは何か．「材料を適用する対象」と考えれば，それは橋梁やダム等の人工構造物であったり，ときには地盤等の自然物であったりするのだろう．ここでは，もう少し話を絞って，「材料」と「構造」の関係に着目したい．

本章で紹介したUFCやPCケーブルを利用した構造は，これらの材料が持つ特徴を，いかに構造物の性能に活かすかということが発想の起点になっている．UFCは高強度かつ高耐久であることから，薄肉断面による軽量化が可能なUFCウェブ構造やUFC-PC複合連続構造が提案されているし，PCケーブルやプレキャスト部材が持つ高い品質や施工性を活かして，PCセグメント桁や床版拡幅工法が考え出されている．このような研究開発を行うとき，材料分野と構造分野の連携が重要となることは言うまでもない．材料分野では日進月歩の技術を活かして新しい材料を逐次開発し，構造分野では様々な材料を活かした構造物を考え，その有用性を見極めつつ，実用化に向けて尽力しているのである．

ところで，コンクリートは数ある材料の中でも，材料と構造の開発の両方が「コンクリート工学」というひとつの分野内で行われているという非常に稀なものである．各学会の研究発表会や委員会等でも，特にコンクリート工学分野は，材料分野と構造分野の方々が同じ会場で，あるいはグループのメンバーとして議論を交わすことが多い．材料分野と構造分野の連携は，コンクリート分野が最も円滑にできる環境にあるのではないだろうか．また，上述した「材料が持つ特徴を，いかに構造物の性能に活かすか」ということに関しては，視点を逆にすることもできる．すなわち，「つくりたい構造物を実現するためには，どのような性能を持つ材料が必要か」という考えである．このような情報は，さらなる材料開発に活かすことができると思われる．このように構造分野から材料分野に必要とされる情報をフィードバックすることも，ときには重要であり，そのために特に，普段からの材料と構造の連携体制が重要となろう．コンクリート分野の方々は適材適所を考えることに一日の長があると信じているし，これからも材料分野と構造分野が連携して，研究開発が活発に行われることを期待したい．

5章
維持管理のための技術

5.1 はじめに

コンクリート構造物の維持管理とは，対象となる構造物の供用期間において，その性能を許容範囲内に保持するための行為であり，**図5.1-1**に示すように，点検，劣化機構の推定，劣化進行あるいは性能低下の予測，構造物の性能評価，対策の要否判定，判定結果に応じて実施される対策，ならびにそれらの記録からなる[5.1.1)]．これらの手順の内，点検から対策の要否判定までの手順は，診断と称される．

コンクリート構造物の維持管理において行われる対策の内，劣化や損傷によって低下した安全性や使用性などの力学的性能を，建設時に保有していた性能程度まで回復させる場合には補修，建設時に保有していた性能より向上させる場合には補強と呼ばれる．特に，設計基準等の改定によって，構造物が保有する耐震性能が既存不適格となった場合に，新しい基準を満足させるために行われる対策は，耐震補強と称される．

本章では，コンクリート構造物の維持管理における点検，性能の評価，補修・補強（耐震補強）に関する研究の一例を述べる．

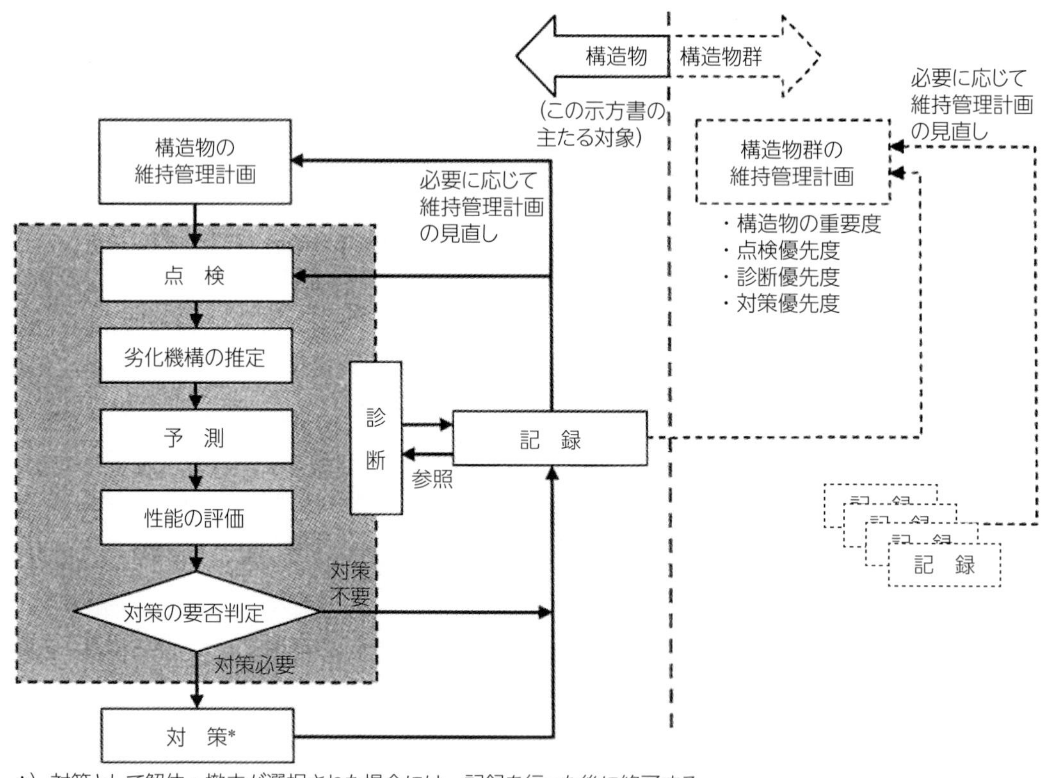

*）対策として解体・撤去が選択された場合には，記録を行った後に終了する．

図5.1-1　構造物の維持管理の手順[5.1.1)]

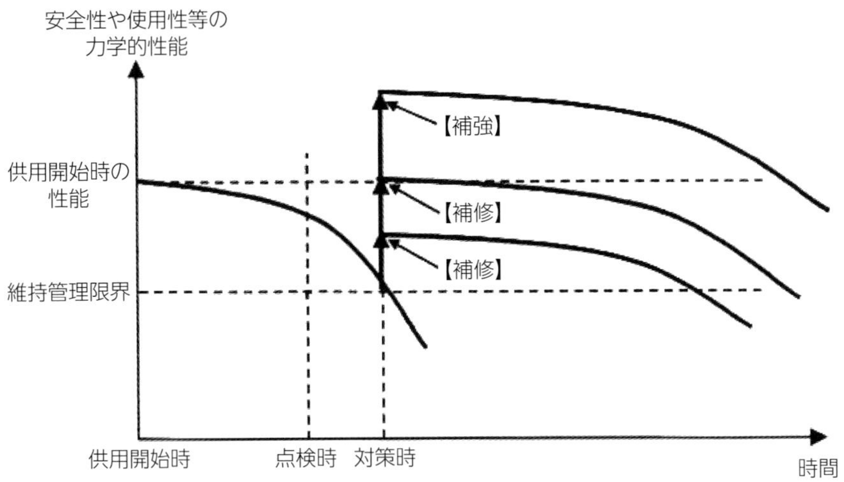

図5.1-2　力学的な性能に対する補修および補強の定義[5.1.1)]

〔参 考 文 献〕

5.1.1)　土木学会：コンクリート標準示方書　維持管理編，2018年.

5.2 調査技術

コンクリート構造物の維持管理における点検は，実施する目的や頻度に応じて初期点検，日常点検，定期点検，臨時点検および緊急点検に分類され，構造物の安全性，使用性などの性能を評価するための情報を入手するために行われる[5.2.1)]．各種点検においては，構造物の部位や部材の状態に対する具体的な情報を得るための調査を実施する．コンクリート構造物の調査としては，例えば外観の変状・変形，コンクリートの状態，鋼材等の状態などに対して，**表5.2-1**に示したような調査が一般的に行われている．

表5.2-1　調査項目と得られる情報および主な調査方法の例
（外観・コンクリートの状態・鋼材等の状態）[5.2.1)]

調査の項目	得られる情報の例	主な調査の方法の例
外観の変状・変形	・初期欠陥の有無 ・コンクリートの変色，汚れの有無 ・ひび割れの有無，ひび割れの状態 ・スケーリング，ポップアウトの有無 ・浮き，剥離，剥落の有無 ・鋼材の露出，腐食，破断の有無 など	・目視等（近接，遠望） ・たたきによる方法 ・目視等（近接，遠望） など
コンクリートの状態	・使用材料，配合に関する情報 ・コンクリートの含水状態 ・強度（または弾性係数） ・内部のひずみ，ひずみ分布変化 ・内部のひび割れ，空隙 ・劣化因子の侵入程度 など	・書類に基づく方法 ・電磁波レーダ法 ・反発度法 ・光ファイバ法 ・X線法 ・コア採取による方法 など
鋼材等の状態	・鋼材の位置，径，かぶり ・PCグラウトの充填状況 ・鋼材腐食の状態 ・断面欠損の有無 など	・はつりによる方法 ・電磁誘導法 ・超音波法 ・衝撃弾性波法 ・自然電位法 ・X線透過法 など

本節では，最近の研究・開発の一例として，光ファイバを用いた分布型ひずみセンサを応用した，コンクリートのひび割れやPC鋼材の状態に関する調査技術について紹介する．

5.2.1　光ファイバを用いた調査技術

光ファイバは，軽量かつ高耐久な材料であり，また長距離伝達が容易であることなど，インフラ構造物のモニタリングに適した材料として着目されている[5.2.2)]．中でも，分布型ひずみセンサと呼ばれる技術は，ひずみゲージなどのような「点」での計測ではなく，光ファイバセンサに沿った「線」での計測が可能であり，コンクリートのひび割れなど予め発生する箇所を特定することが難しい現状の検知などに有効である．光ファイバに光を入射した際，ファイバ内の各位置で散乱光と呼ばれる光が生じる．この散乱光に含まれるブリルアン散乱光と呼ばれる成分は，その周波数が，散乱光が発生した位置におけるファイバのひずみ量に依存するという特性を有する．この特性を利用して，光ファイバの全長にわたるひずみ分布を計測することが可能となる[5.2.3)]．

今井ら[5.2.4)]は，コンクリート表面のひび割れ検知に，光ファイバを用いた分布型ひずみセンサを適用している．プレストレストコンクリートはり試験体を用いた室内試験を行い，ひずみ分布計測結果に見られるピークの位置（**図5.2-1(a)**）が，マイクロスコープによって確認されたひび割れ（**図5.2-1(b)**）の位置と対応していることから，同計測技術のひび割れ検知性能を確認している．その後，超高強度繊維補強コンクリートを使用したプレストレストコンクリート構造物におけるコンクリート表面に光ファイバを貼付け，10年以上にわたってひび割れ検知を目的とした長期計測を行っている．

大窪ら[5.2.5)]は，光ファイバを用いた分布型ひずみセンサをPC鋼より線に組み込むことにより，PCケーブルの全長にわたる導入張力の分布を計測する技術を開発している．

同技術は，通常の緊張管理においてはジャッキ張力とケーブル全体の伸び量から間接的に評価しているコンクリート躯体内部における導入張力を，直接評価することが可能である．また，施工完了後，供用期間中においても継続的な計測が可能であり，コンクリートのクリープなど

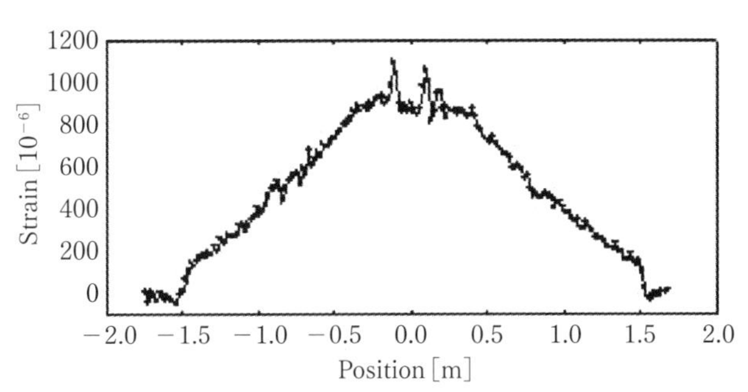

(a) ひずみ分布計測結果（スパン中央付近，局所的なピーク位置でひび割れを確認）

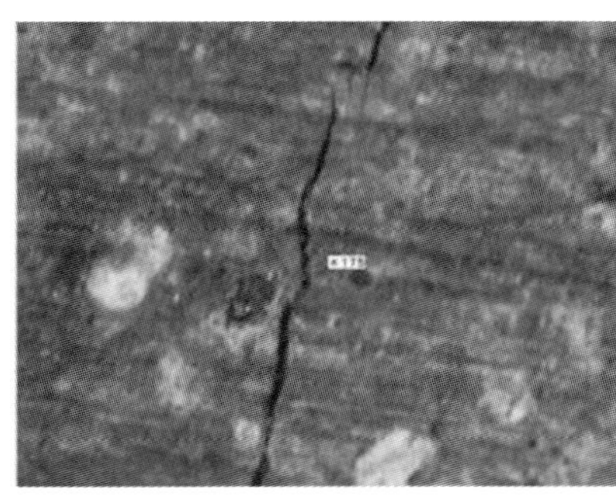

(b) ひび割れ状況（マイクロスコープによる観察，幅約0.014 mm）

図5.2-1　ひび割れの検知性能確認結果[5.2.4)]

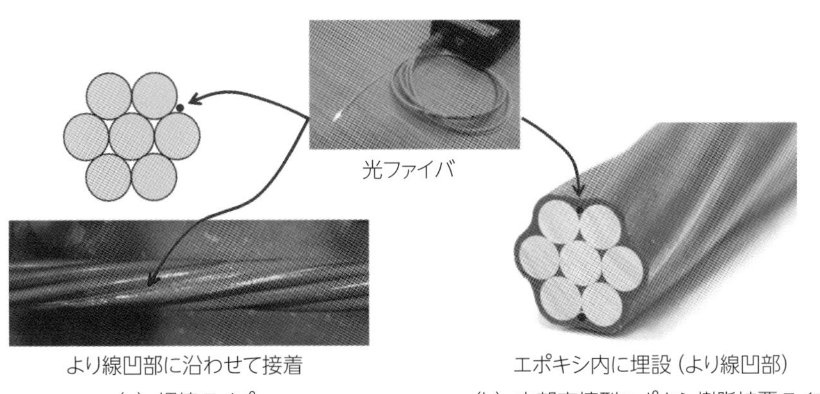

(a) 裸線タイプ　　(b) 内部充填型エポキシ樹脂被覆タイプ

図5.2-2　光ファイバ組込み式PC鋼より線[5.2.5)]

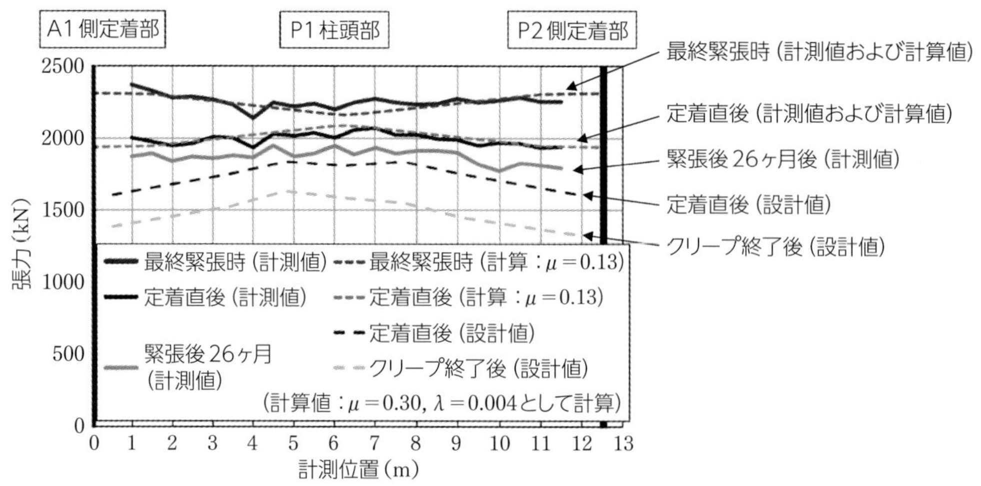

図5.2-3　PC高架橋柱頭部ウェブケーブルにおける計測結果[5.2.5)]

による張力変動の計測，地震時の緊急点検などでの健全性評価，PCケーブルの破断の検知など，コンクリート構造物の維持管理に貢献する調査技術として期待される．

〔参 考 文 献〕

5.2.1）　土木学会：コンクリート標準示方書　維持管理編，2018年.

5.2.2）　Leung, Christopher, K.Y. et al.: Review: Optical Fiber Sensors for Civil Engineering Applications, Materials and Structures, Vol.48, No.4, pp.871–906. 2015.

5.2.3）　Nikles, M., Thevenaz, L. and Robert, P. A.: Brillouin Gain Spectrum Characterization in Single-Mode Optical Fibers, Journal of Lightwave Technology, 15 (ARTICLE), pp.1842–1851, 1997.

5.2.4）　今井道男，一宮利通，露木健一郎，早坂洋太，太田伸之：光ファイバセンサによる10年間のPC橋梁ひび割れモニタリング，土木学会論文集A1，Vol.75，No.1，pp.17–25，2019.

5.2.5）　大窪一正，今井道男，曽我部直樹，中上晋志，千桐一芳，二羽淳一郎：緊張管理・維持管理に適用可能な光ファイバを用いたPC張力分布計測技術の開発，土木学会論文集E2（材料・コンクリート構造），Vol.76，No.1，pp.41–54，2020.

5.3 劣化したコンクリート構造物の性能評価

コンクリート構造物において，ひび割れや鉄筋の腐食などが生じると，美観・景観や，耐久性，安全性が低下してしまう．このためコンクリート構造物の維持管理においては，各種の点検・調査結果を基に，構造物の性能をできるだけ定量的に評価し，対策の要否を判定することが求められる．特に，力学的性能に影響を及ぼす劣化が生じた際には，必要な安全性や耐震性能を満足できなくなるなど，重大事故や災害に繋がるおそれがあるため，劣化後の構造物の性能の正確な評価が重要である．

本節では，鉄筋の腐食や，アルカリシリカ反応に伴うひび割れが発生したコンクリート部材を対象として，その構造性能を実験や解析によって評価した研究事例を紹介する．

5.3.1 鉄筋腐食の影響に関する実験的検討

鉄筋腐食はコンクリート構造物の代表的な劣化である．塩害に関しては沿岸部の飛来塩分だけでなく，寒冷地で使用される凍結防止剤に由来する塩分により劣化が促進される．腐食により鉄筋の断面が欠損するため，安全性に影響する．鉄筋腐食は多くの国，地域で顕在化しており，インフラ維持管理分野における地球規模の課題のひとつといってよい．コンクリート構造物の鉄筋腐食に関する研究は，主に1990年代から精力的に行われ始めており，耐荷力等の構造性能に及ぼす影響が検討されてきた．曲げ耐力に関しては，鉄筋の断面欠損量がわかれば，一般的な曲げ耐力算定手法に則って，おおむね評価することが可能である．一方，せん断耐力に関しては，いまだ不明瞭な点が多い．過去の研究として松尾ら[5.3.1)]の検討があり，せん断スパン比2.57のRCはりに関して，主鉄筋の腐食によりせん断耐力が増加する傾向にあることが報告されている．その原因としてタイドアーチ機構の形成が指摘されているが，腐食分布や定着部の影響等，種々の要因があると考えられ，議論の余地は大きい．本項では，鉄筋腐食がRC部材の力学性状に及ぼす影響について検討した研究をまとめる．

腐食の発生領域がRC部材の力学性状に及ぼす影響が検討されている[5.3.2)]．**図5.3-1**に示すRCはり，RC柱試験体に対して，ある領域の鉄筋のみに電食試験により腐食を発生させ，載荷実験を行っている．腐食領域は，RCはりは等曲げモーメント区間，せん断スパン中央部，せん断スパン内の支点付近の3種類で，RC柱はせん断スパン中央部である．**図5.3-2**に，RCはりの載荷実験で得られた荷重－変位関係を示す．本研究ではFEM解析も併せて行っており，図中には解析結果も示されている．特にせん断スパン中央の軸方向鉄筋が局部的に腐食したケースで，せん断耐力が健全時よりも増加していることがわかる．解析で得た主圧縮応力分布（**図5.3-3**）に着目すると，せん断スパン中央の軸方向鉄筋が腐食したケースでは斜め圧縮応力が卓越しており，タイドアーチ機構が発現したものと思われる．

軸方向鉄筋が腐食すると，タイドアーチ機構によりせん断耐力が増加する傾向があることがわかったが，これは定着部が健全であることが前提である．タイドアーチ機構は，軸方向鉄筋

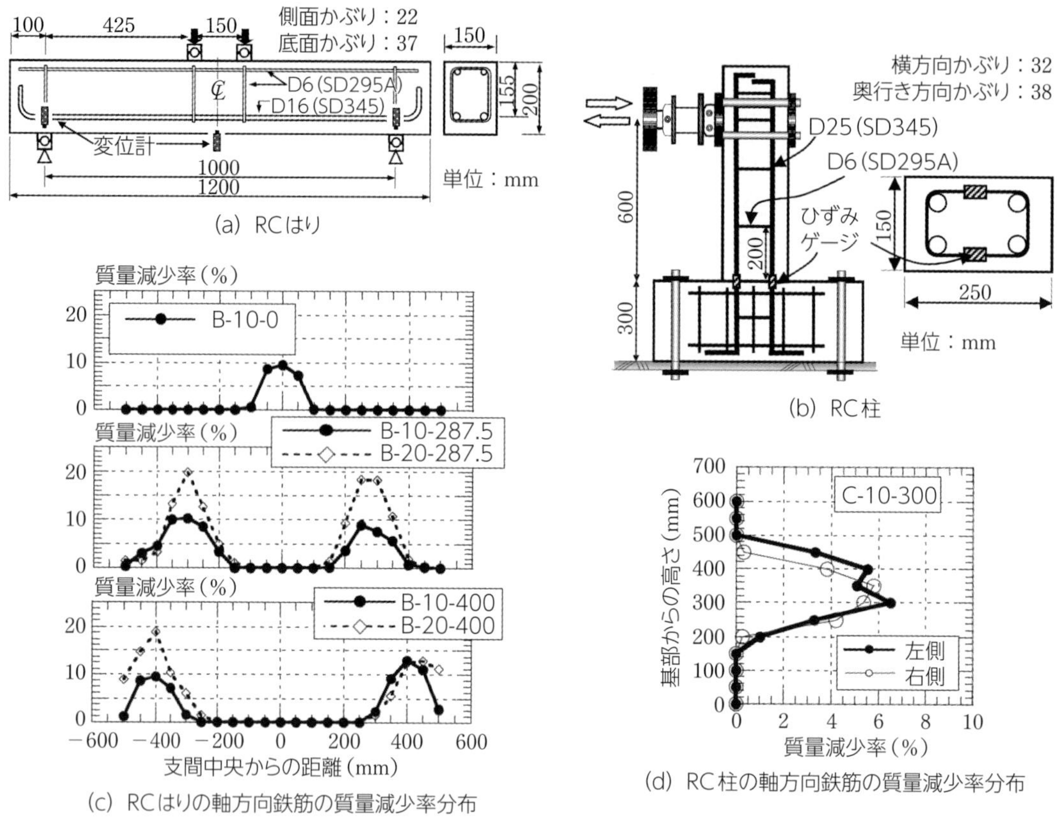

(a) RCはり

(b) RC柱

(c) RCはりの軸方向鉄筋の質量減少率分布

(d) RC柱の軸方向鉄筋の質量減少率分布

図5.3-1　軸方向鉄筋が局部的に腐食した試験体[5.3.2)]

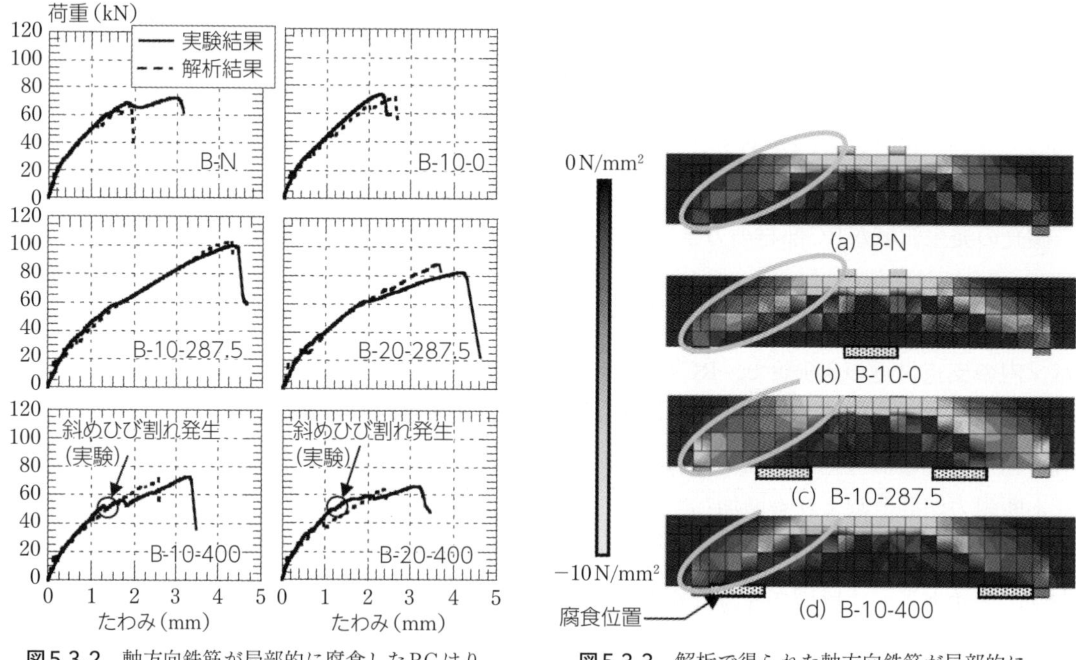

図5.3-2　軸方向鉄筋が局部的に腐食したRCはりの荷重−変位関係[5.3.2)]

図5.3-3　解析で得られた軸方向鉄筋が局部的に腐食したRCはりの主圧縮応力分布[5.3.2)]

の付着が消失することから，定着部には大きな引抜き力が作用する．定着部の強度が十分でなければ，タイドアーチ機構が発現できず，耐荷力が低下することが懸念される．そこで次の実験シリーズでは，定着部が腐食したRCはりに着目した．まず，定着部単体の性状を確認するため，**図5.3-4**に示す試験体を作製し，はり型引抜き試験による載荷実験を行った[5.3.3]．実験パラメータは，腐食による鉄筋の質量減少率と，フック形状（直線，曲上げ）である．**表5.3-1**に，実験結果を示す．フック形状を問わず，質量減少率が大きくなると最大引抜き力が低下し，破壊モードが鉄筋降伏から付着割裂破壊にシフトすることがわかる．次に，定着部が腐食したRCはりの載荷実験を行った[5.3.4]．**図5.3-5**に，試験体の概要を示す．全領域（スパン内＋定着部）の軸方向鉄筋を腐食させたケース（シリーズW）と，定着部のみを腐食させたケース（シリーズA）を検討した．**図5.3-6**に，最大荷重時のひび割れ性状を示す．特に全領域が腐食したケースでは，腐食量が大きくなるにしたがって斜めひび割れが見られなくなり，定着部に顕著なひび割れが発生することがわかる．これは，前述したタイドアーチ機構が発現しようとしたために斜めひび割れが消失したが，腐食により定着強度が低下していたため，定着破壊により終局を迎えたことを示している．**図5.3-7**に，実験で得た荷重－変位関係を示す．腐食による

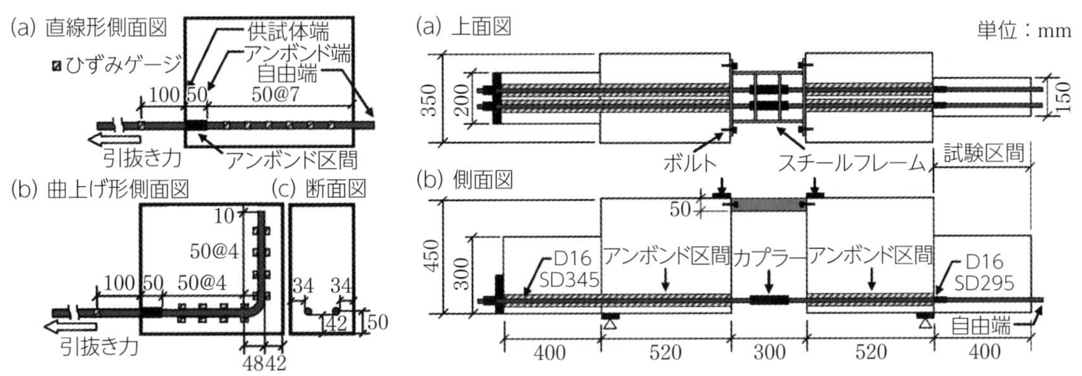

図5.3-4 鉄筋定着部の試験体（左）とはり型引抜き試験の概要（右）[5.3.3]

表5.3-1 腐食した鉄筋定着部の引抜き試験結果

フック形状	質量減少率（%）	破壊モード	最大引抜き力（kN）
直線	0	鉄筋降伏	67.7
直線	6.8	鉄筋降伏	67.6
直線	8.8	付着割裂	32.2
直線	10.2	付着割裂	34.0
曲上げ	0	付着割裂	56.6
曲上げ	14.0	付着割裂	45.1

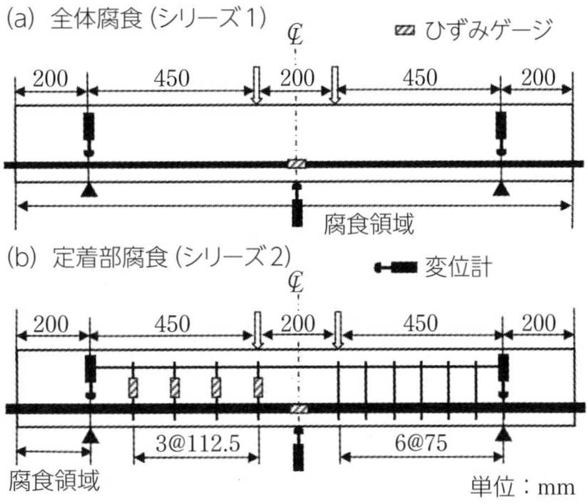

図5.3-5 定着部が腐食したRCはり試験体[5.3.4]

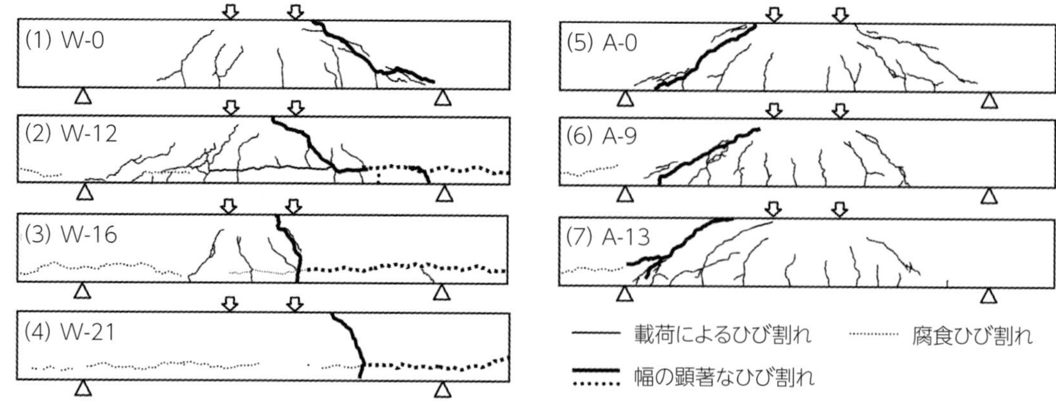

図5.3-6　定着部が腐食したRCはりのひび割れ性状
((1)～(4)がシリーズW，(5)～(7)がシリーズA)[5.3.4)]

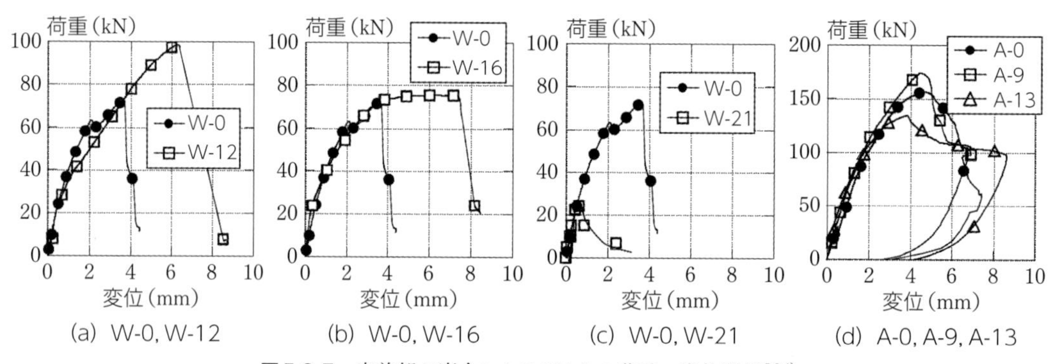

図5.3-7　定着部が腐食したRCはりの荷重－変位関係[5.3.4)]

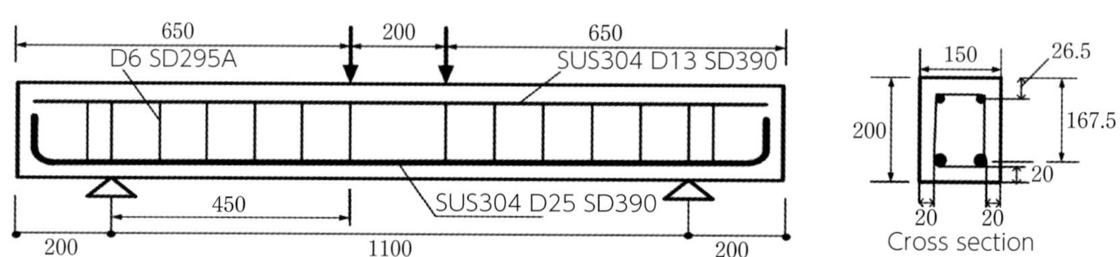

図5.3-8　せん断補強鉄筋が腐食したRCはり試験体[5.3.5)]

質量減少率が最も大きいケース（W-21）では，健全時（W-0）よりも耐荷力が大幅に低下した．以上のように，定着部の鉄筋腐食は，構造物の安全性に大きな影響を及ぼすことが示された．

さらなる検討として，せん断補強鉄筋の腐食がRCはりの力学性状に与える影響についての実験が行われている[5.3.5)]．腐食をせん断補強鉄筋に限定するため，軸方向鉄筋にはステンレス鉄筋を用いて，乾湿繰返しにより腐食を導入した．**図5.3-8**と**図5.3-9**に，試験体の概要と実験で得た荷重－変位関係をそれぞれ示す．本実験の範囲では，せん断補強鉄筋が耐荷力に及ぼす影響はさほど大きくなかったが，健全時（SC00）と比べると，腐食量が小さいケース（SC07）ではせん断耐力が若干増加し，腐食量がさらに大きくなると（SC13）低下するという結果に

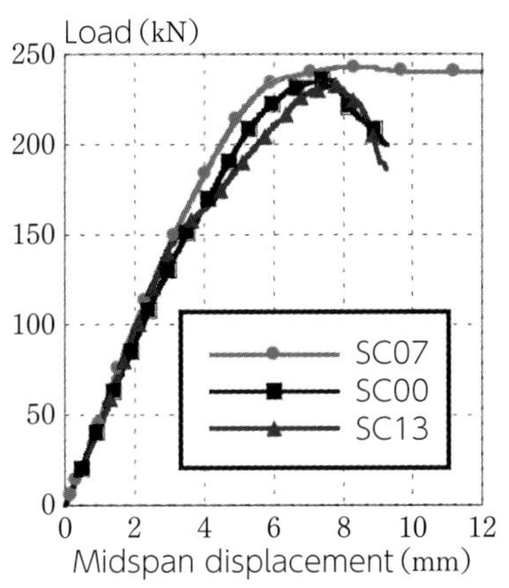

図5.3-9　せん断補強鉄筋が腐食したRCはりの荷重－変位関係[5.3.5)]

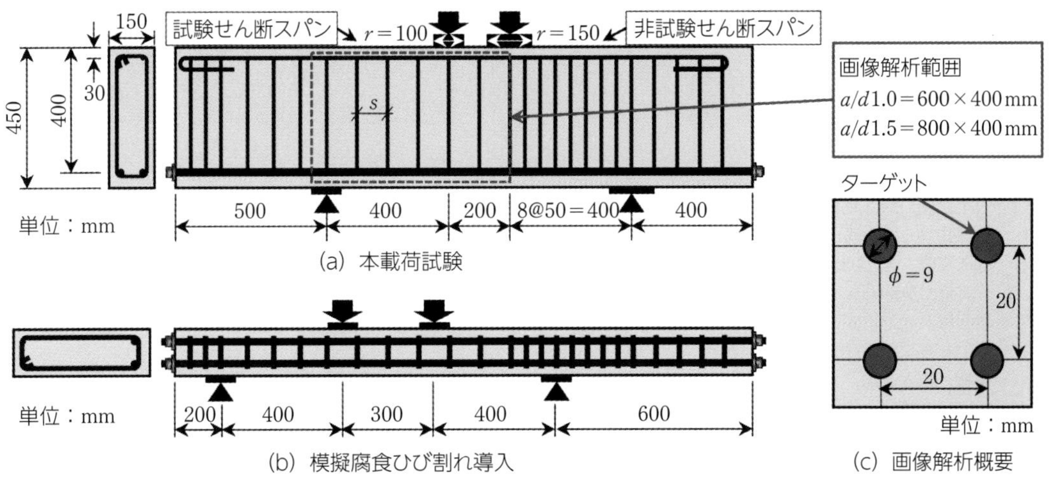

図5.3-10　せん断補強鉄筋が腐食したせん断スパン比の小さいRCはり試験体[5.3.6)]

なった．せん断補強鉄筋の腐食により耐力が増加する理由として，腐食により導入されたせん断補強鉄筋に沿ったひび割れにずれ変位が生じることで，斜めひび割れ発生荷重が増加することが指摘されている．また，せん断スパン比の小さいディープビームやショートビームに関しても，せん断補強鉄筋の腐食の影響が検討されている[5.3.6)]．**図5.3-10**に，試験体の詳細を示す．本実験では，あらかじめ腐食させたせん断補強鉄筋を使って試験体を打設し，腐食ひび割れを模擬的にプレ載荷により導入している．この方法により，腐食の量や分布を事前にコントロールすることができる．また，画像解析を用いて，せん断補強鉄筋に沿った模擬腐食ひび割れの開口，すべり挙動を測定している．**表5.3-2**に，実験で得た最大荷重と，せん断補強鉄筋を有するRCディープビームに対する既往のせん断耐力算定式との比較を示す．実験で得た最大荷重は，いずれも計算値を下回っている．これは，せん断補強鉄筋に沿った模擬腐食ひび割れが圧縮ストラット強度を低下させるためと考えられる．そこで，荷重軸直角方向のひび割れを考慮した圧縮強度（Vecchioらによる算定式（圧縮軟化モデル））を用いて，せん断耐荷力を再評

表5.3-2　せん断スパン比（a/d）が小さいせん断補強鉄筋が腐食したRCはりのせん断破壊荷重[5.3.6)]

a/d	せん断補強筋比（%）	実験値	計算値（圧縮軟化考慮せず）		計算値（圧縮軟化考慮）	
		最大荷重（kN）	最大荷重（kN）	実験値／計算値	最大荷重（kN）	実験値／計算値
1.0	0.422	636.2	821.5	0.77	662.6	0.96
1.0	0.476	696.7	809.4	0.86	711.6	0.98
1.0	0	504.9	678.6	0.74	554.2	0.91
1.5	0.422	640.6	744.5	0.86	557.6	1.15
1.5	0.476	500.1	622.7	0.80	465.3	1.07
1.5	0	385.3	377.9	1.01	307.2	1.25

価した．荷重軸直角方向の引張ひずみの平均値には，画像解析で測定した斜めひび割れ幅を，ストラット－タイモデルから得られるストラット幅で除した値を用いている．本手法で再評価した結果，一部の試験体で計算値が実験値を過小評価したものの，せん断耐力をおおむね評価できることが示された．このように，画像解析等の測定技術を駆使して得られたひび割れ，変形挙動の情報を利用し，既存のモデルに組み込むことにより，損傷・劣化した部材の性能評価が可能になるケースがあるのである．

〔参 考 文 献〕

5.3.1）松尾豊史，酒井理哉，松村卓郎，金津努：鉄筋腐食したRCはり部材のせん断耐荷機構に関する研究，コンクリート工学論文集，Vol.15，No.2，pp.69–77，2004.

5.3.2）角田真彦，渡辺健，二羽淳一郎：軸方向鉄筋が局部的に腐食したRC棒部材のせん断破壊性状，コンクリート工学年次論文集，Vol.31，No.2，pp.1561–1566，2009.

5.3.3）酒井舞，松本浩嗣，森誠，二羽淳一郎：定着部腐食を有するRCはりの力学性能と補修方法に関する研究，コンクリート工学年次論文集，Vol.34，No.2，pp.1363–1368，2012.

5.3.4）森誠，松本浩嗣，二羽淳一郎：軸方向鉄筋の定着部またはスパン全体に腐食を有するRCはりの力学性状，コンクリート工学年次論文集，Vol.35，No.2，pp.547–552，2013.

5.3.5）Visal Ith, Koji Matsumoto and Junichiro Niwa: Mechanical Characteristics of RC Beams with Corroded Stirrups or Main Reinforcements, Proceedings of JCI, Vol.36, No.1, pp.1288–1293, 2014.

5.3.6）伊藤賢，松本浩嗣，中村拓郎，二羽淳一郎：せん断補強筋に沿った模擬腐食ひび割れを有するRCはりのせん断挙動，コンクリート工学年次論文集，Vol.38，No.1，pp.1149–1154，2016.

5.3.2　鉄筋腐食の影響に関する解析的検討

前項では，RC構造における鉄筋腐食の影響を調べるために，電食で鉄筋腐食を再現したRC部材の載荷実験による構造部材性能の評価に関する実験研究が紹介された．この一連の実験によって，

①腐食に伴う鉄筋の抵抗断面の減少

②腐食膨張圧による鉄筋に沿ったコンクリートのひび割れ

③腐食生成物ならびにひび割れの存在による鉄筋とコンクリートの付着劣化

が鉄筋腐食の程度によって変化し，それら要因が部材の力学性能に影響を与えることがわかった．

RCはりのせん断耐荷性能については，鉄筋の断面減少によって曲げ耐力が低下する一方，部材の耐荷機構が変化することでせん断耐力が増加し，その結果，破壊モードがせん断から曲げ

に変化することが報告されている．このような鉄筋腐食した部材におけるマクロ的なせん断耐荷機構を評価するために，三木，鈴木らの研究[5.3.7),5.3.8)]では，鉄筋腐食の影響をあらたに反映した格子モデルによる非線形解析が行われている．既に**1.4**でモデルを紹介しているが，格子モデルは，RC部材を軸力のみを伝えるトラス要素に離散化しているため，部材中の力の流れを容易に特定できる特長がある．つまり，実験でみられた部材の耐荷機構の変化を，部材中の力の伝わり方の変化として表現できるため，部材の耐荷機構を直接確認することができるメリットがある．

この格子モデルでは，鉄筋腐食したRCはりにおいて見られる主鉄筋およびせん断補強鉄筋の断面欠損を考慮することに加え，付着劣化を，**図5.3-11**に示すように主鉄筋とコンクリートの節点を別々に設けて，主鉄筋とコンクリートの界面に新たに設けたせん断ばねと垂直ばねによる接合要素を用いて表現している．

まず鉄筋腐食の程度が異なるRC部材の両引き試験の結果から主鉄筋とコンクリート間の付着劣化のモデルを同定し，その付着特性を用いて，主鉄筋の断面欠損率が異なるせん断補強鉄筋を有するRCはりとせん断補強鉄筋のないRCはりを対象に解析を行っている．さらに，**図5.3-12**に示すせん断スパン中央で仮想の切断面を有する格子モデルのフリーボディを考えて，せん断耐荷機構において支配的であるコンクリートの斜め引張部材（T_{dia}），アーチ部材（C_{arch}），およびせん断補強筋（V_s）に着目してそれぞれの部材力を算出した．このとき，コンクリートのせん断力貢献分V_cは，コンクリートの斜め引張部材とアーチ部材の部材力の鉛直成分から算出される．その結果から，**図5.3-13**に示すように，支点外の主鉄筋定着部が健全である場合，主鉄筋の腐食程度が進行するにつれてタイドアーチ的な耐荷機構になり，その結果せん断耐力が上昇することを，格子モデルのアーチ部材に着目することによって解析的に明示することに成功している[5.3.7)]．

3次元的に場所毎で異なる鉄筋腐食の分布がRC部材の挙動に与える影響については，三木，久保ら[5.3.9)]によって**図5.3-14**に示す3次元格子モデルにより検討されている．ここでは建設後約40年を経過した桟橋床版から切り取ったRCはりを対象に検討された．実構造物で見られた腐食は，**図5.3-15**に例示するように，部材中の複数本の主鉄筋でそれぞれが異なる腐食状態で

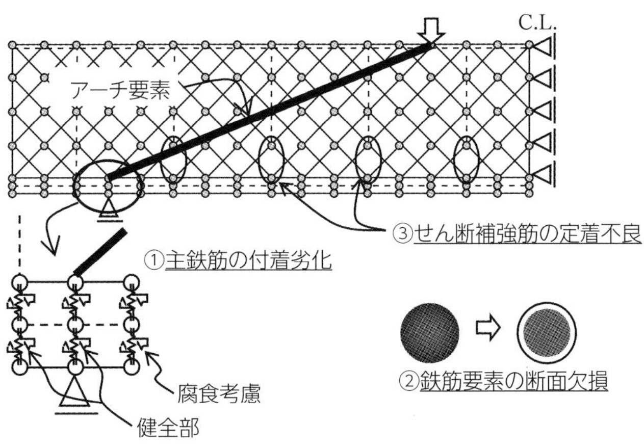

図5.3-11　格子モデルにおける鉄筋腐食のモデル化[5.3.7)]

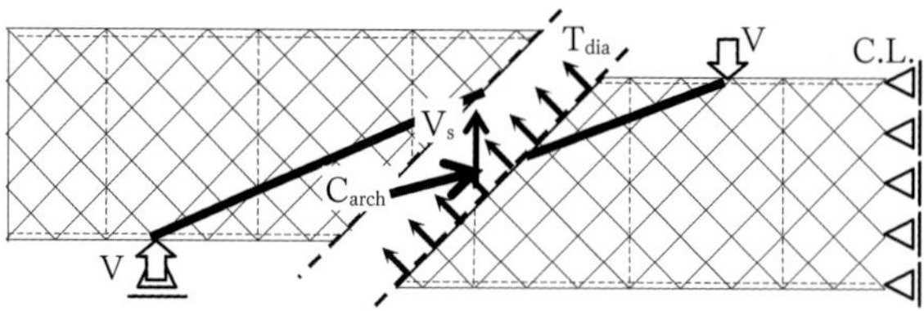

斜め引張部材貢献分　：$V_{dia}=T_{dia}\sin 45°$
アーチ部材貢献分　　：$V_{arch}=-C_{arch}\sin\theta$
$\Big\}\ V_c=V_{dia}+V_{arch}$
せん断補強鉄筋貢献分：V_s

(a) せん断補強鉄筋あり（Aシリーズ）

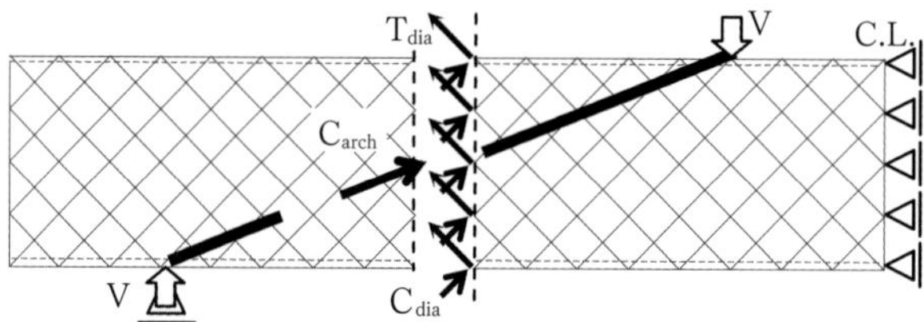

斜め引張部材貢献分：$V_{dia}=T_{dia}\sin 45°$
斜め圧縮部材貢献分：　　$-C_{dia}\sin 45°$
アーチ部材貢献分　：$V_{arch}=-C_{arch}\sin\theta$
$\Big\}\ V_c=V_{dia}+V_{arch}$

(b) せん断補強鉄筋なし（Nシリーズ）

図5.3-12　格子モデルのフリーボディと各部材力の算出[5.3.7)]

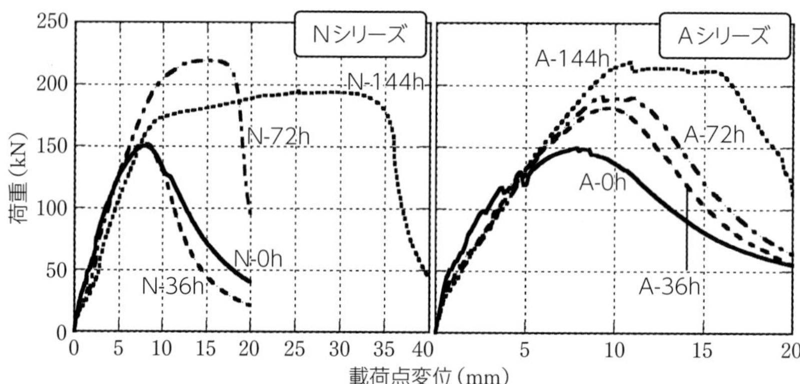

図5.3-13　鉄筋腐食に伴うアーチ部材の貢献分の変化[5.3.7)]

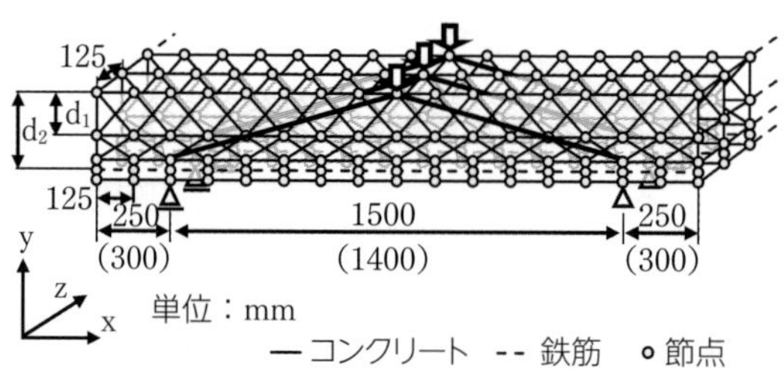

図5.3-14　3次元格子モデル[5.3.9)]

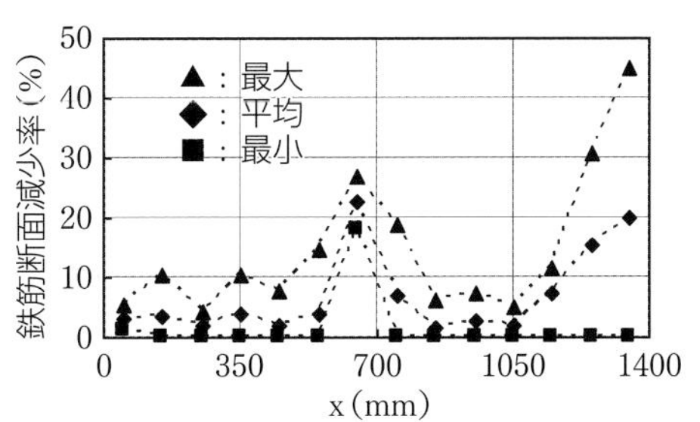

図5.3-15　撤去はりにおける主鉄筋の断面減少率分布の例[5.3.9)]

あり，腐食減少率を空間的に平均化した2次元モデルでは適切に再現できないこと，そのため空間的にばらついた鉄筋腐食を3次元格子モデルで考慮することによって，鉄筋降伏荷重，最大荷重，および変形性能をおおむね予測できることを明らかにしている．

〔参 考 文 献〕
5.3.7)　三木朋広，鈴木暢恵，二羽淳一郎：鉄筋腐食した鉄筋コンクリートはりのせん断耐荷機構のマクロ的評価，コンクリート工学論文集，Vol.19，No.3，pp.61-70，2008.9.
5.3.8)　鈴木暢恵，三木朋広，二羽淳一郎：鉄筋の腐食による劣化を考慮したRC部材の格子モデル解析，コンクリート工学年次論文集，Vol.27，No.2，pp.97-102，2005.6.
5.3.9)　三木朋広，久保陽平，二羽淳一郎：鉄筋腐食したコンクリート構造部材の3次元格子モデル解析，コンクリート工学年次論文集，Vol.29，No.3，pp.1675-1680，2007.7.

5.3.3　ランダムクラックが生じたSFRCはりのせん断性能

コンクリート構造物の使用環境，骨材や配合の影響によって生じるアルカリシリカ反応（ASR）に着目し，コンクリートに生じた既存のひび割れがRCはりのせん断性能に与える影響についてみていく．ASRが進行すると骨材の内部もしくは周辺に反応ゲルが生じる．そのゲルの吸水膨張によって著しい体積変化が生じると，無筋コンクリートではひび割れがランダム（不規則）に生じる．一方，内部の鉄筋による変形拘束を受ける場合，その変形の拘束が小さい方向に大きく体積変化し，一般に鉄筋に沿ったひび割れが生じる．

このASRの膨張挙動を再現するためには，一般に非常に長い時間が必要となる．非常に複雑なランダムクラックの影響を系統的に効率よく調べるため，Toma，三木らは膨張材を混入することによってひび割れを模擬的に再現することを試みた[5.3.10)～5.3.12)]．また，このように様々な要因で生じるひび割れに対して，短繊維（鋼繊維）による補強を想定し，鋼繊維補強したRCはり（SFRCはり）のせん断性能におけるランダムクラックの影響について実験的に調査した．

一連の研究実験で最初に必要な検討は配合設計であった．膨張を再現するためにCaOを主成分とした石灰系膨張材を使用した．安定した膨張挙動を示す市販の膨張材であったが，この材料は一般にコンクリートの乾燥収縮の低減を目的として使用されるものであり，またある程度水和反応が生じた状態で膨張力を発揮するよう調整されている．つまり，ひび割れを生じさせるといったこの研究目的とは真逆の方向で開発されたものであった．通常のコンクリートでは

表5.3-3　実験で使用した配合の一例[5.3.10)]

供試体	W/C %	W kg/m³	C*1 kg/m³	S*2 kg/m³	G*3 kg/m³	EA*4 kg/m³	F*5 kg/m³	AE*6 kg/m³	SP*7 kg/m³
C	50	175	350	788	963	−	−	2.8	1.75
0F80EA	50	175	350	721	963	80	−	2.8	1.75
0F95EA	50	175	350	708	963	95	−	2.8	1.75
05F80EA	50	175	350	721	963	80	40	2.8	2.6
05F102EA	50	175	350	702	963	102	40	2.8	2.6
05F110EA	50	175	350	695	963	110	40	2.8	2.6
10F80EA	50	175	350	721	963	80	80	2.8	2.6
10F110EA	50	175	350	692	963	110	80	2.8	2.6
10F130EA	50	175	350	679	963	130	80	2.8	2.6

*1 早強ポルトランドセメント（密度3.14 g/cm³），*2 細骨材（表乾密度2.64 g/cm³），*3 粗骨材（表乾密度2.64 g/cm³），G_{max}＝20 mm，*4 膨張材（密度3.14 g/cm³），*5 鋼繊維（密度7.85，繊維長30 mm，両端フック付き），*6 AE 減水剤（密度1.03 g/cm³），*7 高性能減水剤（密度1.05 g/cm³）

図5.3-16　再現したひび割れ例（0F95EA）[5.3.10)]

単位量として30 kg/m³程度混入するが，**表5.3-3**に示すような80～130 kg/m³と極めて多量に混入することによって，研究目的の「適切な」ランダムクラックを再現することができた．事前検討では，一定量以下であればひび割れは生じず，多すぎると載荷実験前にコンクリートがばらばらになるといった失敗を繰返し，また，膨張挙動はコンクリート内部の鉄筋量や配筋，鋼繊維の混入量にも依存するため，かなりの試行錯誤により混入量が決定された．円柱供試体に生じたランダムクラックを**図5.3-16**に示す．

これらの配合を用いて，異なる膨張量，鋼繊維混入量の単鉄筋SFRCはり[5.3.10)]と複鉄筋SFRCはり[5.3.11), 5.3.12)]を対象として，①膨張に伴う軸方向鉄筋のひずみ（**図5.3-17**），②載荷材齢における材料力学特性，③はりのひび割れ測定とひび割れ面積密度を用いたひび割れの定量化（**図5.3-18**），④載荷実験によるひび割れ進展測定と破壊せん断スパンにおけるひび割れの進展と，膨張によって生じたひび割れ密度の定量化指標との関係について実験的に調べている．特に，ひび割れの測定では，**図5.3-18**に示すようなランダムクラックを個々に細かく記録するとともに，**図5.3-19**に示すようなRCはりのスパン内を小区分領域に分割し，各領域における平均ひび割れ幅ならびにひび割れの総延長を求め，式（5.3-1）を用いてひび割れ密度指数Ω_iを算出した．

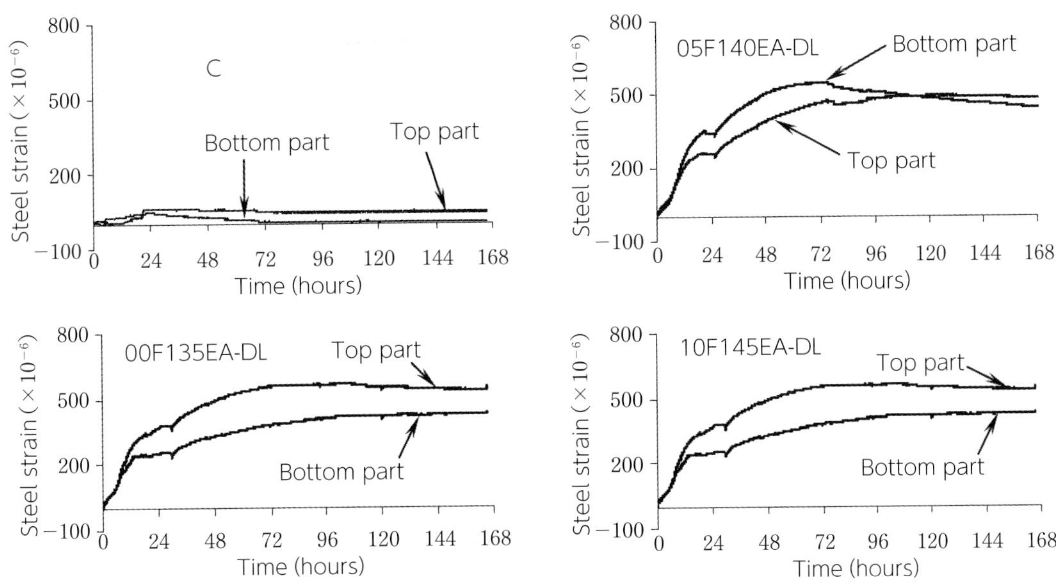

図5.3-17　膨張に伴う軸方向鉄筋のひずみ履歴[5.3.11)]

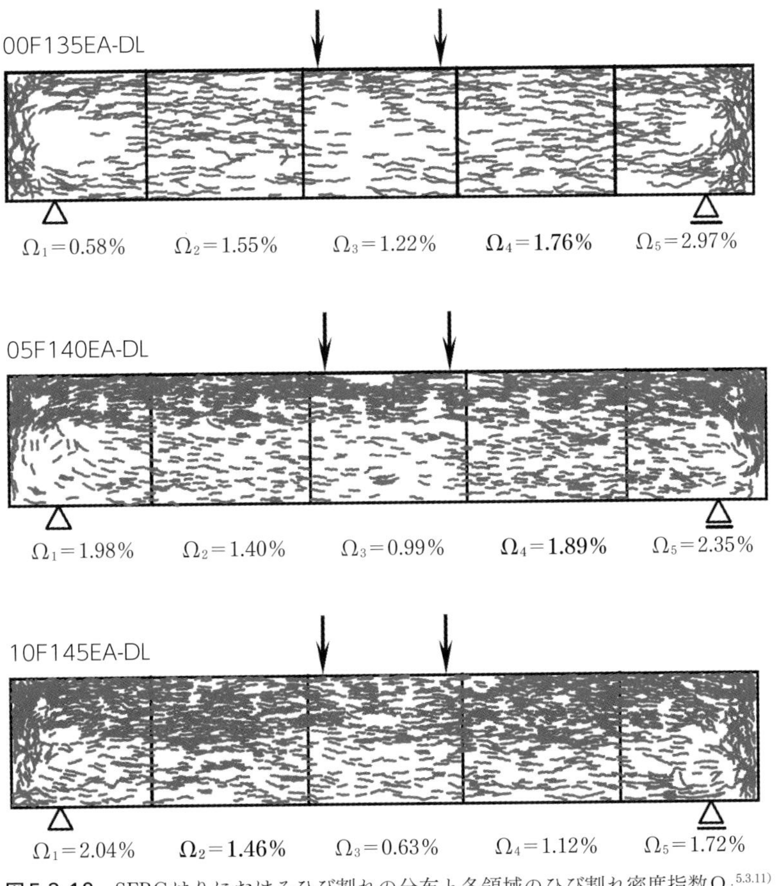

図5.3-18　SFRCはりにおけるひび割れの分布と各領域のひび割れ密度指数Ω_i[5.3.11)]

5章
維持管理のための技術

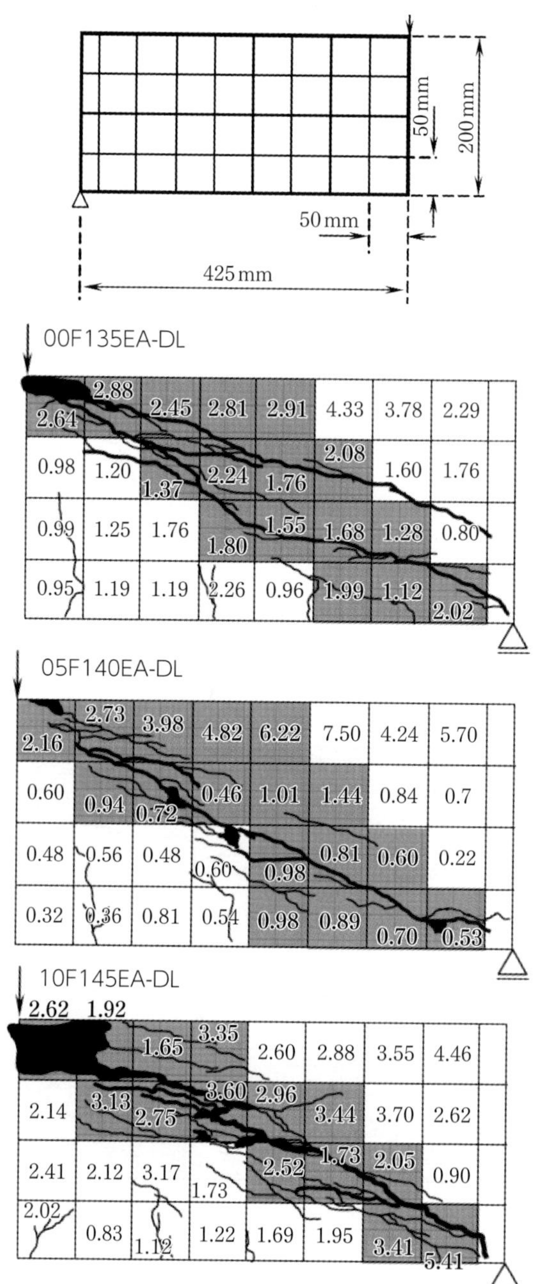

図5.3-19　破壊したせん断スパンにおける区分領域と各領域におけるひび割れ密度指数Ω_i[5.3.11)]

$$\Omega_i = \frac{\bar{w}_i \Sigma L_i}{A_i} \tag{5.3-1}$$

ただし，$\bar{w}_i$：小区分iにおける平均ひび割れ幅（mm），A_i：小区分iの表面積（mm^2），ΣL_i：小区分iにおけるひび割れの総延長（mm）である．

このようにして求めたひび割れ密度指数Ω_iと，載荷によって生じた斜めひび割れの進展との関連について考察している．最終的には，せん断耐力の実験値/計算値の関係を**図5.3-20**にま

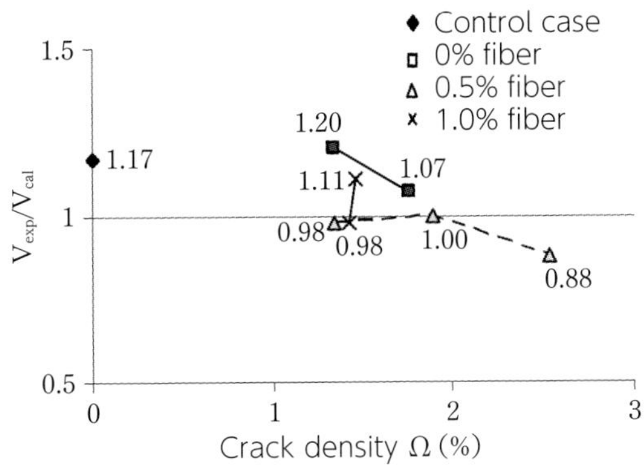

図5.3-20 ひび割れ密度指数Ωと実験値/計算値の関係[5.3.11)]

とめ，鋼繊維混入量，膨張量の異なるSFRCはりのせん断耐力に与える既存のランダムクラックの影響を明らかにしている．

〔参考文献〕

5.3.10) Toma, I.O., Miki, T., Niwa, J.: Influence of Random Cracks on the Shear Behavior of Reinforced Concrete Beams Containing Steel Fibers, 土木学会論文集E, Vol.63, No.1, pp.66–78, 2007.2.

5.3.11) Toma, I.O., Miki, T., Niwa, J.: Shear Behavior of Doubly Reinforced Concrete Beams with and without Steel Fibers Affected by Distributed Cracks, 土木学会論文集E, Vol.63, No.4, pp.590–607, 2007.10.

5.3.12) Miki, T., Toma, I.O., Niwa, J.: Experimental Study on the Shear Resistance of RC Beams Affected by Map Cracking, Proceeding of Sixth International Conference on Fracture Mechanics of Concrete Structures (FRAMCOS-6), Catania, Italy, Vol.2, pp.701–708, 2007.6.

論文の書き方

村田　裕志

論文を執筆すると二羽先生に査読していただいた．内容はもちろん厳しくチェックされるのであるが，書式についても厳しくチェックされた．例えば，半角英数字については論文ではTimes New Romanが指定されることが多いが，（当時の）MS Wordの初期設定ではCenturyであった．そのため，きちんとしていなければCenturyの文字が残ることになるわけだが，二羽先生はこの2つのフォントの違いを一瞬で見分けてしまうのである．こうして鍛えられたおかげで，自分も会社の後輩の論文をチェックするときはフォントの間違いに敏感になった．

また，日本語の書き方として，助手だった河野さんから推薦された本は『理科系の作文技術』（中公新書）である．この本は1981年に出版された本であるが，今でもベストセラーである．この本に書いてあることで印象に残っているのは，「事実と意見をきちんと区別する」「わかりやすく簡潔に」に関する具体的なアドバイスである．「わかりやすく簡潔に」の中では，「逆茂木型の文章を避ける」というアドバイスがあった．コンクリート構造の世界で言うと，逆茂木型の文章というのは以下のようなものである．

【ひび割れを分散させ，RC部材の耐久性を向上させることにつながる鉄筋とコンクリートの良い付着性状は，充分なかぶりを確保したり，コンクリート強度を高くしたり，コンクリートに短繊維を混入したり，といったことで実現できる．】

この文章の場合，主語は「付着性状は」であり，述語は「実現できる」である．しかし，修飾語が多くて非常に読みにくい．さらにひどいものだと，1つの文の中に複数の主語や述語が存在することがある．上の例については，例えば以下のようにすれば読みやすくなる．

【鉄筋とコンクリートの付着性状が良くなると，ひび割れが分散してRC部材の耐久性が向上する．良い付着を実現するためには，(1) 充分なかぶりの確保，(2) コンクリートの高強度化，(3) 短繊維補強コンクリートの使用，といった対策がある．】

二羽先生にも，長過ぎる文章は分かりにくいから短く切れとよく言われたことを思い出す．『理科系の作文技術』では，こういったテクニックは日本語教育では教えてもらえない，と指摘しているが，それは1980年当時でも2020年の今でも変わらないと思う．今思えば，義務教育の国語では，まるで小説家を目指すためのような教育が行われていると感じる．技術文書や論文，それこそ議事録には「比喩」などは必要なく，情報を正しく伝える文章力が必要なのだと思う．

5.4　劣化した部材の補修・補強工法

土木学会コンクリート標準示方書維持管理編[5.4.1)]では，コンクリート構造物の供用期間中の点検，評価および判定によって対策が必要とされた場合には，構造物の重要度，維持管理区分，残存予定供用期間，劣化機構，構造物の性能低下の程度などを考慮して目標とする性能を定め，対策後の維持管理の容易さや経済性，環境性を検討した上で，適切な種類の対策を選定し，実施するものとされている．対策の種類には，点検強化，補修，補強，供用制限，解体・撤去があり，その内の補修・補強工法は，劣化への抵抗性の改善を目的としたものと，力学的な抵抗性の改善を目的としたものに大別される．ここで，力学的な抵抗性を建設時に保有していた程度まで回復させる場合には補修，建設時よりも向上させる場合には補強と呼ばれ，主な工法には下表のようなものが挙げられている．

表5.4-1　コンクリート構造物に適用されている主な補修・補強工法[5.4.1)]
（力学的な抵抗性の改善を目的としたもの）

打換え工法（取替え工法）	
増設工法	はり（桁）増設工法
	壁増設工法
	支持点増設工法
増厚工法	上面増厚工法
	下面増厚工法
巻立て工法	コンクリート巻立て工法
	連続繊維巻立て工法
	鋼板巻立て工法
接着工法	連続繊維接着工法
	鋼板接着工法
プレストレス導入工法	外ケーブル工法
	内ケーブル工法
免震工法	

本節では，新たな補修・補強工法の提案に向けた研究事例として，腐食した鉄筋定着部に対する補修・補強工法，ひび割れへの樹脂充填やUFCパネルを用いた補強工法について紹介する．

5.4.1　腐食した鉄筋定着部に対する補修・補強

5.3.1で示したように，鉄筋定着部の腐食は，コンクリート部材の安全性に大きな影響を及ぼすと考えられる．鉄筋腐食に対する対策として，土木学会コンクリート標準示方書では劣化グレードに応じた補修・補強・劣化抑制方法が示されているが，安全性への影響が劣化部位により異なるにもかかわらず，定着部やその他の重要と思われる部位に特化した対策は示されてはいない．このような背景から，腐食した鉄筋定着部に対する補修・補強方法が検討された[5.4.2),5.4.3)]．

検討した補修・補強方法は，①断面修復，②鋼板拘束，③FRPシート巻立て，である．試験体および載荷実験の方法は，**図5.3-4**と同様である．①断面修復に関しては，腐食による目標質量減少率5％の定着部に対して，普通モルタル，高強度モルタル，ビニロン繊維補強モルタル，シリカフュームを添加したビニロン繊維補強モルタル，の4種類の埋め戻し材を検討した．②鋼板拘束に関しては，**図5.4-1**に示すように，鋼板で試験体を挟み込み，PC鋼棒を使って鉄筋軸直角方向にプレストレスを与えることにより，拘束圧を与えた．③FRPシート巻立てに関しては，**図5.4-2**に示すように，FRPシートを断面全周に巻き立てた．高弾性炭素繊維シート，ガラス繊維シートの2種類を検討している．

断面修復を検討した実験シリーズでは，腐食を導入し，修復部のコンクリートを取り除いた後，鉄筋ひずみゲージを一定間隔で貼付している．隣接する位置のひずみの差から，付着応力（τ）を算出することができる．**図5.4-3**に，付着応力分布の推移の例を示す．普通モルタルによる断面修復では付着応力が回復せず，最大引抜き荷重が健全時に及ばなかったが，その他の種類の断面修復材を用いたケースでは健全時と同等のレベルに回復している．実際に高強度モルタルを使用する際は，収縮等に配慮する必要があるが，短繊維やシリカフューム等を用いて工夫することにより，普通強度の修復材でも十分な補修効果が得られるものと思われる．

鋼板拘束とFRPシート巻立てにより補強した実験シリーズでは，腐食導入後に鉄筋を取り出すことができないため，ひずみゲージの貼付が困難だった．そこで，**図5.4-4**に示す方法で，鉄

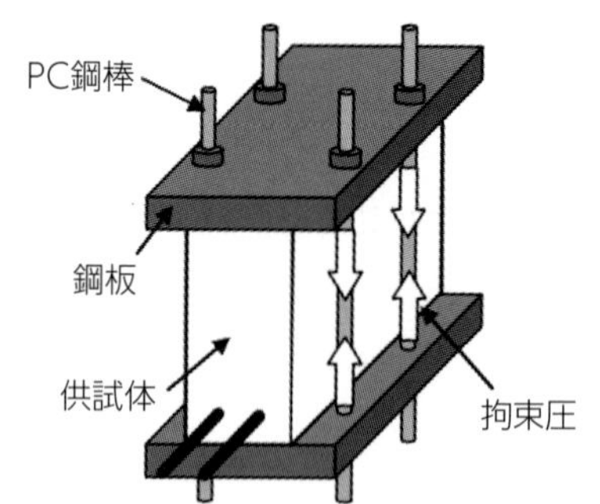

図5.4-1　拘束圧による定着部の補強[5.4.3)]

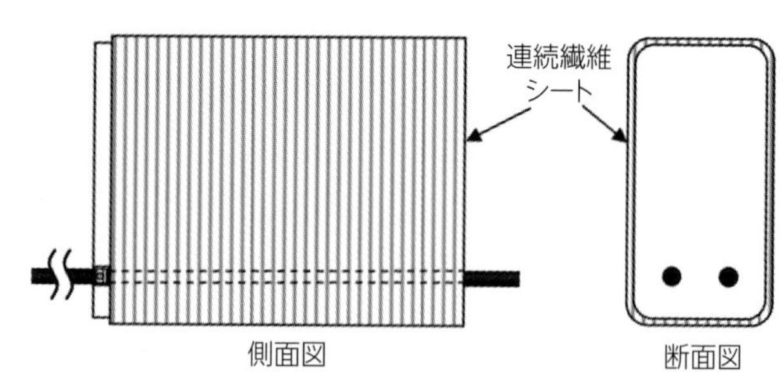

図5.4-2　FRPシート巻立てによる定着部の補強[5.4.3)]

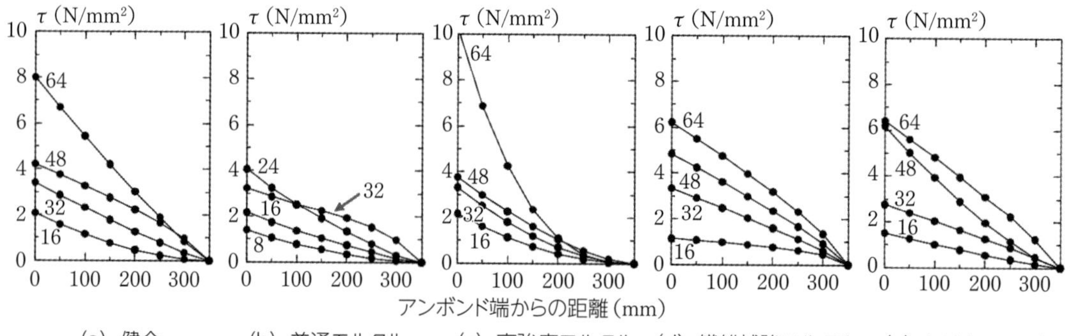

図5.4-3　断面修復した鉄筋定着部の付着応力分布の推移（図中の数字は引抜き荷重(kN)）[5.4.2)]

筋のすべり量を測定した．試験体側面を小さく削孔し，削孔した位置の鉄筋に雌ねじ加工を施し，図に示すアタッチメントを取り付け，変位計を当てて測定した．**図5.4-5**に，実験で得た引抜き力－すべり量関係を示す．なお，本実験で腐食を導入したケースの目標質量減少率は10%である．腐食後に無補強のケース（C10）では，健全時よりも最大引抜き力が低下し，す

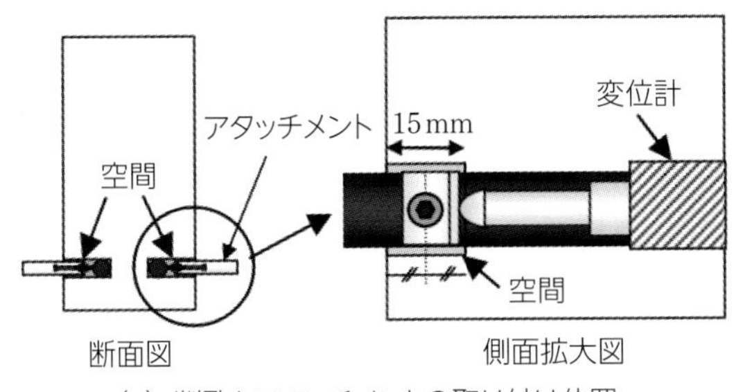

(a) 削孔とアタッチメントの取り付け位置

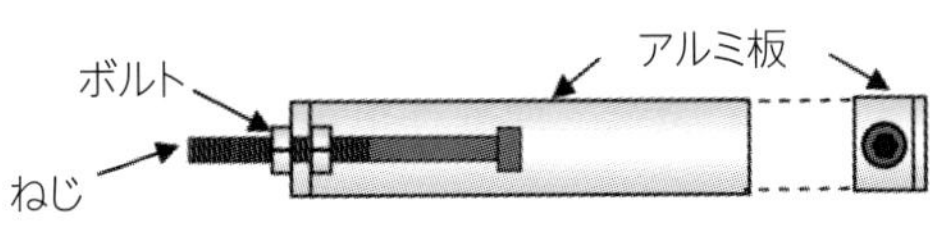

(b) アタッチメント詳細

図5.4-4　鉄筋のすべり量の測定方法[5.4.3)]

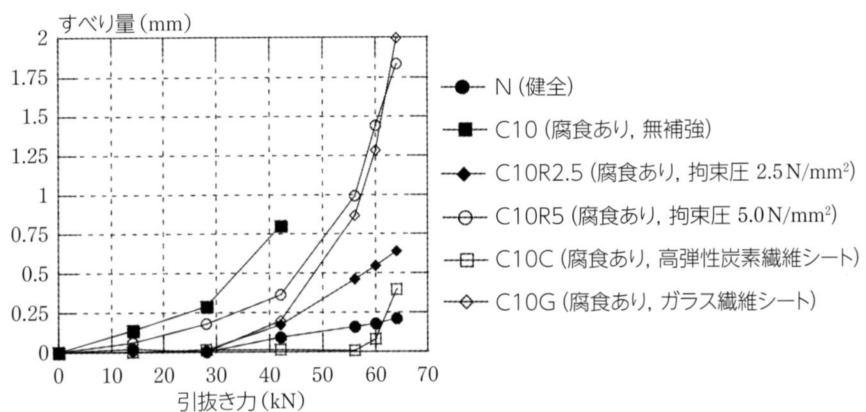

図5.4-5　引抜き力－すべり量関係[5.4.3)]

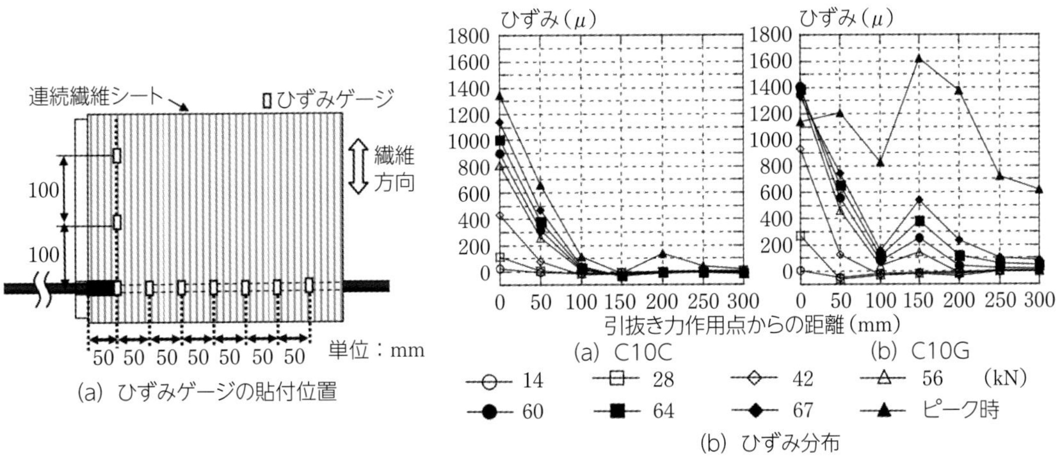

図5.4-6　FRPシートのひずみの測定位置と分布の推移[5.4.3)]

べり量が増大している．一方，各種補強を行ったケースでは，最大引抜き力が健全時と同等のレベルに回復し，すべり量も小さくなっている．特に高弾性炭素繊維シートで巻立て補強したケース（C10C）は，すべり量が最大引抜き力の直前までほとんど増加せず，高い補強効果があったものと考えられる．シートのひずみ分布（**図5.4-6**）に着目すると，高弾性炭素繊維シートを用いたケース（C10C）は，ガラス繊維シートを用いたケース（C10G）と比べて，ひずみ分布の勾配が急であり，引抜き力の作用点から離れた位置では，ほとんどひずみが発生していないことがわかる．これは，異形鉄筋の付着，すべり，抜出し性状は，鉄筋に沿ったひび割れの拡幅，進展挙動と密接な関係があるためであり，高弾性の補強材により，ひび割れの拡幅を抑えたことが高い補強効果の実現につながったものと考えられる．

〔参 考 文 献〕

5.4.1）　土木学会：コンクリート標準示方書　維持管理編，2018年．

5.4.2）　酒井舞，松本浩嗣，森誠，二羽淳一郎：断面修復工法により補修した腐食を有する鉄筋定着部の力学性能，コンクリート工学年次論文集，Vol.33，No.2，pp.601-606，2011．

5.4.3）　森誠，松本浩嗣，酒井舞，二羽淳一郎：腐食を有する異形鉄筋の定着部補強方法の検討，コンクリート工学年次論文集，Vol.34，No.2，pp.553-558，2012．

実験における試行錯誤や工夫を思う

中村　拓郎

「圧縮鉄筋にSD390のD35を3本配置したい．」「え，なんで？（模型でD35？ 引張鉄筋より径が太い？）」これは，ある学生の学位論文の実験計画の相談時のひとコマである．

当研究室では，せん断破壊型のはり試験体を製作する機会が多い．想定されるせん断耐力が高く，曲げ圧縮破壊の先行が危惧される場合には，やむを得ず鉄筋径を大きくして圧縮鉄筋に圧縮力の分担を期待することがあった．この時は，プレストレスを導入したUFCパネルによって高いせん断補強効果が見込まれるため，母材であるRCはりが曲げ圧縮破壊する可能性が高く，載荷装置の容量，試験体寸法などを考慮すると，これしか方法がないということだった．詳細図も描き，鉄筋工，打込み，運搬経路を含めた施工手順等についても可否の検討を行って，やや現実離れしているようではあるけれども，最終的に提案の試験体を製作する結論に至った．

載荷装置の容量や寸法制限等といった諸事情を試験体決定の理由にすることが望ましくないことは承知のうえであるが，実物大の載荷実験を行える機会を得ることは容易ではなく，縮小模型等による実験でさえも環境によっては制限が生じる．研究目的を達成するためには，試験体の製作，計測方法などの実験手法において様々な試行錯誤や工夫が施されていることも少なくはない．研究論文等では，こうしたノウハウに関する部分が必ずしも明示されていないこともあるが，実験概要等の記載内容からそんな背景を想像することがある．当研究室の発表論文のひとつひとつにも，当時の主担当学生や教職員の試行錯誤や工夫が垣間見えるかもしれない．

5.4.2　内圧充填接合補強工法

ひび割れ等の損傷を有するコンクリート構造物の補修方法として，樹脂注入がある．ひび割れに樹脂を注入し，遮蔽性を向上することにより耐久性を回復することが主な目的であり，一般的に従来の樹脂注入工法は，力学性能の回復を期待するものではなかった．これは，従来工法では表面を密封して行うため，コンクリートに内在する空気の逃げ場がなく，かえって注入材の浸透を阻害し，深部まで樹脂を注入することが困難であったことが主な原因と考えられている．近年になって，この問題を解決することを目的に，内圧充填接合補強工法が開発された．この工法では，エア抜き機能を備えた樹脂注入器を用いることにより，コンクリート内部の空気が抜き取られ，注入樹脂と置換される（**図5.4-7**）．また，注入樹脂に高流動性のエポキシ樹脂を採用し，注入開始時にコンクリート内部の空気を排出させ，負圧を発生させることで，より微細なひび割れにも充填することを可能としたのである．これらの特徴により，耐久性の向上だけでなく，力学性能の改善が期待されている．その検証のため，内圧充填接合補強工法によるひび割れへの樹脂充填性状と，補修後のコンクリート部材の力学性能が検討された．

図5.4-8に，内圧充填接合補強工法によるひび割れへの樹脂充填性状を検討するために用いたRC切欠きはり試験体[5.4.4)]を示す．試験方法は，3点曲げ載荷により切欠き部に曲げひび割れを発生させ，除荷後，切欠き下部から樹脂を充填し，コンクリートのコアを採取して充填状況を確認するというものである．実験では，内圧充填接合補強工法で注入したケース（IPH-notch）だけでなく，比較用として従来工法で注入したケース（CON-notch）も行われている．**図5.4-9**にコア抜きの位置，**表5.4-2**に樹脂の充填状況を示す．従来工法では，注入位置から約40cmの距離において，樹脂が充填されていないことが確認された．一方，内圧充填接合補強工法では，注入位置から少なくても70cmの距離まで樹脂が充填されていることが確認され，本工法を用いることで，より深い領域まで樹脂の充填が可能であることがわかった．

内圧充填接合補強工法で補修した部材の力学性能を検討するため，RCはり，RC柱，RC床版の載荷実験が行われている[5.4.4), 5.4.5), 5.4.6)]．各試験体の詳細を**図5.4-10**に示す．すべての試験体に対して，内圧充填接合補強工法による補修が力学性能に及ぼす影響を検討するため，プレ載荷によりまずひび割れを導入し，除荷後に補修した後，破壊に至るまで載荷実験を行っている．RCはりに関しては，充填状況の影響を検討するため，はりの高さを200mm～600mmに変化

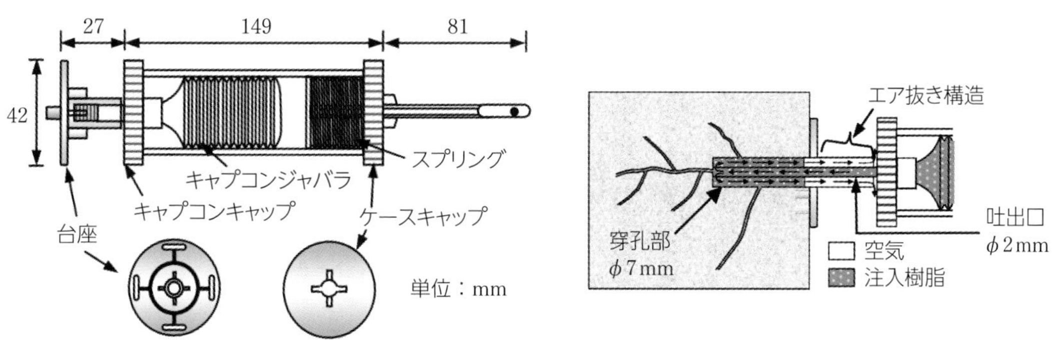

図5.4-7　内圧充填接合補強工法で用いる注入器具（左）とエア抜きのイメージ[5.4.4)]

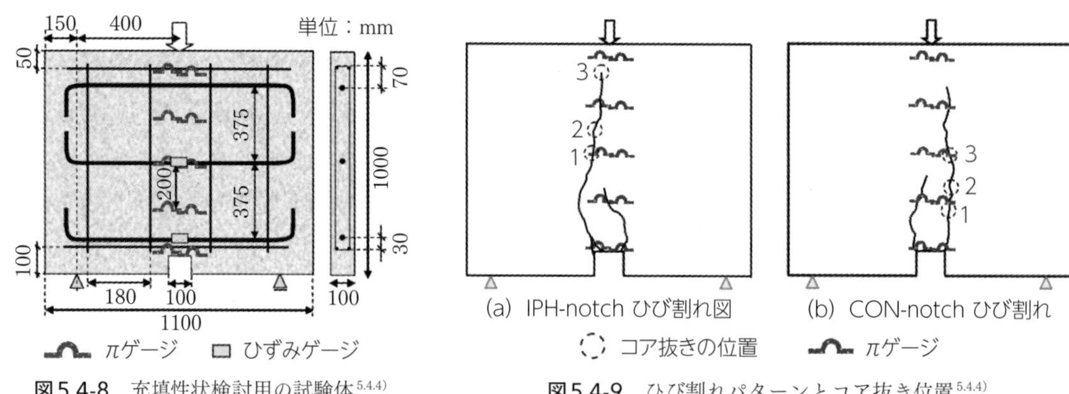

図5.4-8　充填性状検討用の試験体[5.4.4)]

図5.4-9　ひび割れパターンとコア抜き位置[5.4.4)]

表5.4-2　樹脂の充填状況[5.4.4)]

試験体名	工法の種類	コア番号	切欠きからの距離(cm)	樹脂充填の有無
IPH-notch	内圧充填接合補強工法	1	42.5	有
		2	53.2	有
		3	70.0	有
CON-notch	従来工法	1	22.5	有
		2	29.8	有
		3	39.5	無

させ，樹脂の注入を底面からのみ行っている．RC床版に関しては，コンクリートの剥落が生じた地下鉄トンネル上面の補修を想定しており，断面欠損をあらかじめスパン中央部に設け，断面修復後に樹脂注入による補修を行っている．部材の力学性能の評価には，耐荷力や変形性能等，様々な指標があるが，部材剛性もそのひとつである．ひび割れ注入は部材剛性に顕著な影響を与えることから，主たる検討項目としている．部材剛性の変化を検討するため，RCはり，RC床版に関しては，除荷・再載荷を繰り返して荷重あるいは変位を漸増させながら載荷を行っている．RC柱に関しては，正負交番載荷により試験が行われている．

図5.4-11に，RCはりの載荷実験で得られた部材剛性－荷重レベル関係について，最もはりの高さが大きい600mmを例として示す．プレ載荷により部材剛性が低下する（●線）が，内圧充填接合補強工法による補修により回復し（○線左端），本載荷により再び部材剛性が低下している．一方，従来工法に着目すると，補修前後（◆線右端と◇線左端）の部材剛性の差が小さい．これは，従来工法よりも，内圧充填接合補強工法は部材剛性を著しく回復させることを意味している．

図5.4-12に，RC柱の載荷実験で得られた部材剛性－載荷段階関係を示す．破壊モードに着目すると，曲げ破壊型よりもせん断破壊型のほうが，補修による部材剛性の回復が著しい傾向にある．これは，せん断破壊型は主にコンクリートの損傷により剛性が低下するため，内圧充填接合補強工法によりコンクリートのひび割れが補修されたことで，部材剛性が大きく回復したためと考えられる．

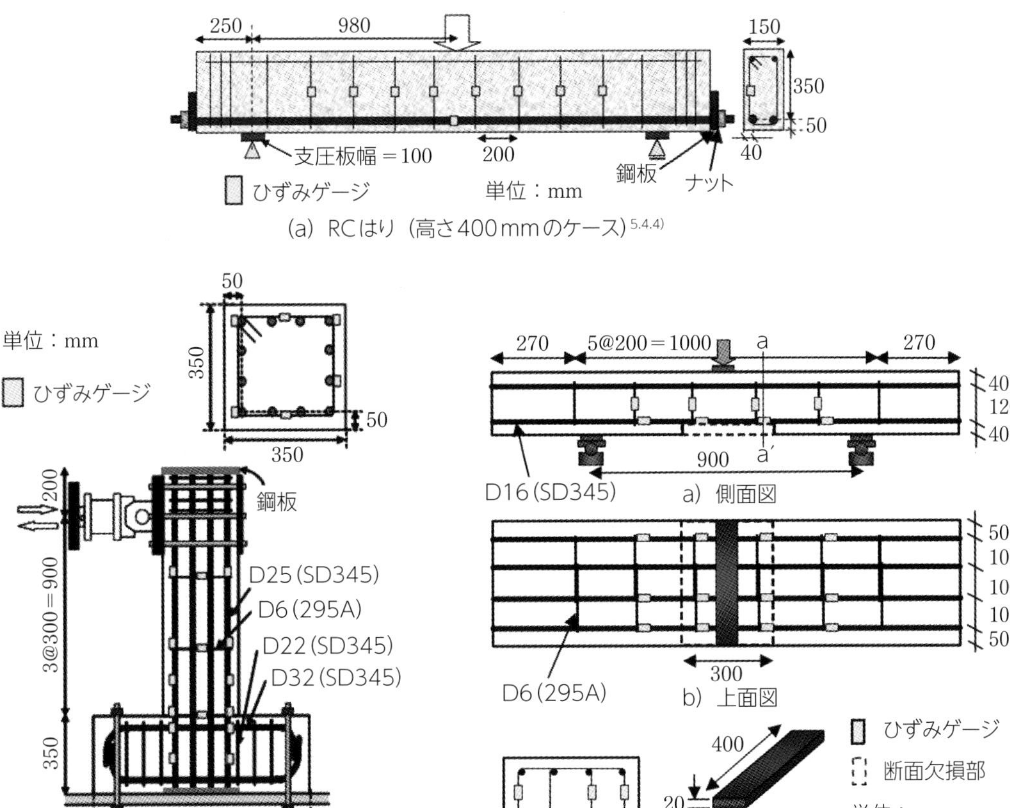

図5.4-10　内圧充填接合補強工法による補修後の力学性状を検討するための試験体

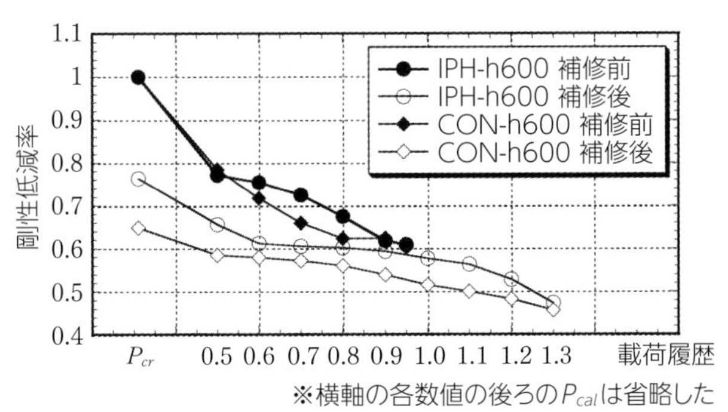

図5.4-11　内圧充填接合補強工法による補修前後のRCはりの部材剛性の変化[5.4.4)]
（横軸はせん断耐力の計算値P_{cal}に対する割合）

図5.4-13に，RC床版の載荷実験で得られた部材剛性－載荷段階関係を示す．断面欠損がない比較用のケース（NO-SL21）には及ばないものの，載荷により低下したRC床版の部材剛性は，補修前の初期値とほぼ同程度に回復している．

本検討で得られた成果は，「『コンクリート構造物におけるIPH工法（内圧充填接合補強工法）

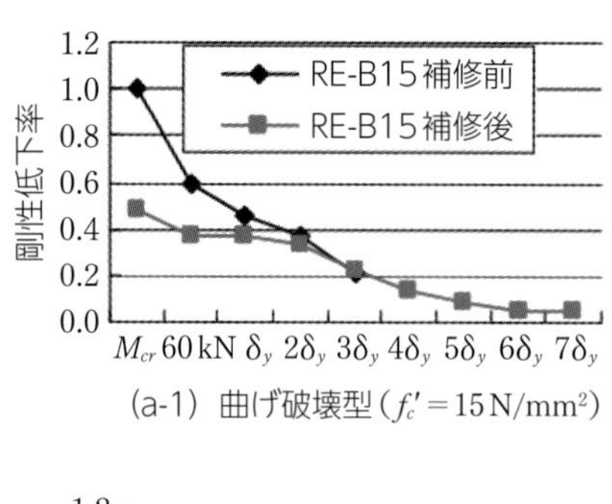

(a-1) 曲げ破壊型($f_c'=15\,\mathrm{N/mm^2}$)

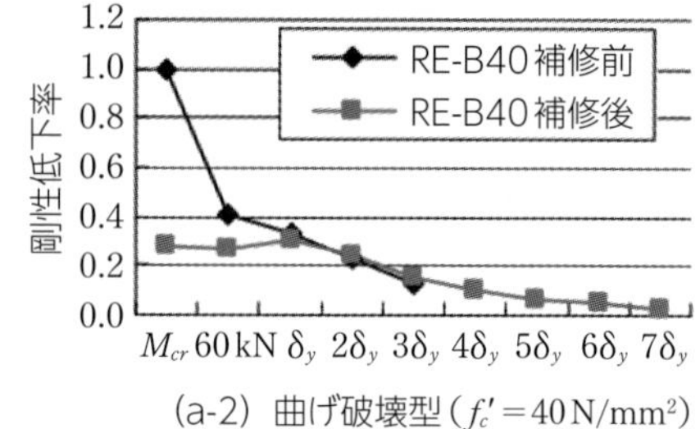

(a-2) 曲げ破壊型($f_c'=40\,\mathrm{N/mm^2}$)

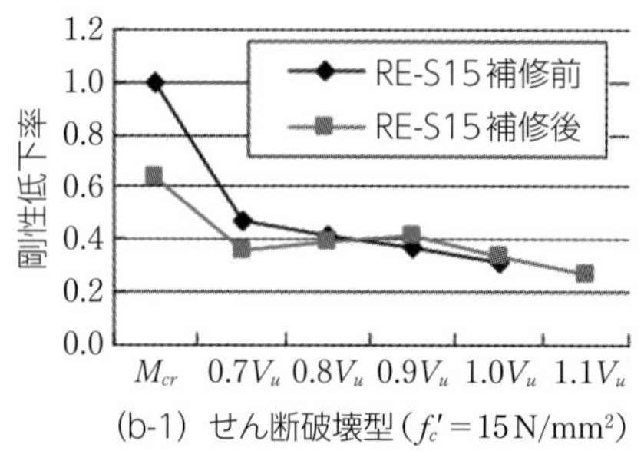

(b-1) せん断破壊型($f_c'=15\,\mathrm{N/mm^2}$)

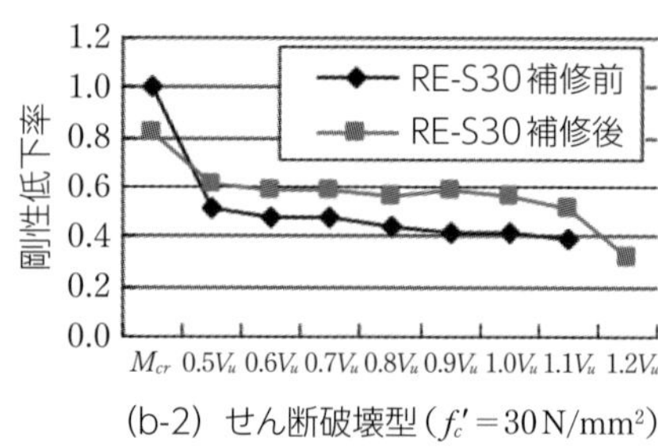

(b-2) せん断破壊型($f_c'=30\,\mathrm{N/mm^2}$)

図5.4-12　内圧充填接合補強工法による補修前後のRC柱の部材剛性の変化[5.4.5)]
(横軸は載荷段階で，ひび割れ発生時，60kN載荷時，降伏時変位に対する割合)

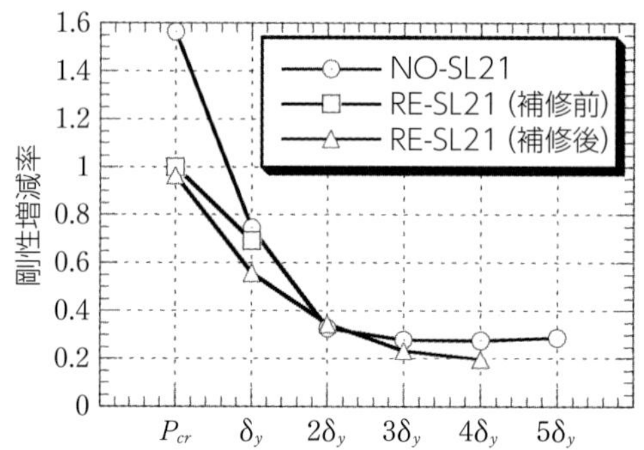

図5.4-13　内圧充填接合補強工法による補修前後のRC床版の部材剛性の変化[5.4.6)]
(横軸は載荷段階で，ひび割れ発生時，降伏時変位に対する割合)
(NO-SL21が断面欠損無しのケース)

の設計施工法』に関する技術評価」の一部として取りまとめられ，土木学会からの技術評価証を受けている．本検討により，実用化に資する成果を提供できたことは，当該分野の研究者として誠に光栄である．

〔参 考 文 献〕

5.4.4)　渡邊祥庸，瀬野健助，加川順一，二羽淳一郎：内圧充填接合補強工法によるコンクリート中への樹脂充填性能と補修効果，コンクリート工学年次論文集，Vol.34，No.2，pp.1465–1470，2012.

5.4.5)　渡邊祥庸，二羽淳一郎，日野篤志，加川順一：内圧充填接合補強工法によるRC柱の補修効果の検討，コンクリート工学年次論文集，Vol.33，No.2，pp.1381–1386，2011.

5.4.6)　渡邊祥庸，松本浩嗣，二羽淳一郎，瀬野健助，加川順一：内圧充填接合補強工法による断面欠損を有するRCスラブの補修効果，土木学会第66回年次学術講演会概要集，V-019，pp.37–38，2011.

5.4.3 UFCパネルを用いた補強工法

超高強度繊維補強コンクリート（UFC）の150 N/mm^{2}を超える高い圧縮強度や耐塩害性や耐摩耗性等の高耐久性の活用法のひとつとして，パネル化したUFCを用いたRC部材の補強工法が提案されている．柴田ら[5.4.7), 5.4.8)]は，UFCパネルで補強したRCはりの載荷実験を実施し，**図5.4-14**に示すようにUFCパネルの接着方法によるせん断補強効果の違いを確認している．UFCパネルを側面ならびに下面に接着させた場合にはRC部の斜めひび割れや曲げひび割れの開口が抑制されるなど，接着方法によって耐荷機構が異なることを示している．また，UFCパネルを複数に分割してRCはりに接着した場合の補強効果についても，パネル厚，パネル接着位置，せん断補強筋の有無をパラメータとした載荷試験による検証が行われている．せん断補強効果は，パネル厚が7 mm程度までは補強量に応じて増加する一方で厚さ10 mm程度を境にアンカーボルトの抜出し破壊が生じて頭打ちとなること，UFCパネルを載荷点や支点近傍に接着した場合には母材の破壊が先行して補強効果を発揮できないことなど，各パラメータが補強効果や破壊モードに及ぼす影響が示されている．また，**図5.4-15**に示す仮想斜めひび割れモデルを用いてUFCパネルが分担するせん断耐力の算出を試みており，接着したすべてのパネルにひび割れが生じ，かつ，そのひび割れ幅が小さい場合に実験値と合致することを確認している．

Limpaninlachatら[5.4.9), 5.4.10)]は，プレストレスの導入によって引張性能等を向上させたUFCパネルによる補強工法（**図5.4-16**）を提案している．引張鉄筋の断面積を減じることで劣化を模擬したRCはりに対してプレテンションUFCパネルを適用した試験体を用いた載荷実験によって曲げ補強効果を検証しており，**図5.4-17**に示すようにPCストランド径（総断面積）やプレストレス量が曲げ補強効果に及ぼす影響を確認している．また，母材であるRCはりとUFCパネルの一体性について断面計算による検証を行っており，**図5.4-18**に示すように載荷点から離れるほど実験値と計算値が乖離するが，載荷点近傍では一体性が保たれていることを確認して

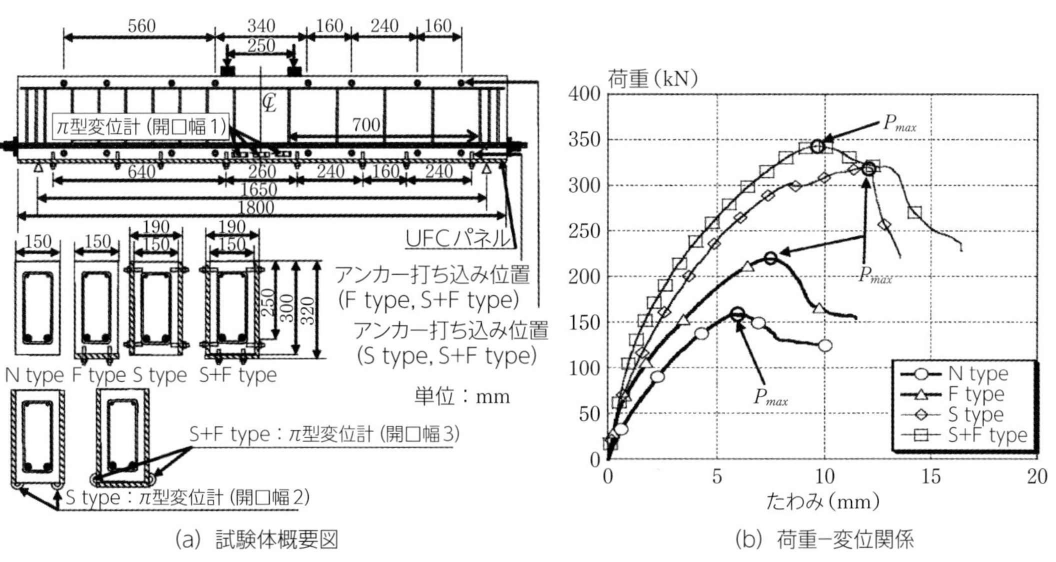

図5.4-14 UFCパネルによるせん断補強効果[5.4.7)]

5章 維持管理のための技術

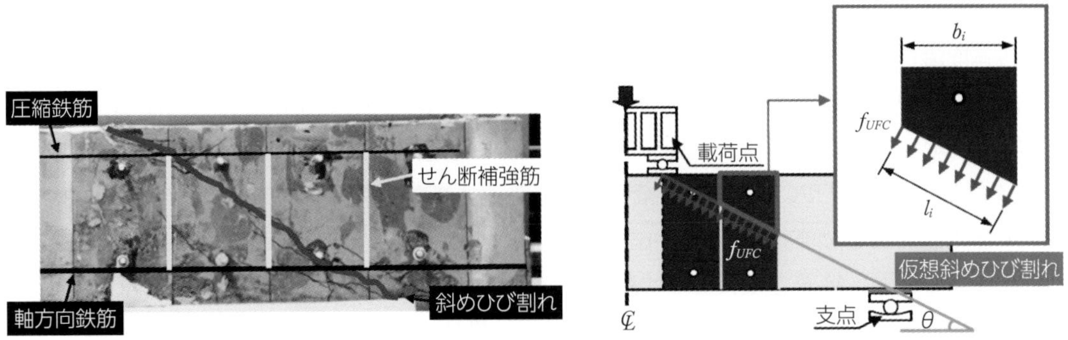

(a) 斜めひび割れとせん断補強鉄筋の位置関係　　(b) 仮想斜めひび割れモデル

図5.4-15　UFCパネルによるせん断補強効果の算定モデル[5.4.8)]

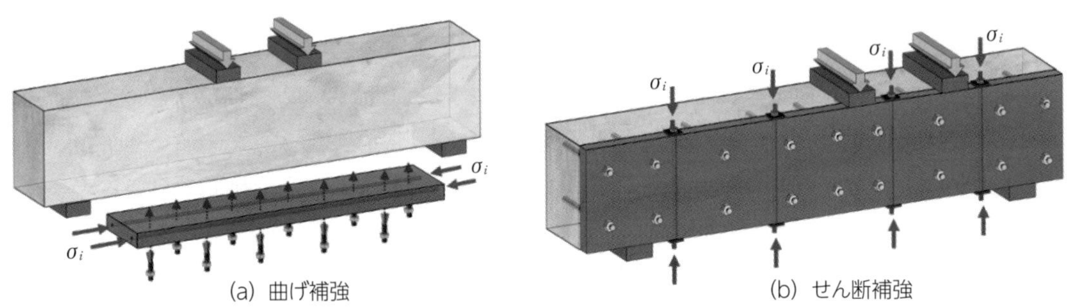

(a) 曲げ補強　　(b) せん断補強

図5.4-16　プレストレスを導入したUFCパネルによる補強

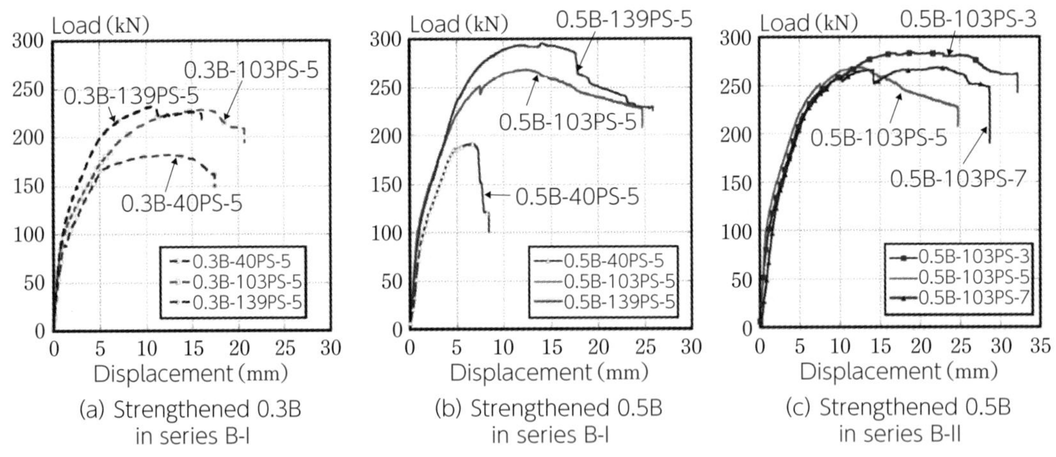

(a) Strengthened 0.3B in series B-I　　(b) Strengthened 0.5B in series B-I　　(c) Strengthened 0.5B in series B-II

図5.4-17　PCストランド径とプレストレス量が曲げ補強効果に及ぼす影響[5.4.9)]

いる．こうした一連の検証をふまえ，プレテンションUFCパネルによって補強されたRCはりの曲げ耐力について，**図5.4-19**に示す断面計算モデルが提案されている．

プレストレスを導入したUFCパネルによるせん断補強効果については，ポストテンションUFCパネルを用いた載荷実験（**図5.4-20**）による検討が行われている．**図5.4-21**に示すように，パネル枚数，PC鋼材の総断面積，プレストレス量の違いによるせん断補強効果を確認する

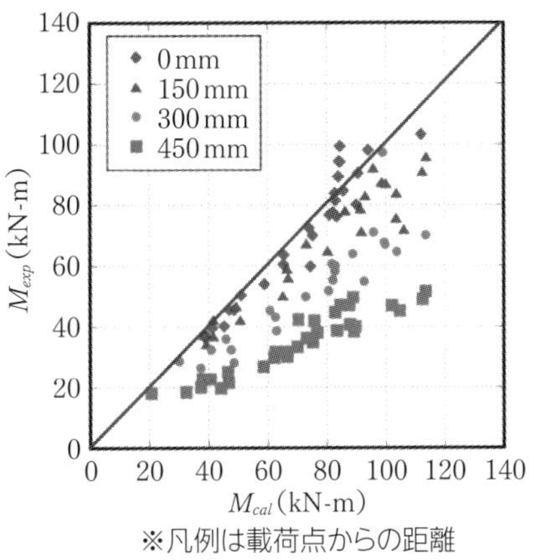

図5.4-18　パネルとの一体性の検証[5.4.9)]

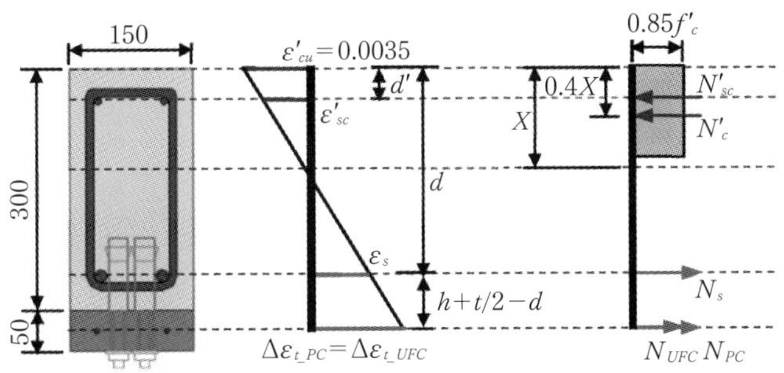

図5.4-19　断面計算モデル[5.4.9)]

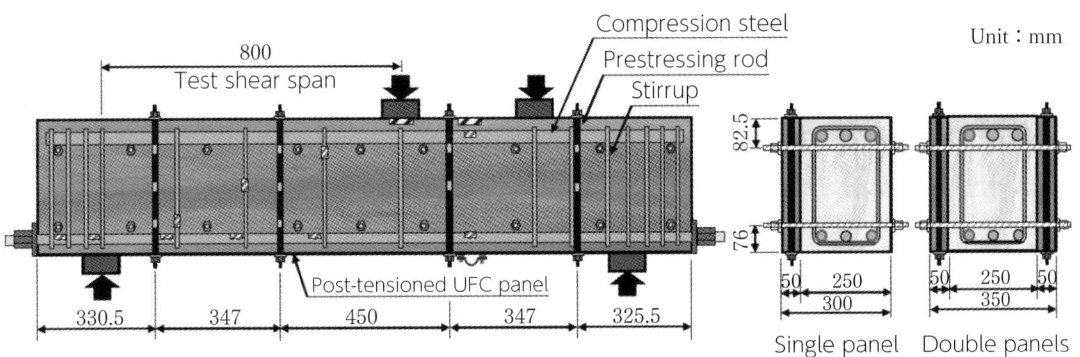

図5.4-20　ポストテンションUFCパネルによるせん断補強効果の実験概要[5.4.10)]

とともに，プレストレス量が初期のひび割れ発生荷重や母材のせん断補強鉄筋の降伏荷重に影響することを示している．また，**図5.4-22**に示す力の釣り合いと仮想斜めひび割れ角度を設定することで，せん断補強効果を算定できることを示している．

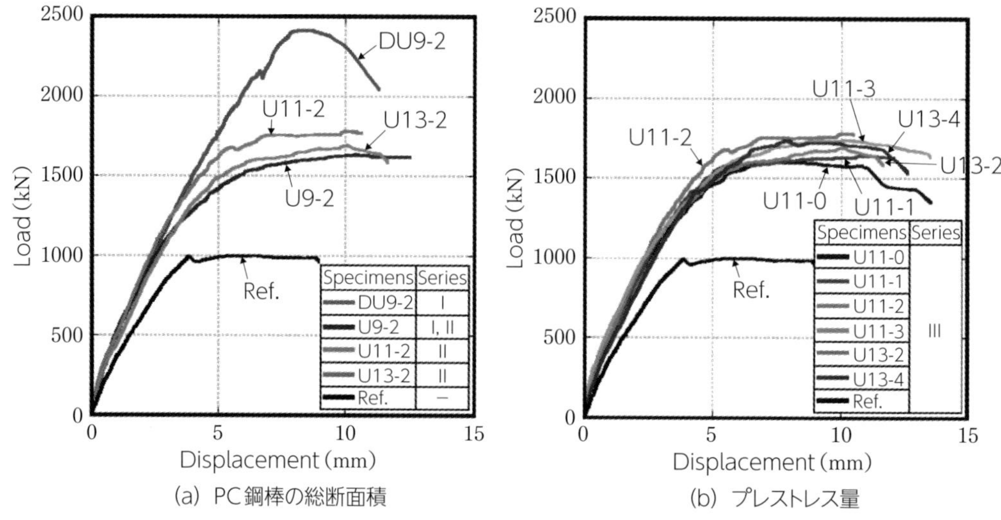

(a) PC鋼棒の総断面積　　(b) プレストレス量

図5.4-21　ポストテンションUFCパネルによるせん断補強効果[5.4.10)]

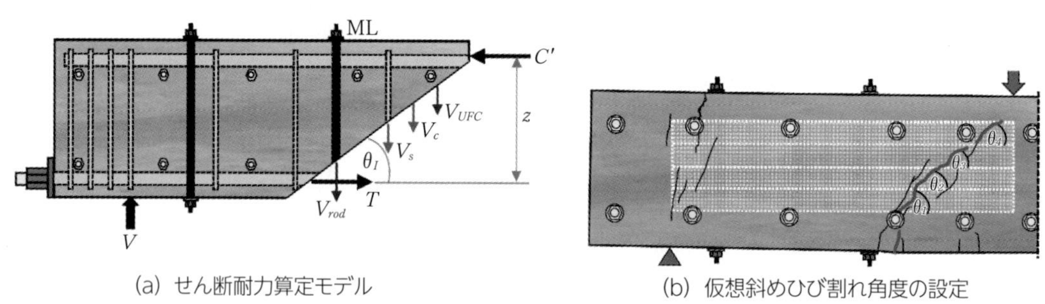

(a) せん断耐力算定モデル　　(b) 仮想斜めひび割れ角度の設定

図5.4-22　ポストテンションUFCパネルによるせん断補強効果の算定モデル[5.4.10)]

〔参 考 文 献〕

5.4.7) 柴田耕，渡辺健，二羽淳一郎，川口哲生：UFCパネルによるRCはりのせん断補強効果，コンクリート工学年次論文集，Vol.31，No.2，pp.1633–1638，2009.

5.4.8) 松本浩嗣，柴田耕，二羽淳一郎，川口哲生：ストリップ型UFCパネルによるRCはりのせん断補強，コンクリート工学年次論文集，Vol.32，No.2，pp.1507–1512，2010.

5.4.9) Pornpen Limpaninlachat, Koji Matsumoto, Takuro Nakamura, Katsuya Kono and Junichiro Niwa: Flexural Strengthening Effect of Pre-tensioned UFC Panel on Reinforced Concrete Beams, Journal of JSCE, Volume 4, Issue 1, pp.181–196, 2016.

5.4.10) Pornpen Limpaninlachat, Takuro Nakamura, Katsuya Kono and Junichiro Niwa: Shear Strengthening Performance of Post-tensioned UFC Panel on Reinforced Concrete Beams, Journal of Advanced Concrete Technology, Volume 15, Issue 9, pp.558–573, 2017.

5.4.4　FRPシートを用いたPCはりの補強工法

既設構造物に対する補強方法として，FRP（連続繊維）シートを用いた工法がある．FRPは高強度かつ軽量で，耐食性も優れていることから，インフラ分野では主に1990年代から精力的な研究開発が行われてきた．2000年にはFRPシートを用いたコンクリート構造物の補修・補強指針が土木学会で取りまとめられ[5.4.11]，実用化がさらに促進された．

近年，コンクリート構造物の劣化が顕在化した例が散見されるが，RC構造物だけでなく，PC構造物の事例も増えている．PC箱桁橋である妙高大橋のPC鋼材が腐食により破断した事例は，記憶に新しい．PCはPC鋼材を用いてプレストレスを与え，ひび割れの発生を抑えており，またPC鋼材の高い強度特性を利用して長大スパン化を可能としている．したがって，PC鋼材の破断は，PC構造物の安全性に致命的な影響を与えるおそれがある．FRPシートを用いた補強に関するこれまでの研究事例を見ると，その多くはRC構造物を対象としたものであり，PC構造物について検討した研究は多くないようである．また，実験に用いられる試験体は新しく作製されたものが多く，実際の既設構造物は損傷を受けてから補強されるにもかかわらず，損傷した部材に対して補強工法の有用性を検討した事例は少ない．このような背景から，PC鋼材が破断したPCはりに対するFRPシート補強の効果を検討する実験が行われた．対象はプレテンションPCはりとポストテンションPCはりで，用いたFRPは炭素繊維（以下，CFRP）である．

プレテンションPCはりに関しては，曲げ補強[5.4.12]とせん断補強[5.4.13]の両方が検討されている．**図5.4-23**に，CFRPシートで曲げ補強したPCはり試験体の詳細を示す．PC鋼材の破断を再現するため，スパン中央の下部にあらかじめ欠損個所を設け，露出した2本のPC鋼材のうち1本または2本を切断した．**図5.4-24**に，CFRPシートの接着区間を示す．曲げ補強が対象のため，CFRPシートははりの底面に接着されており，シートの長さを実験パラメータとしてい

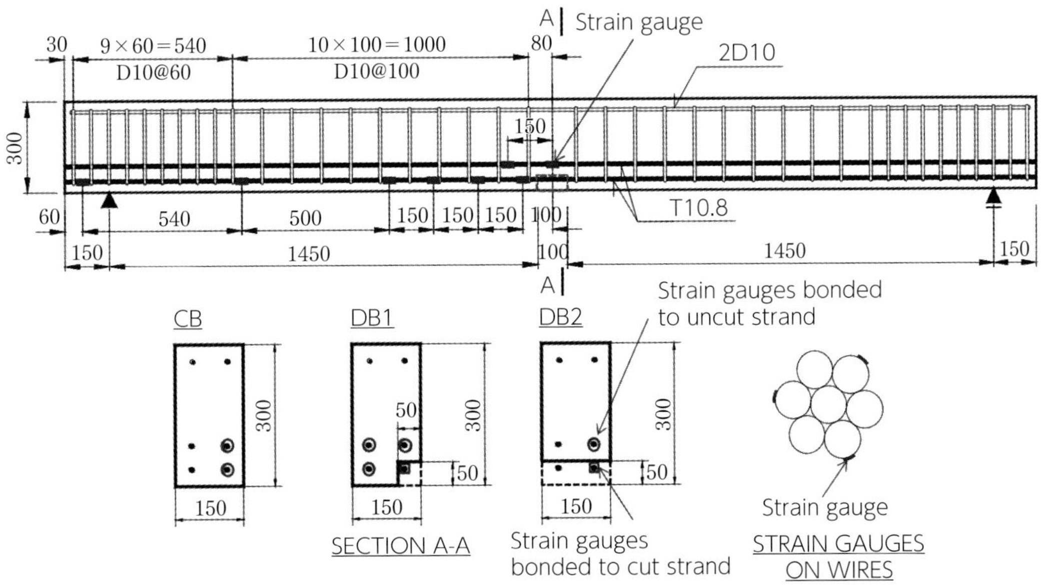

図5.4-23　PC鋼材の破断を模擬したプレテンションPCはり試験体（曲げ補強）[5.4.12]

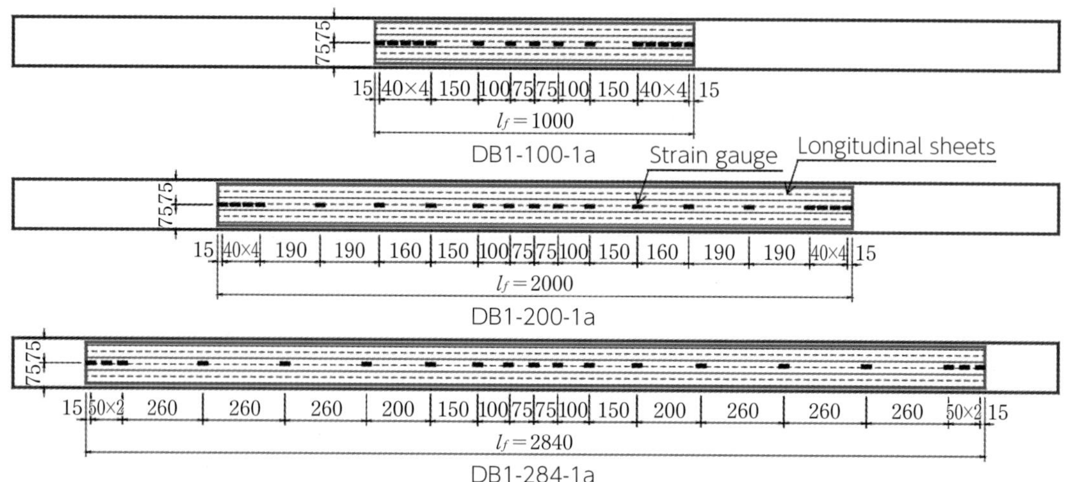

図5.4-24　CFRPシートの接着区間とひずみゲージ貼付位置[5.4.12)]（プレテンションPCはりの曲げ補強）

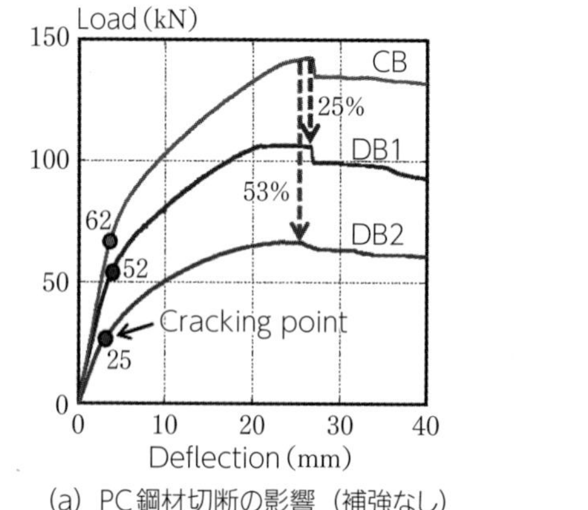

(a) PC鋼材切断の影響（補強なし）
(CB：切断なし，DB1：1本切断，DB2：2本切断)

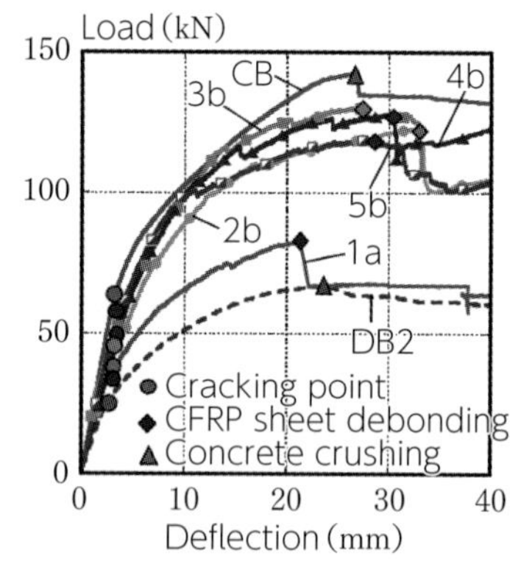

(b) シート積層数の影響（PC鋼材は2本切断）
(○aまたは○bの○が積層数)

図5.4-25　荷重－変位関係の例（プレテンションPCはりの曲げ補強）[5.4.12)]

る．**図5.4-25**に，実験で得た荷重－変位関係の例を示す．PC鋼材の切断本数に応じて曲げ剛性と曲げ耐力が低下しており，安全性に大きな影響を与えることがわかる．補強したケースでは，シートの積層数に応じて曲げ剛性，曲げ耐力が回復しており，全体の50％にあたるPC鋼材が破断しても，健全時に近い状態に回復できることがわかった．

図5.4-26に，CFRPシートでせん断補強したプレテンションPCはり試験体の詳細を示す．本実験では，PC鋼材は切断していない．**図5.4-27**に，CFRPシートの接着位置を示す．せん断スパン全長にわたって補強を行うケースと，シートをストリップ状に配置するケースの2種類を検討した．その他の実験パラメータは，プレストレス量，シート1層の厚さ，シートの積層数，である．**図5.4-28**に，コンクリート強度の影響を排除した正規化荷重－変位関係の一例を示す．シート補強量の影響に着目すると，補強量が大きいほどせん断補強効果が向上するが，プレストレス量が比較的小さいケース（B0シリーズ）では，補強量の増加に対して補強効果が

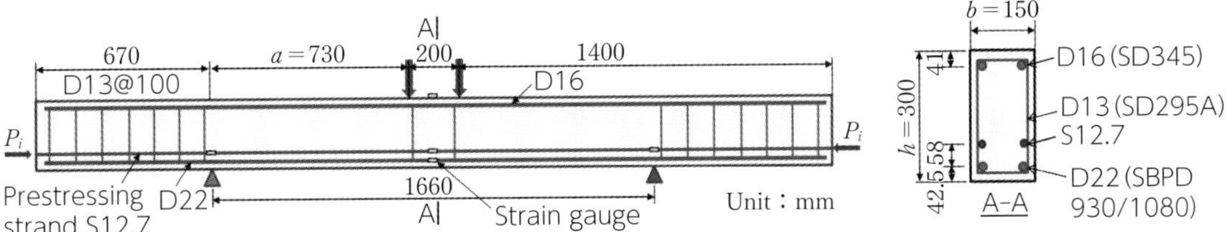

図5.4-26 プレテンションPCはり試験体（せん断補強）[5.4.13)]

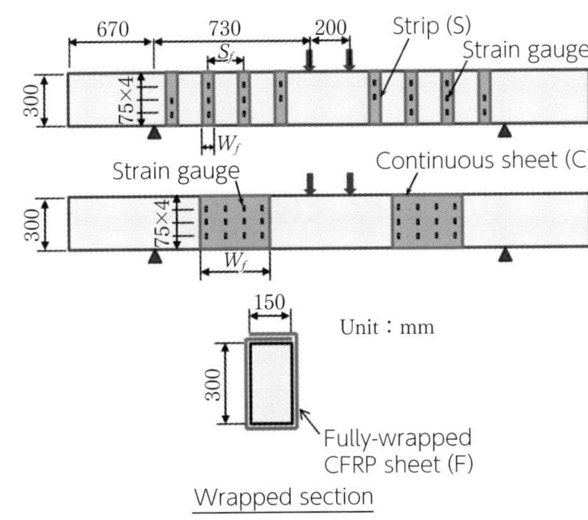

図5.4-27 CFRPシートの接着位置[5.4.13)]（せん断補強）

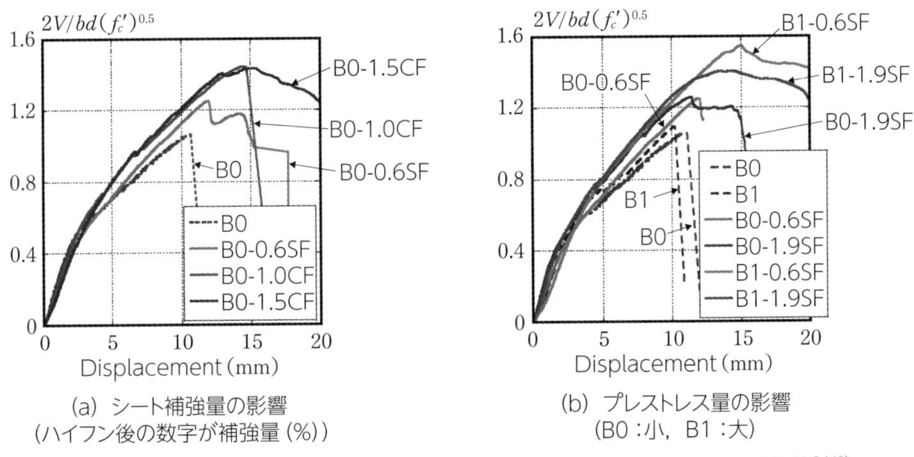

図5.4-28 正規化荷重－変位関係の例（プレテンションPCはりのせん断補強）[5.4.13)]

頭打ちになる傾向があることがわかる．プレストレス量の影響に着目すると，本実験ではプレストレス量の差が小さいため，無補強のケースでは，せん断耐力の大きな差は見られない．ところが，興味深いことに，補強したケースはプレストレス量の影響が大きく，プレストレスが比較的大きいケース（B1シリーズ）では，補強によりB0シリーズよりもせん断耐力が大幅に

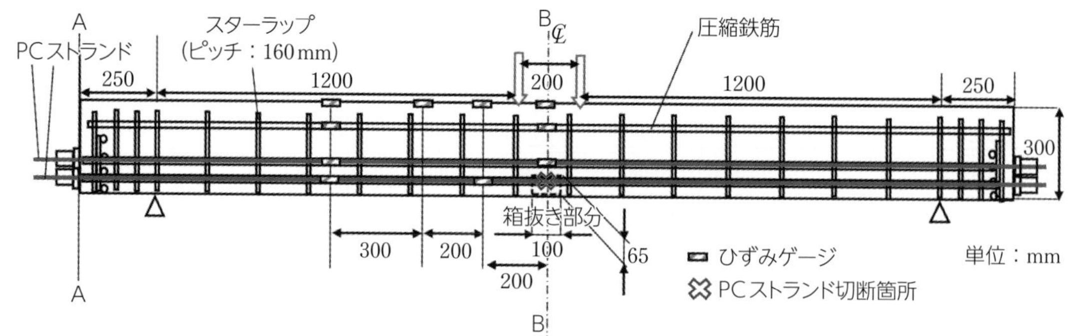

図5.4-29　PC鋼材の破断を模擬したポストテンションPCはり試験体[5.4.14)]

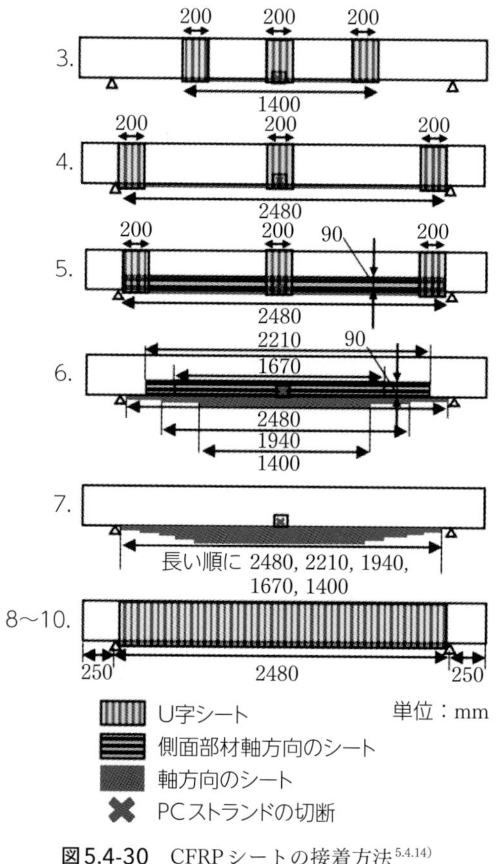

図5.4-30　CFRPシートの接着方法[5.4.14)]
（ポストテンションPCはり試験体）

増加し，本実験の範囲内では，頭打ちの傾向も見られない．プレストレスは斜めひび割れの発生や拡幅を抑制する効果があり，間接的にCFRPシートの剥離を遅らせたことが有効であった可能性がある．

ポストテンションPCはりに関しては，曲げ補強が検討されている．**図5.4-29**に，試験体の概要を示す．PC鋼材の破断を模擬するため，曲げ補強を対象としたプレテンションPCはりと

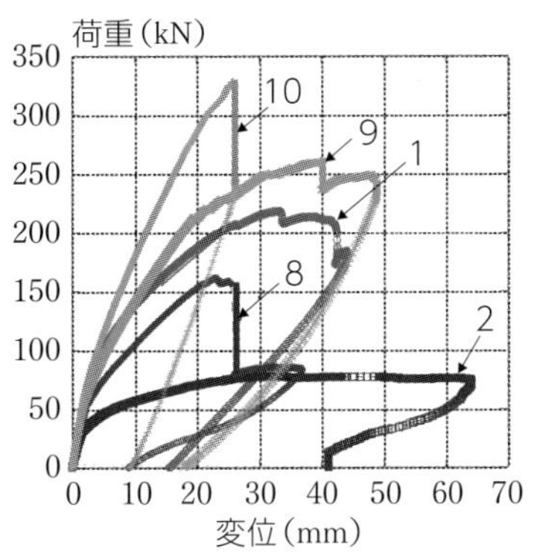

図5.4-31 荷重－変位関係の一例[5.4.14)]
(ポストテンションPCはり試験体)
(番号は**図5.4-30**のものと対応)
(1はPCストランドを切断していない無補強試験体,
2はPCストランドを切断した無補強試験体,8～10
はシートの積層数がそれぞれ1, 3, 5層)

同様に,スパン中央の下部のPC鋼材の一部を切断している.**図5.4-30**に,CFRPシートの接着方法を示す.様々な接着方法を検討しており,はり底面の他,U字型のシートを一部あるいはスパン全長にわたって巻き立てることで,シートの剥離を防ぐことが試みられている.**図5.4-31**に,荷重－変位関係の一例として,U字型シートをスパン全長に巻き立てたケースを示す.PC鋼材の切断により,健全時“1”よりも曲げ耐力が大幅に低下しているが“2”,シートの積層数を増やすにしたがって曲げ耐力は回復し,場合によっては健全時を上回ることも可能であった.

〔参 考 文 献〕

5.4.11) 土木学会:コンクリートライブラリー101号～連続繊維シートを用いたコンクリート構造物の補修補強指針～, 2012.

5.4.12) Thi Thu Dung Nguyen, Koji Matsumoto, Yuji Sato, Asami Iwasaki, Tadahiko Tsutsumi and Junichiro Niwa: Effects of Externally Bonded CFRP Sheets on Flexural Strengthening of Pretensioned Prestressed Concrete Beams Having Ruptured Strands, Journal of JSCE, Vol.2, pp.25–38, 2014.

5.4.13) Thi Thu Dung Nguyen, Koji Matsumoto, Yuji Sato, Masahiko Yamada and Junichiro Niwa: Shear-resisting Mechanism of Pre-tensioned PC Beams without Shear Reinforcement Strengthened by CFRP Sheets, Journal of JSCE, Vol.4, pp.59–71, 2016.

5.4.14) 永塚優希, 松本浩嗣, 左東有次, 二羽淳一郎:PCストランドが損傷したポストテンション式PCはりの炭素繊維シートによる曲げ補強効果, コンクリート工学年次論文集, Vol.37, No.2, pp.1141–1146, 2015.

5.5 耐震補強工法

コンクリート構造物の維持管理において，構造物に求められる要求性能が見直された場合や，性能照査方法が変更された場合に，既設構造物に対して性能確保のための対策が求められることがある．例えば，通行車両の大型化などに伴う作用荷重の見直しや，異常降雨などの環境作用の変化，道路拡幅などの用途変更への対応などである．これらの対策の内，特に設計基準等の改定によって構造物が保有する耐震性能が既存不適格となった場合に，新しい基準を満足させるために行われる対策が，耐震補強工法である．代表的な耐震補強工法を**表 5.5-1** に示す．対象とする構造物や部材の種類や目標とする耐震性能などに応じて選択される[5.5.1)]．

表 5.5-1　代表的なコンクリート構造物に対する耐震補強工法の例[5.5.1)]

対象構造物	代表的な耐震補強工法
桁やはり，柱， ラーメン高架橋	・コンクリートやモルタルによる増厚，巻立て工法 ・鋼板や連続繊維による接着，巻立て工法 ・鋼棒や分割した鋼板を柱外周に配置する工法 ・薄鋼板を多層に接着する工法 ・コンクリートセグメントと鋼より線を用いて巻き立てる工法 ・鋼板と鉄筋を用いて柱の一面のみから補強する工法 ・ゴム，ダンパ，ブレースを設置する工法
橋脚	・コンクリートやモルタルによる巻立て工法 ・鋼板や連続繊維による巻立て工法 ・機械式継手を用いて水中部で施工する工法 ・地上部からコンクリート充填鋼管を設置する工法 ・地上部から直線形鋼矢板を設置する工法 ・鋼材をあと挿入する工法
地中ボックスカルバート 側壁，床版 （内空側からの施工）	・コンクリートやモルタルによる増厚工法 ・鋼板や連続繊維による接着工法 ・支保工を設置する工法 ・せん断補強鉄筋をあと挿入する工法

本節では，これら耐震補強工法に関する研究の一例を述べる．

5.5.1　あと施工せん断補強工法

トンネルやボックスカルバートなどの地下構造物に耐震補強を施す際は，構造物の内空側からしか工事を行うことができない．このような構造物に対しては，既設躯体を削孔してせん断補強鉄筋を挿入し，グラウトにより一体化させる，あと施工せん断補強工法が用いられる．あと施工せん断補強鉄筋は，通常のせん断補強鉄筋のように主鉄筋にフック等で定着することができないため，既設コンクリート躯体内に確実に定着させるためにプレート型やナット型などの機械式定着体を用いる工法が一般的である．また，せん断補強効果を確実に得るために，あと施工せん断補強鉄筋の埋込み長さ，補強間隔などの標準施工範囲が規定されている．しかし，実際の工事においては，既設鉄筋の配置が図面と一致しないことなどが原因で，規定通りの間隔や埋込み長さでの挿入が困難である場合がある．

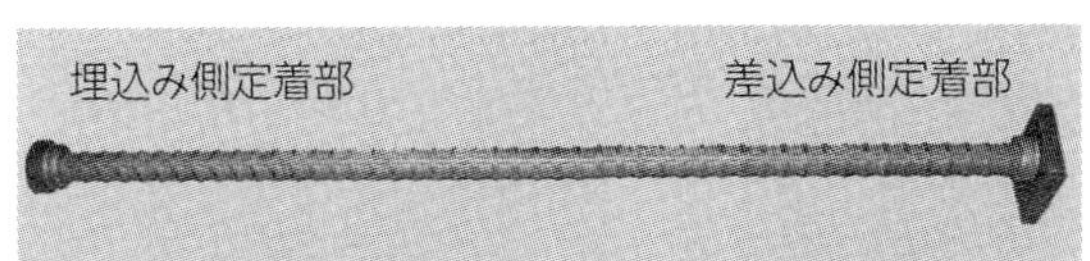

(1) プレート定着型あと施工せん断補強鉄筋

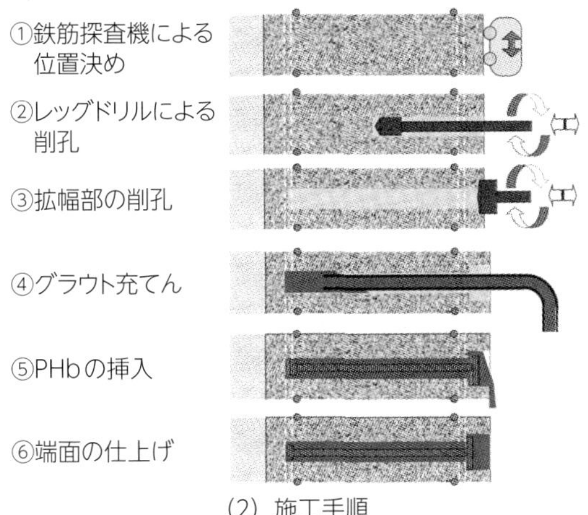

(2) 施工手順

図5.5-1　プレート定着型あと施工せん断補強工法[5.5.3)]

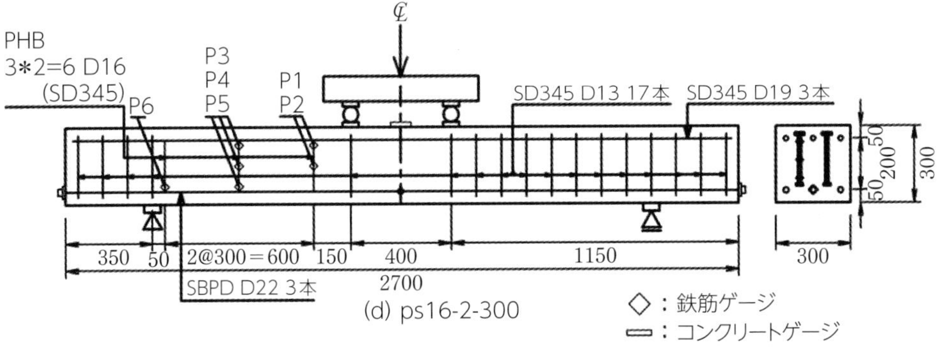

(1) あと施工せん断補強鉄筋の配置間隔を大きくした試験体

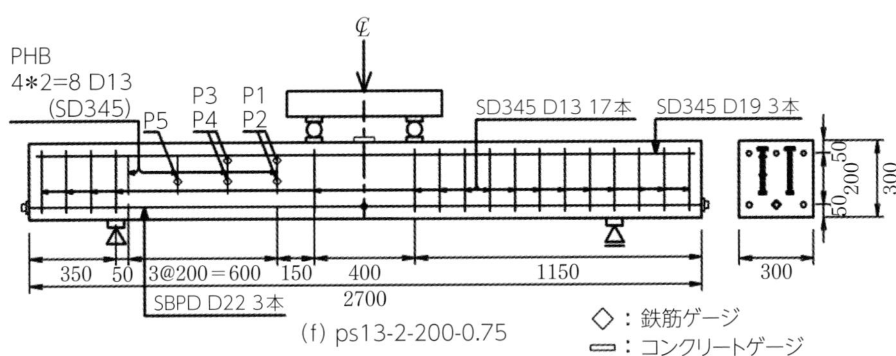

(2) あと施工せん断補強鉄筋の埋込み長さを小さくした試験体

図5.5-2　標準施工範囲外でせん断補強されたRCはり試験体[5.5.2)]

5章　維持管理のための技術

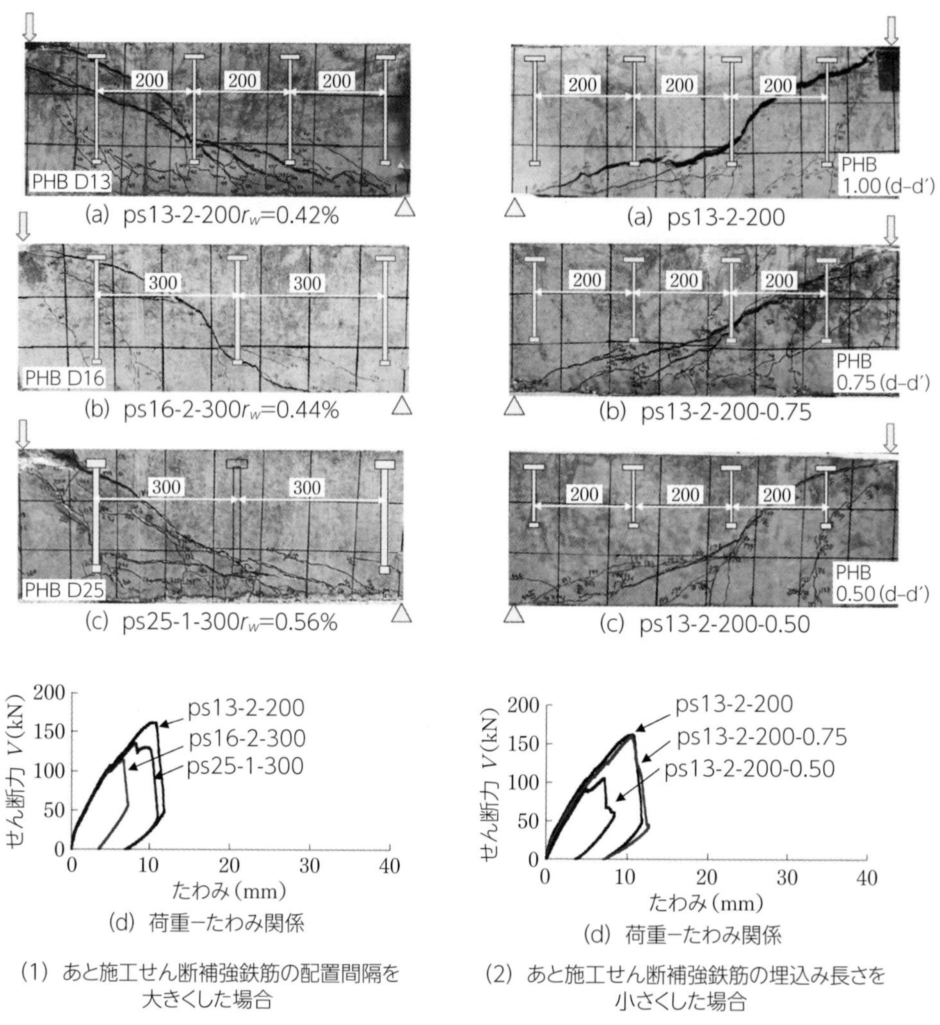

図5.5-3　あと施工せん断補強されたはりの破壊性状および荷重－たわみ関係[5.5.2)]

熊谷ら[5.5.2)]は，プレート定着型のあと施工せん断補強鉄筋[5.5.3)]（**図5.5-1**）を対象に，標準施工範囲外で使用した場合のせん断補強効果を確認することを目的に，**図5.5-2**に示すような，あと施工せん断補強鉄筋の配置間隔を大きくした場合，および埋込み長さを短くした場合のRCはりに対して載荷実験を行っている．

実験結果より，あと施工せん断補強鉄筋の配置間隔を補強対象部材の有効高さdの1/2以上とした場合では，同程度の補強鉄筋比であっても配置間隔を大きくするほどせん断補強効果は小さくなることを確認している（**図5.5-3(1)**）．また，埋込み長さを短くしたケースでは，埋込み長さを一定以上短くすることによって，破壊に支配的な斜めひび割れを跨ぐあと施工せん断補強鉄筋の本数が少なくなり，せん断補強効果が小さくなることを確認している（**図5.5-3(2)**）．これらの結果に基づき，破壊に支配的な斜めひび割れを跨ぐあと施工せん断補強鉄筋の本数を低減する係数αを用いたせん断耐力算定方法を提案している．

〔参 考 文 献〕
5.5.1）土木学会：コンクリート標準示方書　維持管理編，2018年.
5.5.2）熊谷祐二，中村拓郎，坂本淳，武田均，二羽淳一郎：あと施工プレート定着型せん断補強鉄筋によるRCはりのせん断補強効果，土木学会論文集E2（材料・コンクリート構造），Vol.73，No.1，pp.118-132，2017.
5.5.3）田中良弘，大友健，三桶達夫，堀口賢一：後施工プレート定着型せん断補強鉄筋によるRC地下構造物の耐震補強工法の開発，コンクリート工学，Vol.45，No.3，pp.30-37，2007.

国語力（英語力）の重要性

大窪　一正

本項で紹介した，あと施工せん断補強工法の研究では，水門や樋門の門柱を補強対象として，実構造物に合わせてL形断面のはり試験体を用いたせん断試験も実施している．L形断面は左右非対称な断面であるので，通常の矩形断面はりであれば2次元的に入る斜めひび割れが，3次元的に発生・進展した．このため，論文内でひび割れ性状に関して記述しようとすると，「○○位置の下面から発生したひび割れが，表側ではフランジ側面の△△を通って…フランジ上面では▽▽のように進展して…□□に達した．一方，裏側では….」などと，非常にややこしい表現となってしまう．しかも，博士論文ではそれらを全て英語で記述する必要があり….

試験体の「表側」「裏側」や「ウェブ部」「フランジ部」（特に，隅角部はどちらに入るのか）などをきちんと定義した上で，3次元のひび割れ図も作成してなんとかひび割れ性状の特徴を表現した．

論文などの学術的な文章を執筆するためには，定義が曖昧にならないよう客観的に記述する必要がある．そのためには，理系の研究者にとっても，研究成果や自分の考えを正確に伝えるための国語力（英語力も）が重要であると再認識した．

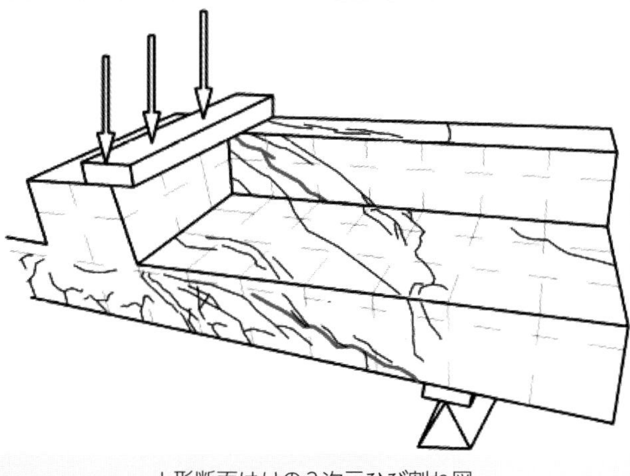

L形断面はりの3次元ひび割れ図

5章　維持管理のための技術

5.5.2　FRPを用いた補強工法

本項では，FRP（Fiber Reinforced Polymer）を活用した耐震補強工法として，グラスファイバー短繊維とビニルエステル樹脂の吹付け工法，ビニロン繊維メッシュ巻き立て工法，PBO（Polyparaphenylene Benzobis Oxazole）繊維メッシュやCFRPグリットをせん断補強鉄筋の代用とする工法を紹介する．

高浜らは，補修・補強工法のひとつであるグラスファイバー短繊維とビニルエステル樹脂の吹付け（Sprayed Fiber Reinforced Plastic: SFRP）工法に着目し，SFRP単体の引張試験，SFRP補強されたコンクリートの曲げ試験，SFRP補強材とコンクリートの付着せん断試験および圧縮試験によってその力学的特性を確認している[5.5.4]．吹き付ける繊維長による力学的性状の変化を考慮すると，繊維長が長いものほど補強効果が大きくなるとしている．また，軸方向鉄筋比，せん断補強筋比の異なるRCはりに対して，**図5.5-4**に示すように吹付け形状を変化させてSFRP補強を行った供試体を用いて載荷実験による検証[5.5.5]を行い，SFRP補強によって耐荷力が最大で1.57倍まで向上することを確認している．また，吹付け形状を変化させることで破壊モードを制御できると報告している．

赤態らは，ビニロン繊維メッシュを巻き立てた後にモルタルを充填することにより外周を補強する工法に着目し，ビニロン繊維メッシュの積層数をパラメータとしたRCはりの載荷実験によって，そのせん断挙動を検討している[5.5.6]．**図5.5-5(a)**に示すように，ビニロン繊維メッシュの積層数が多いほど，RCはりのせん断耐力は増加し，補強後のRCはりでは最大荷重時の変位も大幅に増加するとしている．特に，ビニロン繊維メッシュを8層とした場合には，変位が無補強試験体の約11.5倍となり，変形性能が大きく向上している．また，この工法を適用したRCはりがせん断破壊に至るまでの模式図として**図5.5-5(b)**を示している．

また，ポバール樹脂およびポリマーセメントモルタルを用いてビニロン繊維メッシュを巻き立てたRC柱の正負交番載荷試験（**図5.5-6**）を行い[5.5.7]，本工法による補強によって破壊モー

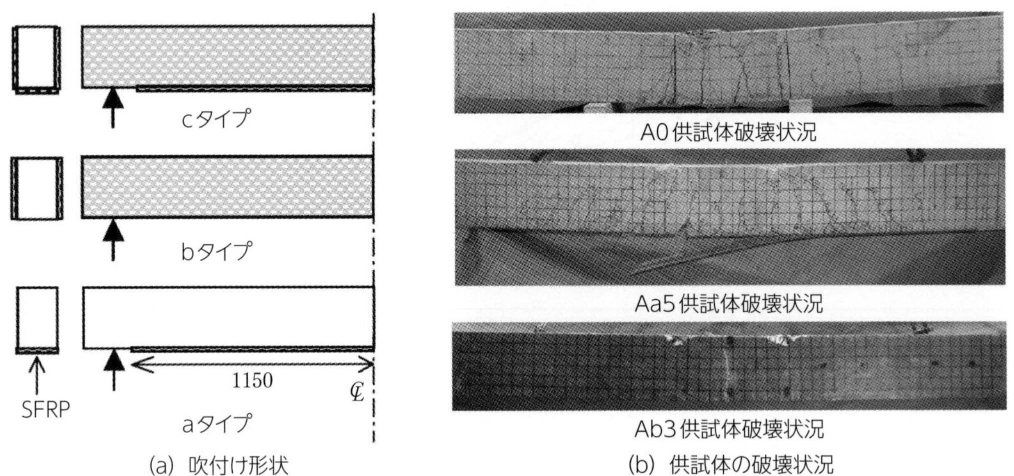

(a) 吹付け形状　　(b) 供試体の破壊状況

凡例 A0：吹付け無し，Aa5：吹付けaタイプ，吹付け厚さ5mm，Ab3：吹付けbタイプ，吹付け厚さ3mm

図5.5-4　SFRP工法による補強効果の検証実験[5.5.5]

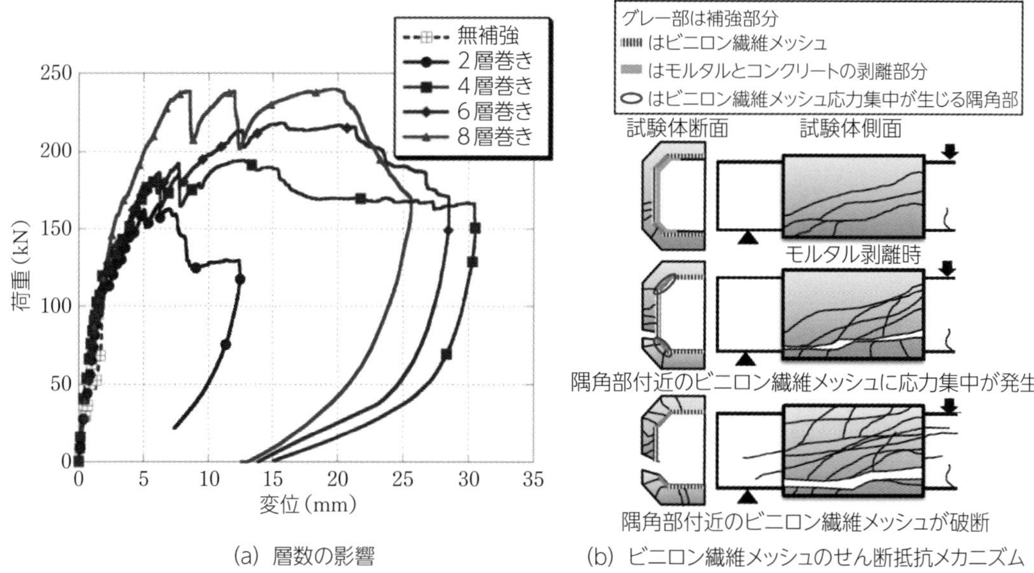

(a) 層数の影響　　(b) ビニロン繊維メッシュのせん断抵抗メカニズム

図5.5-5　ビニロン繊維メッシュ巻き立て工法を適用したRCはりの載荷実験[5.5.6)]

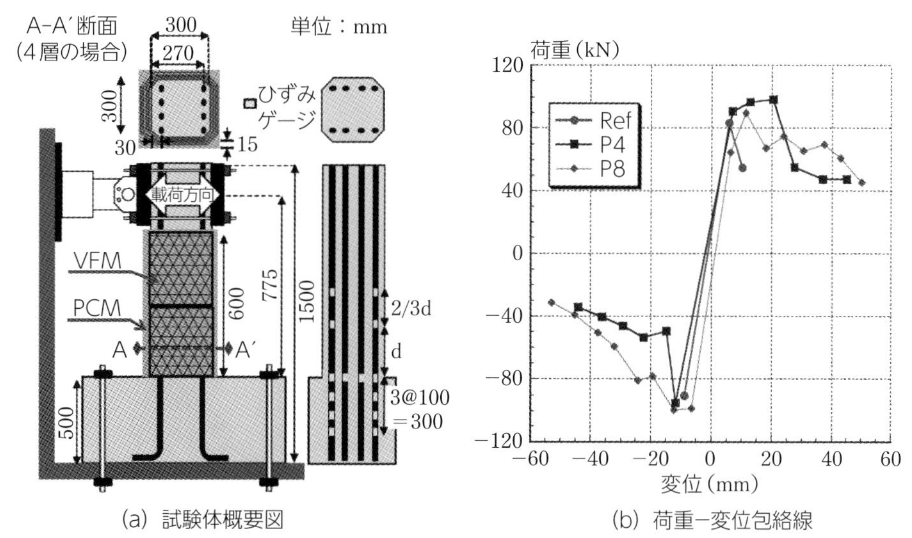

(a) 試験体概要図　　(b) 荷重−変位包絡線

図5.5-6　ビニロン繊維メッシュ巻き立て工法を適用したRC柱の載荷実験[5.5.7)]

ドをせん断破壊から曲げ破壊に移行できることを確認している．ビニロン繊維メッシュの積層数が多いほどじん性率は向上し，8層のビニロン繊維メッシュで補強された試験体では6.99のじん性率が発揮され，本工法の適用によって，変形性能を大きく向上させることができるとしている．

Suwanpanjasilらは，RC部材内部のせん断補強鉄筋の代わりに，PBO繊維メッシュ（**図5.5-7**）やCFRPグリッド（**図5.5-8**）によるせん断補強工法を提案している[5.5.8),5.5.9)]．PBO繊維メッシュの積層数，せん断スパン内におけるPBO繊維メッシュの幅等の影響をRCはりの載荷実験

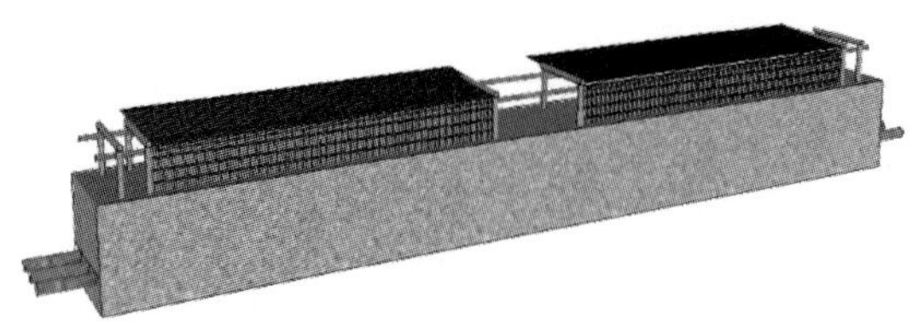

図5.5-7　PBO繊維メッシュによるせん断補強

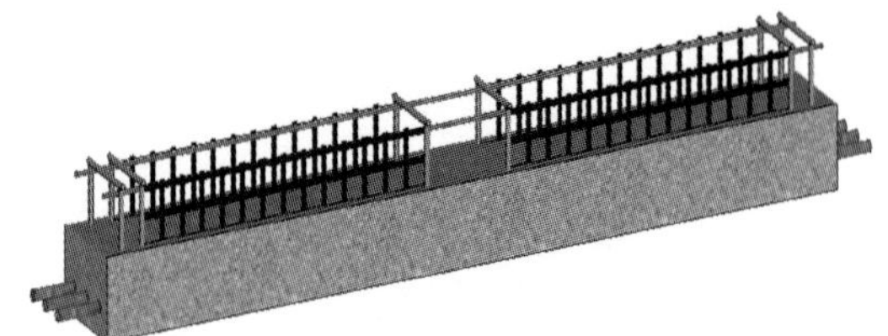

図5.5-8　CFRPグリッドによるせん断補強

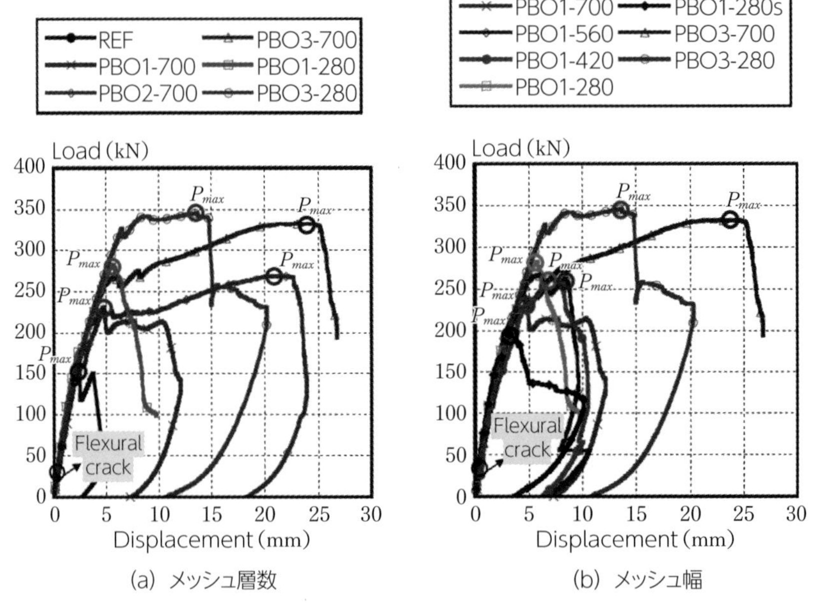

(a) メッシュ層数　(b) メッシュ幅

図5.5-9　PBO繊維メッシュによるせん断補強効果[5.5.8)]

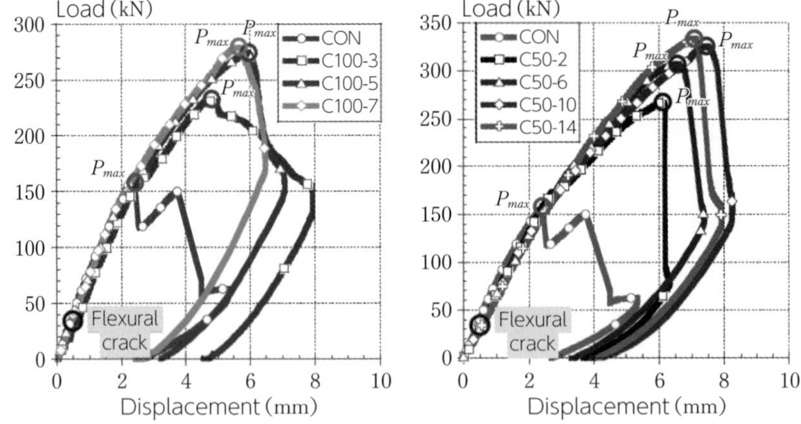

凡例：C100-3の場合，グリット間隔が100mmでせん断スパン内に縦に3本

図5.5-10　CFRPグリットによるせん断補強効果[5.5.9)]

によって検討した結果，PBO繊維メッシュが分担するせん断耐力は，**図5.5-9**に示すように，メッシュの積層数が増えると大幅に増加する一方で，せん断スパン内のメッシュ幅を拡大する

とせん断耐力が低下する場合があることを確認している．また，せん断補強鉄筋をCFRPグリッドに置き換えた際のせん断補強効果については，**図5.5-10**に示すように，グリッドの格子間隔を狭めることでせん断耐力が大幅に向上することを示している．ただし，せん断耐力の増加量はグリッドの格子数とは比例せず，せん断スパンの中央付近に配置された格子数が多いほど，斜めひび割れの開口に抵抗するため，せん断補強効果が大きいとしている．なお，PBO繊維メッシュ，CFRPグリッドが分担するせん断耐力については，せん断補強効率を考慮することによって計算値と実験値が概ね一致することを確認している．

〔参考文献〕

5.5.4)　高浜達矢，大寺一清，堤忠彦，二羽淳一郎：SFRPにより補強されたコンクリートの力学的特性，コンクリート工学年次論文集，Vol.24，No.2，pp.1639-1644，2002.

5.5.5)　高浜達矢，大寺一清，堤忠彦，二羽淳一郎：SFRP補強されたRC構造物の耐荷力，コンクリート工学年次論文集，Vol.25，No.2，pp.1975-1980，2003.

5.5.6)　赤熊宏哉，梶原勉，三宅紀，二羽淳一郎：ビニロン繊維メッシュとモルタル充填により補強したRCはりのせん断挙動，コンクリート工学年次論文集，Vol.34，No.2，pp.1261-1266，2012.

5.5.7)　赤熊宏哉，松本浩嗣，正木守，三宅紀：ポバール樹脂およびポリマーセメントモルタルを用いたビニロン繊維メッシュ巻立て工法によるRC柱のじん性補強効果，コンクリート工学年次論文集，Vol.36，No.2，pp.919-924，2014.

5.5.8)　Sirapong Suwanpanjasil, Koji Matsumoto, Junichiro Niwa: A New Alternative Shear Improvement of Concrete Beams by Internally Reinforcing Pbo Fiber Mesh, Journal of JSCE, Vol.3, Issue 1, pp.67-80, 2015.

5.5.9)　Sirapong Suwanpanjasil, Takuro Nakamura, Koji Matsumoto, Junichiro Niwa: Replacement of Conventional Steel Stirrups by Internal Reinforcing CFRP Grids in Shear of Concrete Beams, Journal of JSCE, 2017, Vol.5, Issue 1, pp.377-391, 2017.

5.5.3　細径ステンレス鉄筋を用いた高強度モルタルパネルとPCストランドを併用した耐震補強

RC柱の耐震補強工法のひとつとして，**図5.5-11**に示すように柱の周囲にPCストランドを巻立て，ステンレス鉄筋で補強した高強度モルタルパネルを外縁に設置し，内部をモルタルで充填する補強工法が提案されている．この工法の利点は，埋設型枠を兼ねたパネルの配置とセメント系充填材の打込みによる施工が可能なことから，RC巻立て工法で必要となる鉄筋工や脱型といった作業が省略できること，高強度で緻密なセメント系材料を使用することで施工後のメンテナンスの省力化が期待できることが挙げられる．巻立て厚を抑えた施工によって，建築

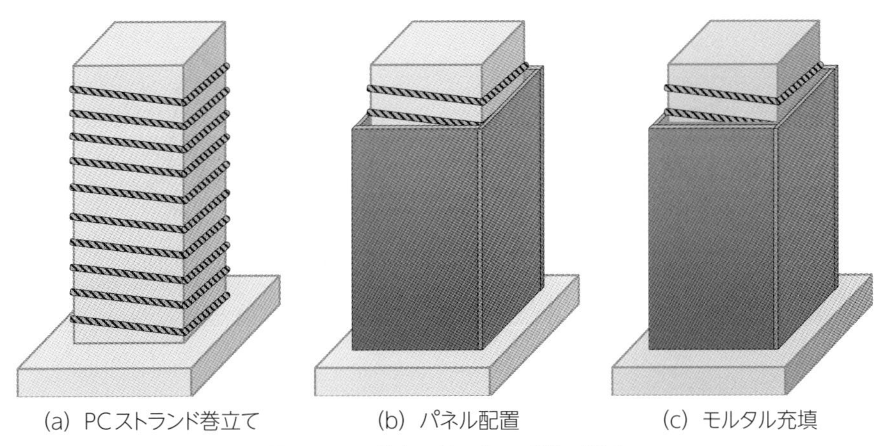

図5.5-11　提案工法の施工手順の概要

限界や河積阻害率などの制限から既存工法では施工が難しかった場所においても適用できる可能性も高まる．また，補強材には降伏する材料を使用することによって，設計上はRC巻立て工法と同様の断面計算ができることが期待される．

立石ら[5.5.10),5.5.11)]は，細径ステンレス鉄筋を用いた高強度モルタルパネルとPCストランドを併用した耐震補強工法の実用化に向けて，じん性補強効果とせん断補強効果等について次の検討を行っている．本工法によるじん性補強効果を検証するためにRC柱の正負交番載荷試験が行われ，ステンレス鉄筋を用いた厚さ15mmのパネルを外縁に設置し，PCストランドの巻立て量を50mm間隔にすることで，無補強時にせん断破壊するRC柱のじん性率が大幅に向上し，**図5.5-12**に示すように極めて高いじん性補強効果があることを示している．また，じん性率は，補強帯鉄筋比とせん断耐力を母材RC柱断面で計算することによって既存の計算式によって概ね評価可能であることも確認している．せん断補強効果については，ステンレス鉄筋やPCストランドの配置間隔などをパラメータに，本工法で補強したRCはりの載荷試験による検証

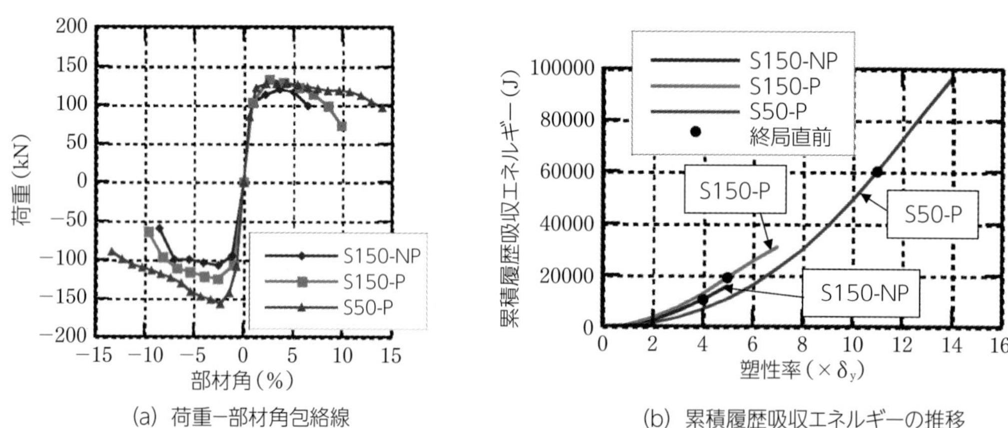

(a) 荷重−部材角包絡線　　(b) 累積履歴吸収エネルギーの推移

図中凡例　S50-P：パネル有，PCストランド巻立て間隔50mm，S150-P：パネル有，PCストランド巻立て間隔150mm，S150-NP：パネル無し，PCストランド巻立て間隔50mm

図5.5-12　提案工法によるじん性補強効果[5.5.10)]

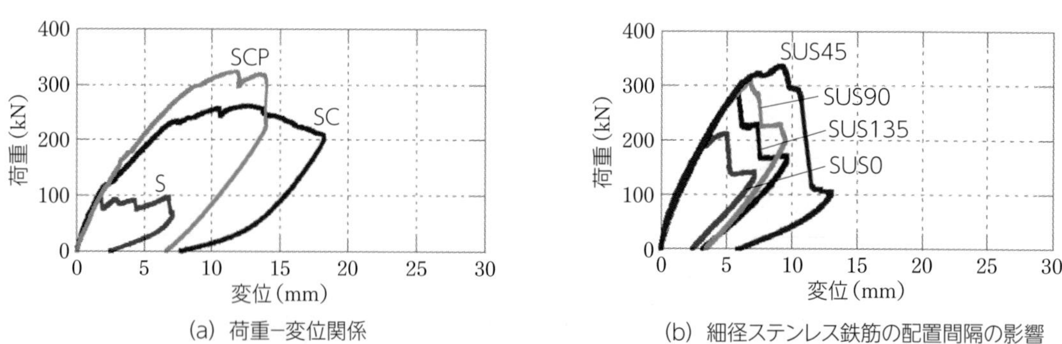

(a) 荷重−変位関係　　(b) 細径ステンレス鉄筋の配置間隔の影響

図中凡例　S：補強なし，SC：PCストランドのみ，SCP：提案工法，SUS0〜135：ステンレス鉄筋の配置間隔を0〜135mmに調整

図5.5-13　提案工法によるせん断補強効果[5.5.11)]

が行われている．PCストランドやパネルの有無，パネル内のステンレス鉄筋の配置間隔の影響を確認（**図5.5-13**）するとともに，ステンレス鉄筋補強パネルのみによる補強ではパネル内のステンレス鉄筋の降伏後にせん断破壊となることから既存の耐力評価式が利用できることを確認している．ただし，PCストランドを併用した補強の場合，PCストランドの降伏前にせん断破壊に至ることから，PCストランドの降伏強度を用いた耐力評価式では過大評価となるおそれがあることも示されている．

〔参 考 文 献〕
5.5.10）立石和也，篠田佳男，大嶋義隆，二羽淳一郎：ステンレス鉄筋使用パネルとPCストランド併用によるRC柱のじん性補強効果，コンクリート工学年次論文集，Vol.37，No.2，pp.1381-1386，2015.
5.5.11）立石和也，篠田佳男，大嶋義隆，二羽淳一郎：ステンレス鉄筋補強パネルとPCストランドの併用によるRCはりのせん断補強効果，コンクリート工学年次論文集，Vol.38，No.2，pp.1399-1404，2016.

思い出の試験機

中村　拓郎

研究活動に触れる機会があれば，誰しもが記憶に残っている実験や解析があるのではないだろうか．学生時代の卒業や修了に関連した実験であれば，そのときに使用した試験機に関する思い出も各々あると思われる．

当研究室が所有する200ton万能試験機は，学生実験等の講義でも活用されることから，この試験機に関わっていない当研究室の卒業生，修了生はほぼいないだろう．時代の流れとともに制御系の改修や部分的な修理は行われてきたが，シンプルで堅牢な造りのフレーム等の基本的な油圧による載荷機構部は変わっていない（はずである）．やや癖もある．

研究室の発足時には既に活躍していたこの試験機は，二羽先生のほかに，当研究室のすべての学生やスタッフと関わったもののひとつである．当研究室に関わった人間であれば，どの世代であっても，この試験機に纏わる各々の逸話（良い思い出も，悪い思い出も）があるのではないだろうか．なお，個人的には，ある程度の力技ができる頼もしさがありつつも，出張等で学内不在時に機嫌を損ねるやつという印象を持っている．

索　引

あ行

か行

さ行

た行

な行

は行

ま行

や行

ら行

英数字

著者一覧

（所属，執筆担当章，助手・助教・研究員在籍期間）

水田 真紀（国立研究開発法人 理化学研究所）
1章 2章，助手：1998年4月～2003年3月

河野 克哉（太平洋セメント株式会社 中央研究所）
3章，助手：2003年4月～2005年3月

三木 朋広（神戸大学）
1章，助手・助教：2005年4月～2007年9月

渡辺　健（公益財団法人 鉄道総合技術研究所）
2章，助教：2007年10月～2010年3月

松本 浩嗣（北海道大学）
4章 5章，研究員：2009年4月～2010年3月，助教：2010年4月～2015年1月

中村 拓郎（国立研究開発法人 土木研究所 寒地土木研究所）
4章 5章，助教：2015年4月～2018年2月

大窪 一正（鹿島建設株式会社 技術研究所）
5章，受託研究員：2018年4月～現在

柳田 龍平（金沢大学）
3章 4章，研究員：2018年4月～2019年5月

監修者略歴

1956年　石川県金沢市生まれ
1983年　東大大学院博士課程修了，工学博士
1983年　東大助手，講師，1986年　山梨大学助教授，1989年　名古屋大学助教授
1998年　東工大教授

受賞：　土木学会論文賞，論文奨励賞，吉田賞，田中賞，研究業績賞，日本コンクリート工学会功労賞，論文賞，プレストレストコンクリート工学会論文賞，国土交通大臣賞など

著書：　コンクリート構造の基礎【改訂第2版】2018年，数理工学社
都市構造物の耐震補強技術　2012年，朝倉書店など

コンクリート構造　—知の体系化への挑戦—

令和3年2月22日　第1刷発行

監　修　二羽　淳一郎
筆　者　水田　真紀
河野　克哉
三木　朋広
渡辺　　健
松本　浩嗣
中村　拓郎
大窪　一正
柳田　龍平
発行者　高橋　一彦
発行所　株式会社 建設図書
〒101-0021　東京都千代田区外神田2-2-17
TEL:03-3255-6684／FAX:03-3253-7967
http/www.kensetutosho.com

カバーデザイン：野見山　佳彦
製　作：株式会社シナノパブリッシングプレス

ISBN978-4-87459-223-6　　212221500　　Printed in Japan